あのころ

林賢之輔 著

——ヨットデザイナーの履歴書

目次

第1章　1960年代-1970年代

第2章　1980年代

カバー写真のヨット：60ftスループ〈翔鴎〉、設計：林 賢之輔、建造：岡崎造船
カバー写真撮影（表紙）：宮崎克彦（舵社）
カバー写真撮影（裏表紙）：林 賢之輔

第1章

1960年代-1970年代

ヨットデザインの道へ

あのころ

　1960年代初めのこと。海辺に住んでいた学生たちは、ウクレレを片手に「小さな竹の橋で」、「カイマナヒラ」、「パーリーシェル」といったハワイアンソングを口ずさんでいた。石原慎太郎／裕次郎兄弟はまぶしく輝いていたが、"障子を貫通させる実験"（『太陽の季節』内の記述）も、まだできないでいた。プレスリーの「監獄ロック」は、もう少し前のことだ。ロカビリーで舞台を這いずりまわる歌手も大勢いたけれど、海辺で見かけることはなかった。加山若大将が、星　由里子さんや青大将たちと青春していて、「君といつまでも」なんて、甘すぎてついていけなかった。

　樺　美智子さんが亡くなった安保闘争では、普段全く政治に関心のない学生さえもデモに参加したりしたが、あれはいったい何だったのだろうか。本人が気づかないうちに洗脳され、扇動されれば戦争にも参加してしまうのだろうか。

　アメリカ軍に徹底的に叩きのめされて、極度に食料事情が悪いなか、育ててくれた父母、我慢強く勤勉な諸先輩の血のにじむ努力のおかげと、朝鮮動乱という隣の国の火事にもつけこんで、復興への道

1962年夏、湘南の海で青春を謳歌する。"錆びたナイフ"を手にポーズを決めているのが筆者（右端）

を歩んできた。当時の政治家もエラかった。「貧乏人は麦飯を食え」など、正直だった。所得倍増論や、その後の列島改造論にはエネルギーがあふれ、環境問題は意識外、元祖公害を撒き散らしながら、その道へ邁進していった。敗戦以来、十数年、日本は奇跡の復興を成し遂げ、神武景気のなか、20年足らずで新幹線開通、東京オリンピックがやって来た。

そんな右肩上がりの状況だったから、就職口があふれていて、フツーの学生さんは5月ごろから目標を定め、夏休みに研修を受けて会社の内定を決めていた。海好きの紅顔の美少年は、湘南の海で友人たちとヨット三昧の夏を過ごし、海水パンツが擦り減って穴が開くほど遊び呆けていた。秋風が吹き始めて現実に目覚め、就職活動を開始、何社か入社試験を受けたが、最後にカメラ会社が拾ってくれた。そのまま進んでいたら、今ごろ何をしていたんでしょうか。

初めての長距離航海

神奈川県・葉山町にお住まいの宮川泰さんご一家は、「κ（カッパー）」という、渡辺修治さん設計の18ftデイセーラーと、杉板張りのスナイプを所有していた。シーズン前の手入れの手伝いから始まって乗せていただき、3年目からはスナイプを任せられ、葉山・鐙摺をベースに乗り放題となっていた。

自分にとって最初の長距離航海は、

三浦半島の小網代から伊豆・下田への相模湾横断だった。渡辺修治さんの〈どんがめⅦ世〉に便乗させていただき、伊豆急行が下田まで開通したのを祝って、下田からどこか南の島を回ってくるレースに参加する予定だった。

当時、「南進レース」という、とにかくより遠くの南の島回りを目指そうというお題目があった。しかし、下田への回航は、途中から「天気晴朗なれども波高し」で、完全なマグロが出来上がった。下田・蓮台寺のお宅に連れていかれて、畳の上に座っても、畳は揺れっぱなしだった。小柄な渡辺さんのお父上から、「慣れれば、なんでもないよ」と励まされたことを鮮明に覚えている。レース参加を諦めて、開通したばかりの電車に乗って寂しく帰ってきた。

セーリングにのめり込んでいた青年は、なんとなく一介のサラリーマンになることに疑問を持ち、ヨットの設計なんて面白いだろうなと考えた。愛読していた『舵』の版元である舵社に電話したところ、横山 晃さんが設計事務所を開いていることを教えてくれた。

履歴書を持って訪問したら、「じゃあ、明日からいらっしゃい」というお許しが出て、遂にカメラ会社には一度も出社せずに、ヨットの設計会社に就職してしまった。脱サラにもならない非サラ（？）だ。友人たちにはアホ呼ばわりされたが、両親はびっくりしながらも認めてくれた。堀江青年の太平洋ひとりぼっちの快挙も、そうさせる動機の一つだったと思う。

1964年5月、大島レースの運営艇を務めた〈松籟（しょうらい）〉の船上で。師匠である横山 晃氏（右奥）と一緒に乗ったのは、意外にもこのときくらいだ

　思い返せば大学に進学するとき、将来は水の関係か原子力関係に進もうと考えて、水なら応用化学科だろうと、早稲田大学を受験したが不合格。結局、原子力関係に強い立教大学物理学科に進学した。

　勉強のほうはテキトーだったので、入学したときは頭から何番目、卒業するときは尻から何番目。数学が分からなくなり、核物理学を諦めて、応用物理学に進んだ。意味合いは大きく違うけれど、再び水の世界に戻ってきたのかもしれない。

横山造船設計事務所

　私が入った会社は、神奈川県横浜市の桜木町にあり、道路を挟んで向かい側に、中村船具さんがあった。横山さん

ご夫妻のほかに、社員は、五十嵐保夫さん、小松 健さん、村本信男さん、菅原さん。

　五十嵐さんは、外国人オーナーと2人で太平洋横断航海に出かけた。成功すれば、ヨットによる太平洋横断日本人第1号になるはずだったが、途中でオーナーがケガをして、残念ながら引き返した経験があった。後に、葉山マリーナの初代ハーバーマスターになった人である。

　小松さんは、宮城県気仙沼市（けせんぬま）で帆布と船具を扱う老舗の跡継ぎで、横山造船設計事務所に修業に来ていた。2011年の東日本大震災で被災され、港に隣接していた工場も失ってしまったが、今もお元気である。

　村本さんは現在、建築施工会社のオーナー社長となり、大成功を収めてい

る。その前身は、1992年のグアムレースで漂流中に亡くなった武市 俊さんと始めたデザイン会社「T&M」であり、ヨットデザインとマストやリギンの開発に尽力した人である。根っからのスポーツマンで快男子だった武市さんも、横山さんのお弟子さんだった。

菅原さんは、絵の上手な、気の優しいアーティストだったが、水難事故で亡くなられた。

デザイン修業

専門分野の異なる異次元の世界に入ったから、なんでも全てが勉強、勉強。当たり前にやっていたのでは間に合わない。自ら目隠しをして友人との付き合いをほとんど断り、馬車馬のようにセーリングとデザイン修業に熱中した。入社したときの給料は、時給60円、月1万5,000円くらい。普通の大卒初任給が3万5,000円くらいだったが、とても楽しい時代だった。

当時は、パソコンはもちろん、電卓もない時代で、計算尺と手回し計算機だったし、指数計算は対数表をめくって計算した。製図はトレースから始まり、鉛筆を削ること、プラスチックバテンと重りを使って曲線を描くこと、厚手のケント紙にカラスロ（製図用の特殊なペン）で正確なマス目を書くことなど、基本の「き」から習った。

製図ができるようになると、簡単な金具の設計、マストの設計と進んだ。初期に描いたマストは、同僚から電信柱だと言われたりした。

船体設計は師匠の独壇場だったが、プラニメーター（面積計）を回して、排水量などの計算やフェアリングも担当するようになった。船体を等間隔に切り、横断面形をケント紙上に縮尺5：1で描き、ミリ単位（0.2mm刻み）で数値を読み取って、「差の差法」によってフェアリングする。この方法を、横山さんが独自に考案されたのかどうかは不明だが、ある曲線の2次導函数が滑らかなら、元の曲線は滑らかな連続した曲線であるということを応用している。

「差の差」の数値をグラフ用紙にプロットして修正するのだが、実寸で0.5mmの凸凹を判別できる。このフェアリングを、断面形（ボディープラン）のみならず、水平断面形（ウオーターライン）、縦断面形（バトックライン）でも同時に行い、一つの船型が出来上がり、ハイドロ（水力学）計算をあたって予定の数値になるまで何回か繰り返す。こうしてできた船型を表す寸法表を元に、現場でベニヤ板に原寸図を描くと、ほぼ完全に狂いのない船体線図ができる。「差の差」法は、それまで現場の職人さんの裁量にある程度任せられていた曖昧さを、排除してしまった。

現在のCADにも劣らない精度である。「差の差」のグラフに熟練してくると、元の曲線の性格も見えてくるから、むしろコンピューターにお任せの曲線群より、自分の意図が明確に入った、「味」のあるものにすることができた。

横山 晃さんの名艇シーホース

幻の国際制式艇

横山 晃さんの初期の作品に、名艇「シーホース」（全長5.00m）がある。千葉県の館山から伊豆大島経由で式根島（しきねじま）まで横山さん一人で行った話は、レジェンドになっている。

ニューレジェンドをつくろうと、伴走艇付きながら、原田龍之介／吉田雄悟組が

470級で2009年10月4日に静岡県・伊東を出発し、無寄港で伊豆大島回航を果たしている。なお、彼らはロンドンオリンピック代表選手になった。

1960年には、関根 久さん、福永 昭さん、古屋徳兵衛さんといった、のちのヨット界の大御所が集まって、シーホースクラブが設立された。

シーホース誕生のストーリーは、戦前

シングルプランキング（単板張り外板）のシーホースの構造。蒸し曲げしたフレームが狭い間隔で入り、リベット留めされている。その姿は工芸品のようである

シーホースのコンセプトは、「どのような荒天にも耐えられる十分な帆走性能を持ちながら、家族だんらんのデイクルージングなども可能な多目的ディンギー」であり、決してレース艇ではない

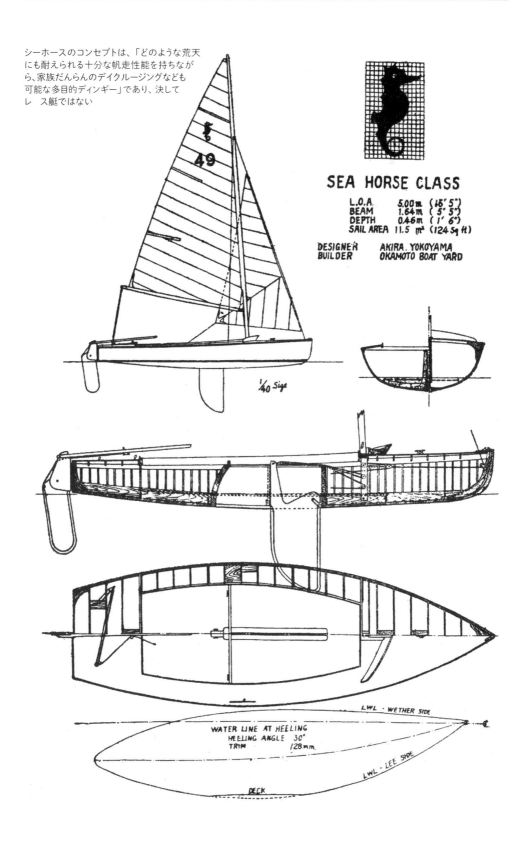

SEA HORSE CLASS

L.O.A.   5.00m (16' 5")
BEAM   1.64m (5' 5")
DEPTH   0.46m (1' 6")
SAIL AREA 11.5 m² (124 Sq ft)

DESIGNER   AKIRA. YOKOYAMA
BUILDER   OKAMOTO BOAT YARD

1/40 Size

WATER LINE AT HEELING
HEELING ANGLE 30°
TRIM 128mm

LWL · WETHER SIDE
LWL · LEE SIDE
DECK

に開催予定だった幻の東京オリンピック（1940年）にまで遡る。このオリンピックで使われる単一クラスディンギーを国内で建造する必要があり、デザインコンペが行われ、横山さんが設計者に選ばれた。前回大会（ドイツ）で使われた「オリンピアヨレ」を参考にしながら設計し、試作艇に乗ったら、「スピードがあり、ジャズみたいだった」と回想しておられた。もしオリンピックが開催されていたら、このディンギーがIYRU（国際ヨット競技連盟。当時。現・ワールドセーリング）のワンデザインクラスとして広く普及したかもしれないと想像すると、とても残念に思う。

余談だが、戦時中、精密機械を専攻された横山さんは、海軍用計器類の開発や艦艇の性能計測と解析、軍用小型舟艇の建造にも従事されたそうである。卒論は、「自動拳銃だったよ」と言われたことがある。日本にはロクな自動小銃さえなかった時代だから、実物ができていたら面白かっただろうなあ（?）。

横山理論

シーホースは、幻のワンデザインクラスをベースに、スピードを保ちつつ、やや、じゃじゃ馬なジャズ的要素を排除して生まれた艇で、保針性能に優れた艇である。セーリングヨットに当然生じるウェザーヘルムやリーヘルムとは別に、ヒールしたときに左右非対称になる船体形状によって、変なクセが出ることがある。詳細に調べて納得のいく形を求めた結果、「横山理論」とも言うべきものができた。

これは、ヒールした船体の各断面における浮力中心の移動距離を前後方向にプロットしたとき、曲線が船首から船尾まで滑らかにつながり、かつ船尾部で急激な変化があってはならない、というものだ。シーホースは、これを実現しており、その後、すべての艇に応用された。

しかし、これを外洋艇に応用すると、保針性は良好だが、当時採用されていたRORC（Royal Ocean Racing Club）のレーティングにはガース計測（胴回りを測る）があって、船尾部のガースが過大になるためにレーティング上の長さが伸び、スピード上昇に相応しない不利なハンディが与えられてしまう。

一方で、最近の軽量大型外洋レーサーの中には、ヒールしながら高速で走ることを目的の一つとした艇もあり、これらは横山理論に合致した船体形状を持っているように見える。

そして、横山さんは軽量艇の信奉者だった。軽量であれば、荒天の波浪中でもピンポン玉のように浮かび上がり、小型艇でもサバイバルできるという考えだった。実際に堀江謙一氏の〈マーメイド〉（19ft）をはじめ、多くの長距離航海者たちによって実証されている。軽量艇の理想的な構造は、玉子の殻のようなモノコック構造であるが、セーリングヨットとしては、マストとリギンがあり、バラストがあり、集中荷重を受ける箇所が生じ

1963年夏、伊豆大島・岡田港に停泊中の〈ユニコーン〉（横山 晃設計20ftスループ）

るから、モノコック構造を実現するのは容易ではない。

*

横山さんは、シングルスカルやエイトといったローイングボートを含めて、合計約500隻の艇を設計された。浸水表面積を小さくし、同時に復原性を保つうえで楕円断面型を採用。後年には、サバニ船型にこだわり続けた。東京湾で使われた「ニタリ」船（船首部が非常にシャープな船）と、沖縄の「サバニ」船とを詳細に比較し、実際に帆走もしていたサバニの性格を取り入れたのである。

水面下断面積の前後方向の分布を「面積曲線」と呼び、造船設計者は必ず検討する要素なのだが、これが横山さんが求める形と一致したわけだ。このあたりのことは、普通のヨットマンの理解を超えていたから、多少誤解されていたのではないだろうか。

日本のセーリングヨットのオリジナリティーを求めた結果でもあり、横山サバニ船団がケープホーンを回航することを夢見ていたのである。

修業時代のセーリング

岡本造船所（横浜）は、前面に貯木場があり、工場から船を上下架するスロープがある。大工さんが大勢いて、シーホースや熊沢時寛さん設計のK16といったディンギーから、大型のクルーザーまで、

13

24ftヨール〈韋駄天〉では、オーナー不在時には代理艇長を務め、多くのセーリング経験を積んだ

さまざまな木造ヨットを、所狭しと競争しているような感じで建造していた。先々代の社長（岡本造酒氏）もお元気に活躍されていたが、ご不幸にも、上下架作業中の事故で亡くなられた。ヨットの設計もこなす、職人肌の人だった。

　全国各地から大工修業に来ている人も多く、故郷に戻り、今も仕事を続けている人もいる。後に熊沢さんがこれを引き継ぎ、熊沢舟艇研究室の卒業生が各地で活躍中である。先代社長の岡本 豊さんも職人肌の人だったが、建造技術より操船技術に優れた人で、ローマ・オリンピックのドラゴンクラスの選手だったし、

オフショアレースでも優勝請負人みたいな人だった。それらの経験と海外を含む広い人脈により、三浦半島のシーボニアマリーナや、淡路島のサントピアマリーナなどの開発にも寄与された。

　さて、横山造船設計事務所で修業に励む一方、セーリングのほうは、神奈川県横浜市の鶴見にお住まいの吉本幸生さんの20ftスループ〈ユニコーン〉に乗せていただいた。横山師匠設計、岡本造船所建造の木造艇。貯木場に係留されていて、出航時に材木をかき分けて出ていかなければならなかった。船外機の代わりに「ねり櫂（がい）」を持っていて、「これは応急舵にもなるよ」と教えられた。伊豆大島クルージングの帰路に風がなくなり、三崎から12時間かかって横浜へ帰ったこともある。

　その後、葉山にお住まいの三浦三生さんが所有する24ftヨール〈韋駄天（いだてん）〉に乗り組み、オーナー不在のときは、代理艇長として地文航法（ちもん）を実習した。コンパスと自作のログだけで走っていたから、濃霧の中、推測が外れて、伊豆半島の伊東から20マイル弱の大島へたどり着けないこともあった（おーしまった！）。

　「独航機帆船組合」と称して、西は三重県の鳥羽（とば）や的矢（まとや）、南は三宅島、北は宮城県の仙台など、年間1,000マイル以上のクルージングを楽しませていただいた。クルージング計画は3ktを基準にしていたが、大型艇では5ktベースだと聞いてうらやましかった。船内機は三菱ダイヤ

ディーゼルの単気筒3馬力、大きなはずみ車が付いていて、手回しで始動、頼りになるヤツだった。

航海中にプロペラシャフトが抜けたり、福島県の小名浜で紀州から来た夫婦船の船長に「エイヤー」を抜いてもらったこともある。燃料系に入ったエアは、1升くらい燃料を使わないと抜け切らないと教えてもらった。

今思えば、若気の至りでずいぶん危ない目にも遭った。疲労困憊状態での阿武隈川河口におけるハプニング（港入り口の赤灯台の点滅と、道路の一時停止の赤信号を見間違えた！）や、仙台か

らの帰路に真冬の大西に吹かれた銚子沖など忘れられない。港に夜間停泊中、コクピットで酒宴が始まり、石油ランプが転がってコクピットが火事になったこともある。酒を一滴も飲まない冷静な鳥井哲君が、すぐにバケツで消火、少し焦げただけで済んだ。

横山造船設計事務所では、セーリングに行くのに休暇はいつでも許可されたので、週末と盆暮れの休みはもちろん、年間100日以上海に出ていた。しかし、初心者向きの天候、風、波の3条件がそろう絶好の日和は、一年を通じて数日しかなかった。

1968年ごろの、横山造船設計事務所の様子。前列左から、横山喜代さん（奥さま）、横山一郎さん（ご子息）、後列左から、村本信男さん、堀口さん、小山 捷さん、横山 晃さん、筆者

初の設計艇がデビュー

神奈川のヨット造船所

横山造船設計事務所で修業を始めた当時（1963年）、神奈川県には、セーリングヨットの造船所として、横浜に岡本造船所（現存）、東京ヨット、「小岡本」と呼ばれた岡本造船、横須賀に加藤ボート、トーアヨット、オリエンタルボート（現存）、逗子に岡村造船所などがあった。加藤ボートは渡辺修治さん設計艇の〈コンテッサ〉や〈月光〉、〈さがみ〉、そして渡辺さん自身の「どんがめ」シリーズなどを建造し、トーアヨットは小田達男さん設計艇を多く造っていた（※石原慎太郎さ

短い期間ではあったが、〈ロータス〉にはクルーとして乗せていただき、貴重な経験を積んだ

神奈川県横須賀市にあったトーアヨットで建造された、35ftクルーザーヨット〈ロータス〉

〈ロータス〉がホームポートにしていた、横須賀の田浦港。関根 久さんの〈シャーク〉も泊まっていた

んの36ftの〈コンテッサ〉は、オリエンタルボートで建造された）。

　あるとき、トーアヨットの紹介で水産会社社長の鈴木さんが横山造船設計事務所に来社し、師匠に35ftクルーザーの設計を依頼された。会社の先輩の村本さんが構造関係などを担当し、建造は順調に進み、進水後、〈ロータス〉と名付けられた。

　この艇に、クルーとして乗せてもらった。艇長は、日本航空の整備担当の五十嵐正彦さんで、大きな体でとても細かいところまで注意深い人だった。係留地は、横須賀・田浦港。そこは〈シャーク〉の関根 久さんの母港で、新米クルーにも優しく接していただいたことを記憶している。「トーア21」という木造同型艇も何隻かあり、〈とらふぐ〉は海洋気象の先達、馬場

デザイナーとしての修業の一方、セーリングにも熱中した。左は五十嵐正彦さん、右が筆者。〈ロータス〉の船上にて

邦彦さんが所有されていた。

　〈ロータス〉での乗艇期間は短かったが、進水後間もなく油壺へ回航したときのことだ。剱埼沖あたりから海上保安庁の飛行機が飛んできたり、何か様子が異常だった。学習院大学の〈翔鶴〉が遭難した直後だった。

〈ロータス〉は、その後転売されたが、同名のまま、金原オーナーと美女群団のもとで幸せな航海を続けた。

36ftレーサー〈智美〉

入社から4〜5年経ったころ、岡本造船所の営業担当だった法政大学OBの津野守邦さんがプロモーターとなって、わが師匠に36ftレーサーの設計を発注。ストリッププランキング工法によって建造されることになり、造船所通いが始まった。

担当の棟梁は鈴木政雄さん（通称まーちゃん）で、図面を見ながら、あーでもないこーでもないと散々絞られた。やっと図面が描けるようになっても、実際に工作をしたのは中学校どまりだった

舵社のカメラマン・岡本 甫さんが撮影した、師匠・横山 晃設計の36ftレーサー〈智美〉

から無理もない。大変よい勉強になった。

造船所に通ううちに、大工さんたちと顔なじみになり、左右の肋骨（フレーム）をつなぐフロア材を手斧で削る名人芸、蒸し曲げフレームを入れていく作業、二重張り外板を銅リベットでかしめる作業など、木造船建造の工程をじっくり見学することができた。マストは、最大断面を縦に半割りしたスプルースの積層材から、中空部分とグルーブをくりぬいて左右対称形を作り、これを張り合わせてから外形を削り、サンドペーパーで磨いてニス塗りで仕上げる工芸品である。

36ftレーサーは、完成までにおよそ400工数を費やし、〈智美〉と命名された。

このころには船酔いにも慣れ、セーリングの基本的な技術も身についていたので、レースに参加することにした。日本外洋帆走協会（NORC）に入会し、〈智美〉のクルーにしていただいた。艇長の津野さんのほかは、法政関係の若いクルーたちで、慶應大学クルージングクラブの人たちも交ざっていた。

最初のロングレースは、大荒れの鳥羽レースで、結果的には全艇リタイアだった。われわれは一晩海上で過ごし、昼ごろスタート地の鳥羽に戻ったが、新聞記者が待ち構えていて、でっち上げの遭難騒ぎに近かった。新聞記者は外洋ヨットに無知な人たちで、トンチンカンな質問をしていた。今でもそうかもしれない。

帰路は、鳥羽〜八丈島〜油壺のクルージングとなり、穏やかな風と月光に

〈智美〉の進水を前に、オーナー以下クルーのみなさんと。後列右端は津野さん、左端が筆者

〈智美〉の建造時は岡本造船所に通い、木造船建造の工程をじっくりと見て学んだ

1967年11月、〈智美〉の外板を張り終えたところ

船体も完成し、デッキを張る作業に入る

恵まれた素晴らしいムーンライトセーリングだった。八丈島に向かう途中、方向探知機（DF：Direction Finder）の感度が悪く、東航していたときに大型漁船が近づいてきて、八丈島への向きをジェスチャーで教えてくれた。おかげで、無事、八重根港に入港した。

　レースにおける当面のライバルは、武市 俊さん設計の〈はやまる〉、渡辺修治さん設計の〈飛車角〉、そして戸田邦司さん設計、竹下艇長率いる〈潮風〉などだった。勝ったり負けたり、群を抜くことはなかった。

〈龍飛〉と〈雅鬼大将〉

　〈智美〉に続いて建造された艇は、24ftスループ〈龍飛〉。オーナーは、銀座で有線放送会社を経営する岩瀬弘一さん、とても優しい人だった。セーリングは初めてだったので、クルーには師匠のご子息の一郎さんを頭に、東京大学の学生さんたちが集まった。レースにも積極的に参加し、ポテンシャルを発揮してくれた。この艇は、のちに転売されて西のほうへ回航途中、三重県の大王埼沖で180度転覆し、当たり前のように起き上がって、無事

19

蒸し曲げフレームの代わりに、作りフレームを採用した〈龍飛〉

進水を迎えた〈龍飛〉。全長24ftのスループ艇だ

岡本造船所での〈龍飛〉の建造作業

レース艇として先鋭化した、全長34ftのスループ〈雅鬼大将〉の欅の積層キール

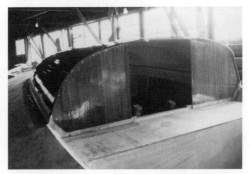

〈雅鬼大将〉のコールドモールド工法で造られたシダーのキャビントップ

目的地に到着したそうである。

　次に34ftスループ〈雅鬼大将〉が建造された。オーナーは安岡信一さん、26ftヨール〈のぶちゃん〉を所有していた。〈智美〉の経験から、レース艇として先鋭化したが、残念なことに、新艇が進水した直後にオーナーは体調を崩され、レース活動をすることなく転売された。新オーナーは代議士の中村　靖さん。〈Carina〉と命名されて、岡本　豊さんをスキッパーにレースにも参加し、期待した性能の片鱗を見せてくれた。

　これらの3艇は、いずれもストリッププランキング（strip planking）工法により建造された。

　ストリッププランキングは、あらかじめ必要な長さにスカーフ継ぎした、幅と厚みが一定の角材（ストリップ）を仮フレームに仮留めしながら、ストリップ同士を接着剤とリングネールで固着し、積み重ねていく工法である。全体が出来上がって仮フレームを外すと、モノコックの船殻（シェル）ができる。

　ストリップを張っていくとき、各ストリップに加わるひねりが最小になるように配置することと、応力が集中するキール（竜骨）との接合部に、細心の注意が必要である。

　〈智美〉の場合、キールとフロア材、仮フレームをセットし、舷側縦通材、蒸し曲げフレーム、隔壁、ビーム（横梁）などは仮フレームを外した後に入れたが、軽量化を重要課題としたこともあって、やや脆弱

1970年5月に無事進水し、翌6月のポイントレースで帆走中の〈昌代〉

な構造となったきらいがあった。〈雅鬼大将〉ではフレーム間隔を狭くし、フロア材を増強。〈龍飛〉は蒸し曲げフレームの代わりに、作りフレーム（切り出したフレーム）に変更した。重量は多少かさむが、無難な工法だ。

設計番号1〈昌代〉

　昌代さんは、現在、都内で酒店を切り盛りする良妻賢母で2児の母だ。昌代さんがまだ小さいころ、若いお父さんが念願のヨットを建造し、〈昌代〉と命名した。

7.5mスループ〈昌代〉のセールプラン
● 全長：7.499m ● 水線長：6.200m
● 全幅：2.415m ● 吃水：1.55m
● 排水量：2.35トン ● セール面積：25.60m²

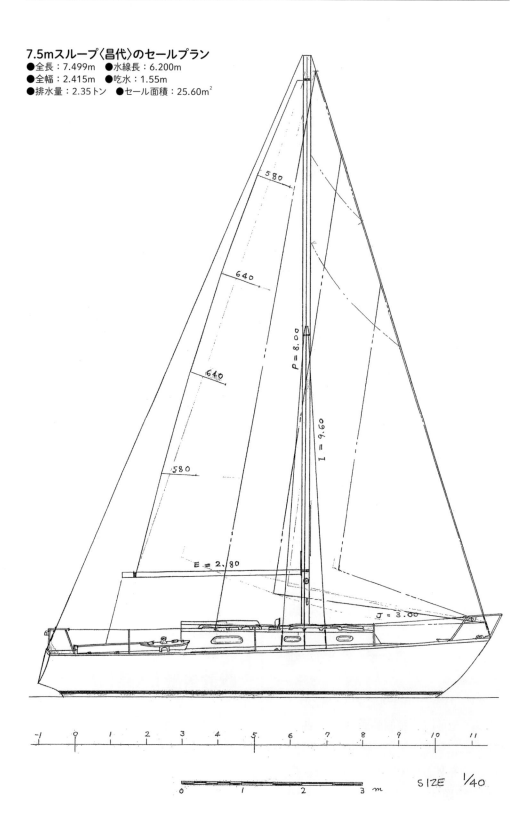

SIZE 1/40

7.5mスループ〈昌代〉の線図、船体構造図

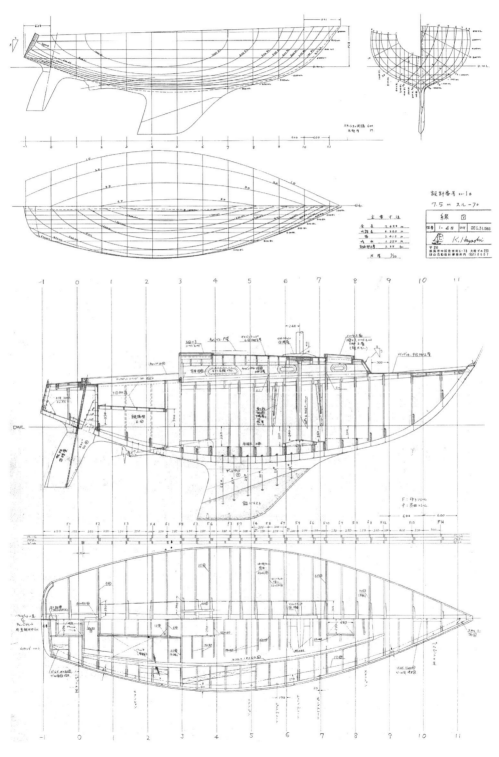

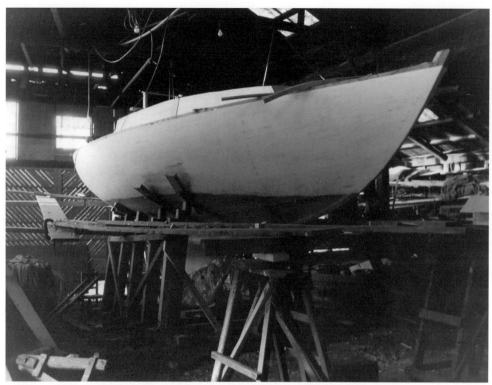

初めて白い下塗りペイントが施された状態の〈昌代〉。ヨット建造過程で一番印象的なところだ

横浜の岡本造船所で建造された、木造の7.5mスループである。

　法政大学ヨット部OBの津野さんは、現役のころ辣腕を振るった有名な人で、岡本造船所の営業担当だった。津野さんが、後輩にあたる若いお父さんの野沢忠義さんを紹介してくれた。野沢さんとは、たちまち意気投合し、設計の打ち合わせ後に重ねた酒盃は数え切れない。法政大学と立教大学の校歌を大声で歌いながら帰り、目黒不動尊近くのアパートに泊めていただくこともしばしばだった。

　〈昌代〉は、約6年間の修業のあと、師匠からお許しが出て、初めて設計したデビュー作であり、どうしてもレースに参加して好成績を挙げたかった。そのためにはレーティング対策も必要で、不利益を被る形を避けるため、熟考のうえ、横山理論に反する、船尾部の幅を絞る船型を密かに選んだ。

　キールはステムと一体の欅の積層材、作りフレームと蒸し曲げフレームを交互に入れ、外板はラワンのシングルプランキング、甲板はベニヤ合板FRPカバーリング、鉛バラストを採用。建造中に、『舵』誌・長谷川記者の取材があり、初登場の写真が残っている（編集部注：月刊『舵』1970年3月号）。

　軽量化のため、マストはアルミ軽合金にしたいと考えていたら、岡本 豊社長が

相談に乗ってくれて、日本軽金属の重役だった小沢信三郎氏に引き合わせていただいた。すると話はトントン拍子に進み、マストには新製品を使うことができた。岡本社長から、「ロイヤリティーはいくら欲しいか」と聞かれて、「要りません」と答えたら、「キザなやつだね」と笑われた。

このマストは、一般的な7.5mクラスを念頭に設計したので、熊沢時寛さん設計艇にも採用されたし、遊漁船のスパンカーマストにも使われた。

もう一つの軽量化対策は、船内機の選択だった。当時、ディーゼルエンジンは手回し始動のための大きなフライホイールがあり、鉄の塊みたいで、単気筒エンジンでも重量は100kg以上あった。そこで、思い切って重量約60kgのヴィレというガソリンエンジンを採用した。相当な気まぐれ屋さんで、一定の回転数で運転しているときはよいのだが、入港時に回転数を落としていくと、パスンッと止まってしまうことが度々で、セーリングで着岸しなければならないこともあった。

〈昌代〉の棟梁の鈴木義男さん（通称よっちゃん）は、とても真面目で腕もよかった。新米デザイナーの描いた図面を理解してくれたうえに、足りないところを補ってくれた。設計着手から約9カ月後に竣工、予定の吃水線ぴったりに浮いた。

相模湾のポイントレースで小手調べ、そこそこの感触を得て、鳥羽パールレースにも参加したが、風に恵まれず伊豆・石廊埼沖でリタイア。しかし、その後の

初島レースや神子元島レースでは、NORCの銀杯を獲得することができた。〈昌代〉は一応の成果を得て、同型艇の〈田吾作〉、〈寿限無〉、〈雲助〉（富山県のオーナーによる自作）が造られた。

「横山理論」に反する船型の結果はどうだったのか？ プレーニングに到達しない速度の範囲では、ほとんど問題がなかった。ヒールすると、ウェザーヘルムが出てきても妙な挙動は見せず、元来プレーニングできない船型だから、これでよかったのだ。

フルスケグラダーでも舵効きがよく、ヘルムバランスも良好だった。この事実を師匠に報告したとき、舌足らずのせいもあって、大変怒らせてしまった。スミマセン。

主要目			
全長	7.499 m	吃水	1.550 m
水線長	6.200 m	計画	235 t
幅	2.415 m	排水量	

キールの仕上げを見る林さん

月刊『舵』1970年3月号に掲載された〈昌代〉の紹介記事中の一葉。これが『舵』誌初登場となった

計測委員会(その①)

NORCの計測委員に

レースに積極的に参加するようになると、レーティングが問題になる。レーティングルールは、大小さまざまな艇にハンディキャップを与えるための大きさ(長さ:レート)を計算するものだ。大きいフネほど速いことは、誰の目にも明らかだからである。また、現行のルールに有利な(フネの)形が存在するから、ルールに精通して設計しないと、速いボートができても、ハンディキャップレースに勝つことが難しくなる。

1960年代後半、36ftレーサー〈智美〉のクルーになったのを機に、日本外洋帆走協会(NORC:Nippon Ocean Racing Club)の会員になると、すぐに計測委員会のメンバーになるよう勧誘された。当時使われていたルールは、イギリスのRORC(Royal Ocean Racing Club)ルールで、船体関係は図面計測、リグとセールは実艇計測が行われていた。レースに出てくるフネは全て純国産で、設計者もビルダーも日本人で、線図をはじめ必要な図面が容易に入手できた。

当時は、いわゆるJOG(Junior Offshore Group)全盛時代で、30ftを超える艇などごく少数。全長が7.5mを超えると贅沢品と見なされて、宝石並みに40%の税金が課せられていたことも大きな要因だった。

高い税金を払ってでもヨットを造る人たちは、もちろんお金持ちなのだが、建造前には、なんでこんなに税金が高いの?と、文句たらたら。それでも、一度払ってしまえば、喉元過ぎればなんとやらで口を閉ざしてしまうか、減税運動どころか納税推進者になってしまうのが不思議だった。

左:セーリング中の〈竜王〉。この名艇はレストアされ、現在も美しい姿で走っている
右:加藤ボートで建造中の木造ワントナー〈竜王〉。設計はS&Sによる

IORの登場

IOR（International Offshore Rule）が日本に導入されたのは、1970年のことである（Mk II）。当時、イギリスではRORCルール、アメリカではCCA（Cruising Club of America）ルールが使われていたが、両者は全く性格が異なり、アメリカ国内で大活躍したCal 40（Charles William Lapworth設計）も、イギリスへ遠征すると勝てなかった。

国際間レースが盛んになるにつれ、統一ルールが求められて、ORC（Offshore Rating Council。のちにOffshore Racing Congress に改名）が設立された。ITC（International Technical Committee）メンバーの中から、オーリン・スティーブンズ（Olin Stephens）さんが議長になり、IORが誕生した。NORCも呼応してIORの導入を決定、当時の計測委員長だった渡辺修治さんが、アメリカで講習を受けて、後にチーフメジャラーとなり、NORCはORCのNA（ナショナルオーソリティー）として認知され、以後、計測はすべて実艇計測になった。

渡辺さんが超多忙なこともあって、実務を行う計測委員長は〈飛車角〉の艇長、周東英郷さんが務めた。鬼と呼ばれた方で、ルールにはとても厳密な人だった。ルールの隅から隅まで、納得のいくまで追求し、計測時の曖昧さを最小とする方法も議論され、実行された。計測員の

講習会は、三浦・小網代の旅館「丸八」に3日間缶詰め、半徹夜状態で行われた。

周東さんが、「私はヨーサイ家になりたかった」と漏らしたことがある。「洋裁家って？」と聞き直すと、「アリー匹這い入る隙もない要塞を造るんだよ」というお返事。納得。

IOR計測は一歩一歩確実に進んでいたが、計測員が足りないし、これまでの手動計算に代わってコンピューターを導入することになったものの、こちらも全く人手不足だった。パソコンがまだない時代で、計測データをカードにキーパンチしてレーティングを算出していたのだが、IBMに勤務していた〈そよかぜ〉の倉本泰治さんが、救いの神として現れた。彼は、ルールそのものの論理を読破して、プログラミングし直し、以後の計算をスムーズに流してくれた。彼がいなかったら、国内のIORはかなり立ち遅れていただろうと思われる。

トンクラスの時代

その後IORは、いわゆる「トンクラス」を生み出した。これは、総トン数や排水トン数に全く関係のない、称呼トンである。

IORで算出されるレーティング値「R」の単位は長さで、ft（フィート）で表される。R値をベースにハンディキャップを計算する式、例えばTCF（時間修正係数）を計算する式があり、実際のレース所要時間にTCFを乗じて修正時間を出し、順位

が決定される。この計算式に含まれる定数を変えると、小型艇が有利になったり、大型艇が有利になったりする。また、定数には無関係だが、微風のレースでは小型艇が、強風では大型艇が有利になる。

IORそのものは、陸上で水平に置かれた船体を約50カ所、リグとセールの約30カ所を計測し、波や風の影響を受けやすいデリケートな傾斜テストを行う、かなり精度の高い計測を要求するものだ。しかし、ハンディキャップによるレース結果の不確かさは、どうしても残ってしまう。そこで、同一のレーティング値を持つ艇が集まってレースを行えば、ハンディキャップなしの、着順がそのまま順位となるレースが可能になる。これは参加者にとって分かりやすく面白いから、多くの人たちに受け入れられた。

フランスで、昔のクルーザーレーサーのカップをハーフトンカップとして復活させて「ハーフトンクラス（R＝21.6ft）が生まれ、続いてワントン（R＝27.5ft）、クォータートン（R＝18.0ft）、スリークォータートン（R＝24.5ft）、最後にミニトン（R＝16.5ft）がレベルレーティングクラスとして誕生した。

*

S&S（Sparkman & Stephens）設計のワントナー〈竜王〉が加藤ボートで建造され、陳 秀雄オーナーの指揮の下、約3年間、国内レースで無敗の成績を残した。

同じくS&S設計、加藤ボート建造の〈サンバードII〉は、オーストラリアで開催されたワントンカップ・ワールドに参加。計測を、シーボニアヨットクラブに勤務していた宮本さん、現在はマリン用品会社・マリンサービス児島社長の児嶋正仁さんと3人で実施した。極東のヨット後進国での計測がどの程度のものなのか、現地で厳

S&S設計、加藤ボート建造の〈サンバードII〉。シーボニアマリーナでの計測作業中に

しくチェックされたが、結果はパーフェクト。当たり前だ!

同じような寸法、諸元を持つ艇同士の戦いは、デザイン競争を促した。S&Sやヴァンデスュタット（E.G. Van de Stadt）といった大御所に対し、ディック・カーター（Dick Carter）やダグラス・ピーターソン（Douglas Peterson）、ピーター・ノーリン（Peter Norlin）、グループ・フィノ（Groupe Finot）など、新鋭デザイナーが続出して活躍する場を提供し、まさにインターナショナルルールとして成功した。

IORに風穴を開けたのは、ブルース・ファー（Bruce Farr）を筆頭とする軽排水量艇群である。ルールメーカーは、「最良のオーシャンレーサーは、最良のオーシャンクルーザーである」という哲学を基本としていたから、軽排水量艇はルールの範疇外だったのだ。

軽排水量艇の活躍が顕著になり、次第に加熱していった。ルールの抜け道探しや計測ポイントのデフォルム（バンプ付加など）、さらに重心上下位置を意図して上げてレーティングを下げるボートが続出した。好ましくない事象を規制するルール変更が毎年行われて、ルールブックのページ数がどんどん増えていき、素人が一度読んだだけでは理解しがたいルールになっていった。

結果的に言えば、軽排水量と小さなCGF（重心修正係数）の組み合わせは、真のオーシャンレーサーとはいえない艇を生み出し、大事故を経験し、IORの凋落へつながっていった。

＊

神奈川県の湘南高校から東京大学へ進学したエリートで、日本郵船の重役になられた嶋田武夫さんが計測委員長に就任され、前任者の退陣に伴って、自分も一緒に身を引くことにした。嶋田さんは、IOR計測の弱点はデリケートな傾斜テストにあると見破り、これを排除したJOR（日本版IOR）を制定した。計測作業時間の短縮と計測料の低減が実現し、これが大発展することになる。NORC事務局長だった歌田道教氏の協力の下、最盛期にはIORとJORが合わせて約450隻に達し、全国的に普及した。

JORを取得するためには、正規のIORレーティングを持つ3隻以上の同型艇があり、整合性のあるデータが存在することが前提条件だったので、3隻揃うまでJOR計測を待つ艇も現れた。正規IOR艇は、ブラックバンドの整備やバンプを付けたり、トリム修正などのレーティング対策を実施したうえでレーティングを取得するのだが、JOR艇は意識が低く、そのあたりがやや曖昧になっていた感がある。レースの運営上、IOR艇とJOR艇とが同じ土俵でレースを行うようになると、腕の良い人たちが乗ったIOR艇が、時には普通のJOR艇に負けてしまう現象も起こり、ルール遵守という観点から問題も生まれ始めたようだ。エンドユーザーには見えない部分でのデータ管理が、実は大変重要だったのである。

クォータートンカップ

FRP量産艇の時代へ

国内でFRPセールボートが生産されたのは、横山 晃さん設計の合板艇Y15を、リンフォース工業が建造したのが最初だと思う（1960年代後半）。パワーボートの世界では、すでにFRP化が進んでいたが、FRPセールボートも一般向けに発売されるようになり、成功を収めた。横山造船設計事務所に勤めていたので、ネームプレートの刻印をずいぶんやった。

その後、武市 俊さん設計のブルーウォーター21が、国産初のクルーザータイプとして大成功し、続いてブルーウォーター25も発売され（いずれもリンフォース工業）、国内にヨット専門のセールスマンが生まれたのも、このころだったと思う。戦後日本のヨット界、特にオフショア系の大発展期だった。

相模湾では、「ポイントレース」と称する、油壺沖から葉山沖のマークを回るデイレースが毎月行われ、確かサントリーがスポンサーになってくれた時期もあって、アフターレースも盛り上がっていた。陳 秀雄さんのS&S ワントナー〈竜王〉が初登場したのも、このレースだった。微風のなか、1艇だけ、比較的小さなセールなのにスルスルッと抜け出ていき、

建造中のクォータートナー〈ムーンレーカー〉。東京ヨットで

『日本の外洋ヨット』（昭和50年、舵社刊）の記事には、船型上の特徴として、「船尾付近に排水量を持たせ、中央部からシャープなフィンエッジで連続させたプロファイル」とある

上：〈ムーンレーカー〉は建造後、横浜で進水。その後しばらくしてから江の島ヨットハーバーで行われた、IORの計測作業中の様子
右：マストトップから見た、〈ムーンレーカー〉のデッキ全景。全長：7.47m、水線長：5.50m、全幅：2.50m、吃水：1.40m、排水量：1.52トン、バラスト重量：0.65トン

われわれを置き去りにしてしまったのだ。

IORの導入

　新しい国際ルール「IOR（International Offshore Rule）」が各国で受け入れられ、そんなニュースが日本に伝わってくるにつれ、自然発生的に生まれて盛んになったのがクォータートンクラスだ。大きさも手ごろで、7.5m未満の、当時の物品税10%以下に収まり、それまでのJOG（Junior Offshore Group）とも違和感のない延長線上の艇だった。IOR計測には、時間と費用が必要だったが、若くて熱意のある人たちに支えられて、自然に熱くなっていった。

　当時、ヨット雑誌としては『舵』のほか

IORの計測作業の一つ、傾斜テスト。船体の右舷側に取り付けたバーの先から、ポリタンクをぶら下げている

に『オーシャンライフ』があった。編集長の小島敦夫さんは、プロ船員としての経験があり、甘ちゃんヨット乗りに対してやや厳しい見方をする人だったが、セールボートを好意的に捉え、記事にしていた。のちに『至高の銀杯──アメリカス・カップ物語』を書いた人だ。

『オーシャンライフ』には、セールボートの透視図をいくつも描かせてもらった。『ボート＆ヨット』も創刊され、世話になった葉山の三浦三生さんの紹介で記事も書いた。こちらの編集部には、明治大学ヨット部OBの大脇誉次君が加わり、自艇のクルーをやってもらったり、その後も長い付き合いになった。

また、デザインのみならず、海外からの輸入艇も見られるようになった。名古屋のチタ・グループも起業して、ヴァンデスュタットデザイン艇の建造を開始したし、辻堂加工はカナダのC&Cデザイン艇を建造していた。

〈ムーンレーカー〉

続々と誕生するクォータートナーを、横目で指をくわえて見ているわけにはいかない。自分には資金が不足していたが、情熱と時間は十分にあった。

横浜にあった東京ヨットの小島義男社長は、当時最先端だったコンピューター開発の仕事もされていた人で、スポンサーになってくれた。ここでマスター

相模湾でのレース中のワンシーン。〈ムーンレーカー〉は、さまざまな
レースで好走した。フラッシュデッキといえるくらいの低いドッグハウ
スが特徴的で、クルーワークも容易。広いコクピット、工夫を凝らした
数々の艤装と合わせて、レースに特化した艇に仕上がった

「やや高めのフリーボードは、小型艇では波浪中の
予備浮力として実に有効であり、強風下のデッキワー
クが容易である」(『日本の外洋ヨット』より)

モールド(木型)を造り、隣接したGRP
インダストリーで、FRPメス型と製品成
形を行うことになった。紙や木は子供の
ときからなじんでいて、障子に指を突っ
込めば穴が開くし、箸を曲げれば折れる
という実感があるが、FRPという材質に
ついては、強度や性質を教科書で理解
していても、まだ実感がなかった。

　GRPインダストリーの戸田昭一さん
の知識と経験に支えられて、十分に頑丈
な艇ができた。そして、以前からお付き
合いのあった中村船具工業の皆さんに
は、本当に世話になった。セールと艤装
品を特別価格で作っていただき、〈ムー
ンレーカー〉が完成した。ムーンレーカー
(Moonraker)というのは、帆船の一
番上のマスト(moon-sail mast)に揚
げる小さいセールのことらしい。

〈ムーンレーカー〉の船上にて。オーナースキッパー兼ナビ
ゲーター兼コックとして乗り込んだ

　当初、デッキは木造だったが、量産艇
としてデビュー。自設計、建造手伝い、
進水後はオーナースキッパー兼ナビゲー
ター兼コック、少しでも皆さんに恩返し
するため、なんでもやった。

　初戦は横浜市民ヨットハーバー主催
の市長杯レース、熊沢舟艇研究室デザイ
ンのKQクラスが当面のライバルだった
が、なんとかリードを広げてトップ。優勝

祝賀会は横浜市内某所のキャバレーで、少々顔の利く宮ちゃんというヤツがいて、とても楽しかった。

相模湾の初島レースにも勝った。初島をトップ回航したあと、後ろを振り返ると、熱海の夜景をバックに後続艇の航海灯が点々と並び、それは実に楽しい光景だった。

さらに、鳥羽パールレースに参加、遠州灘で沖に出過ぎて惨敗。その後も、別の艇を含めて、鳥羽パールレースには何回か参加したが、いい思い出はまったく無い。

秋の神子元島レースでは、夜のスタート時は比較的風が弱く、伊豆半島東岸で夜が明けてみると、周りにレース艇が1隻も見えない。やられたかな？ いや、そんなはずはない。次第に南西風が強まり、はるか後方にレース艇が見えた！

当時、小型艇はスタート時刻が大型艇より早く、フィニッシュ時刻が同じくらいになるように設定されていた。神子元島をトップ回航、強風のなか、躊躇せずにスピネーカーを展開。フィニッシュライン近くで、大型艇ワントンの〈旭〉に抜かれたが、小型艇部門で完全優勝することができた。

知名度も少し上がり、同型艇も造られ、自作向けのハルも販売され、デッキもFRP化して、これからというときのことだ。オイルショックが起こり、材料費の高騰と、注文が激減して、量産が続けられなくなってしまった。

クォータートンクラス

1970年代初頭には、NORC（日本外洋帆走協会）の組織内にクォータートン協会もでき、レースも盛んに行われるようになった。IORを管理するORCにチャンピオンシップ・ルールがあり、そのなかでレース構成と得点が決められ、オフショアレースの距離も決められていた。相模湾で行われたロングオフショアレースは、三浦半島の小網代湾湾口をスタートし、下田沖の神子元島を回り、再び小網代湾湾口のマークを回ってから、今度は大島西岸の潮流観測ブイを回って小網代湾にフィニッシュするという、約160マイルのコースだった。

わが〈ムーンレーカー〉は、微風のインショアレースでは成績が振るわず、得点係数の高いロングオフショアに懸けていた。北東の風に恵まれ、神子元島をトップ

クォータートン・ワールドカップの日本開催も決まり、ますます日本国内においてクォータートンクラスの活動は熱気を帯びた。写真は、1970年代に行われたレース中のひとこま

グループに入って回った。このとき、東海から遠征して来た都築勝利さんの〈桃太郎〉は、「このままリタイアして帰ります」と伝言を残して、西へ去っていった。

　神子元島からの風上へのコースで艇団がばらけ、小網代湾湾口のマークを何番目で回ったのか分からないが、大島西岸の潮流観測ブイ付近で、ヤマハのファクトリーチームの黄色い〈マジシャン〉が近くにいた。設計の内田四郎氏や、スキッパー小松一憲さんらが乗っていたが、その後、スプレッダーのトラブルがあったらしい。

　そして、フィニッシュラインが見えてきて、トップフィニッシュを確信したそのとき、小網代湾湾口の定置網の内側から滑り込んでくるフネが見えた。結局、最後に抜かれてしまった。ニュージャパンヨットの瓜生昭一さん、キングセールの庄崎義雄さんらが乗る〈エクメ・スポーツ〉だった。定置網の内側を通過することは、暗礁に近いので通常のレースでは禁止されているのだが、このレースの帆走指示書には書かれていなかったのだ。悔しかったが、レース後のパーティーは大いに楽しんだ。

佐島ワールドに向けて

　このころ、クォータートナーは、ニュージーランド出身のロバート・フライ（Robert Fly）さんが乗る、ブルース・ファー（Bruce Farr）設計の軽排水量艇が登場して旋風を巻き起こしたり、ハル・ワグスタッフ（Hull Wagstaff）設計艇が日本ノーテックで建造されたりした。ファーさんとワグスタッフさんは、ニュージーランドのクォータートン選手権で戦い、ファーさんが僅差で勝ち、これがのちに世界へ羽ばたくにきっかけになったそうだ。

　アメリカのコーパス・クリスティで開催されたクォータートン・ワールドカップには、日本から4艇が参戦。木原俊夫さん

KQクラス〈千勝〉。右から2人目が、オーナースキッパーの藤森紀明さん

現ニュージャパンヨットの瓜生昭一さんが乗る量産艇、エクメドメール。レースに特化した〈エクメ・スポーツ〉に進化

設計の〈新幹線〉もいた。

1978年に日本でクォータートン・ワールドカップ（佐島大会）が開催されることが決まり、さらに熱っぽくなっていった。〈ムーンレーカー〉は、レーティング対策でセール面積が比較的小さく、強風向きの艇で、インショアレースを含むシリーズレースには弱点のある艇だった。当時はGPSもなく、オフショアレースでは、確実なナビゲーションがセーリングの技術と同等に重要なファクターだったので、ある程度戦えたのだ。

次の艇を造ることになるのだが、KQクラス〈千勝〉のオーナースキッパーだった藤森紀明さんが、プロモーターになってくれた。横須賀にあった米澤プラスチックの工場で、大工の林 勝男さん、工場長の古河内千尋さん、営業の宮崎博さんらと奮戦し、木造コールドモール

ド艇、〈フジJr〉と〈リッチモンド〉が進水した。オリンピックコースを含むインショアレースを念頭に、クローズホールド性能を重視した、中排水量のオールラウンド艇だった。

実際によく走ってくれて、〈フジJr〉はワールド前年に行われた全日本選手権で2位になり、本戦への出場権を得ることができた。しかし、このときのロングオフショアで長いダウンウインドコースがあり、双眼鏡でやっと見えるくらいに離れていた艇が次第に近づき、最後に抜かれてしまった。ポール・ホワイティング（Paul Whiting）設計の〈マジックバス〉だった。あまり美しい艇ではなかったが、長いウオーターラインを持つ軽排水量艇のすごさが身に沁みた戦いだった。ホワイティングさんはその後、家族と一緒にクルージングの途中、不幸にも艇もろ

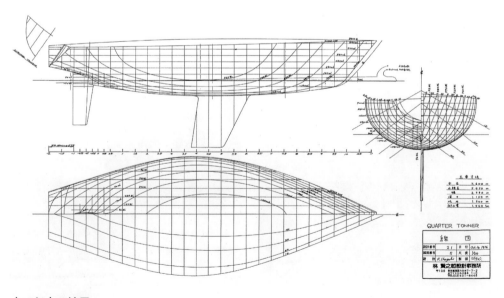

〈フジJr〉の線図

〈フジJr〉の10分の1モデル。塩飽（しわく）水軍の末裔（まつえい）だという、香川県の山本泰久さんの作品

とも行方不明になってしまった。軽量を追求するあまり、構造上の問題があったのかもしれない。

　世界選手権を戦うためには、もう1艇造る必要を感じていた。思い切ってセンターボード艇にするプランも浮上してきた。オーナーの藤森さんやクルーの人たちも奔走してくれたのだが、遂に実ることはなく、チームは解散した。自分もレースから身を引き、クルーザーの設計に没頭し、レース艇の設計は1985年まで封印した。

＊

　三浦半島の佐島マリーナをベースに開催された1978年のクォータートン・ワールドカップは、ヤマハの〈マジシャンV〉が優勝して幕を閉じた。ダグ・ピーターソン（Doug Peterson）設計のセンターボード艇が転覆、沈没したり（乗員はライフラフトに移乗、全員救助された）、ロン・ホランド（Ron Holland）設計艇に優秀な外国人クルーが多数いたが、マスト折損が重なって入賞することはなかった。

　また、RORC（Royal Ocean Racing Club）からは、メアリー・ペラ（Mary Pera）女史が来日。レース組織、運営などに対して、称賛の言葉を残していった。

　このワールドを目指して戦ってきた多くの人は、その後も日本の外洋ヨット界を牽引（けんいん）し、いろいろな分野で現在でも活躍している。

滞欧日記

仏ラ・ロシェルへ

　フランスのヨットデザイナー、フィリップ・アーレ（Philippe Harlé）事務所が日本人のメンバーを探しているという情報が、友人のタスカージャパン社長、松永昌平氏から入り、行ってみるかとなり、これもスンナリ決まってしまった。アーレデザイン艇の日本での建造が始まり、管理者を求めていたのである。1974年2月の終わりから、7月のバカンスが始まるまでの短い期間だったが、濃縮された日々を過ごし、面白い経験をさせていただいた。

　自分にとって初めての渡航でもあったし、家族が空港に見送りにきてくれたのだが、まだ小さかった息子に大泣きされ、その後、彼は飛行機が飛んでいるのを見るたびに、「パパはブーンって行っちゃった」と言っていたとか。機内では、エールフランスのきれいなスチュワーデスさんが首を傾げながら、「こーひー?」と聞いてくれたのもうれしかったなあ。

　大西洋に面するフランス西岸のラ・ロシェルに、事務所があった。ラ・ロシェルは中世にできた港町で、古い城壁と塔が

古くから軍港として栄えたラ・ロシェルには、2,000隻を超えるヨットが係留されていた。年に1回開催される「ラ・ロシェル・ウイーク」は、ディンギーも含めて大変な盛り上がりを見せる

ある旧港には、干満の差が大きい（約4mくらい）ため、開閉式の閘門があった。出入港は、満潮時を見定める必要がある。

少し離れて外海に面したところに、プレジャーボート用の新港があり、2,000隻以上のフネが係留されていた。内陸に少し入ったところに工業団地があって、すでに日本にも知られていたデュフォー（Dufour）の工場もあった。北西にラパリスという商業港があり、大戦中はドイツのUボートの基地があったところで、その名残があって、映画のロケに使われた場所である。

アーレさんの事務所

アーレさんはグレナン・ヨットスクールで、長くセーリングインストラクターを務め、教科書にまとめた人だった。独学でヨットデザインを始め、庶民派のヨット愛好者から広く支持されていた。見た目はでっぷりして、髪の毛が薄い好々爺で、ワインとコーヒー、パイプたばこが大好きな人だった。

事務所のメンバーは、J・P・オーブリー（主に構造担当）、パトリック・ロゼオ（インテリア担当）、ギヨーム・クリスカンプと事務担当女性のフランソワーズの4人。デザイン手法は、特に変わったところはなくて、日本で習得した技術がそのまま応用できたので、仕事はスムーズにこなすことができた。

スタイリングとカラーリングに相当な

フィリップ・アーレさん。1974年に約4カ月間、仏ラロシェルにある彼の事務所に勤めることになった。パイプたばこがよく似合う、とても気さくな人物だった

時間を使って、皆で議論しながら決めていたが、時には奥さんのマダム クロード・アーレも積極的に参加していた。マダム クロードは、（大統領になる前の）ジスカール・デスタンの元秘書をやっていた人で、まったく英語をしゃべらなかったが、優しくて快活な人だった。

お酒の名前のヨットたち

アーレデザインのプロダクション艇は、すでに多数あり、なかには年間100隻以上建造されているものもあった。クラス名は、「ミュスカデ」、「マルガリータ」、「ロマネ」、日本にも輸入された「テキーラ」、「スコッチ」など、お酒に由来するものが多かった。

少し慣れたころ、各地の造船所訪問に

連れて行ってくれた。ロワール川の河口近くのナントにある、オーバンという造船所では、21ftの合板艇「ミュスカデ」や28ftの「アルマニャック」などを、頑丈な型枠を利用し、短期間で建造していた。築後400年の社長宅では、ミュスカデ（ワイン）をごちそうになった。ミュスカデクラスは現在も活動中で、アーレさんの没後、マダム クロードが名誉会長を務めているようだ。

イタリアのミラノ近郊にあるアルファ社を訪問したときは、スイス経由の列車旅で、オリエント急行ではないけれど、「これまた結構」な旅だった。当時、アルファ社はフライングダッチマンの造船所として有名で、日本にも輸入されたことがある。

自分も設計に参加した新しいプロジェクト（アルファ570）の打ち合わせだった。フランス語とイタリア語は親戚だが、細かいことはアーレさんにお任せして、若い職人たちとの友好親善（？）に尽くした。

ブルターニュにカルナックという小さな町があり、ケルトというクラス名の20ft艇を建造していた。ケルトマリンの社長のジル・レボーは、若く優秀なヨット乗りで、アーレさんと仲良しだった。この艇は、後に横須賀にあった日本ノーテック社で建造されることになる。ブルターニュはカキの産地としても知られ、ごちそうにもなったが、種は広島産だよと言っていた。

ナントとサンマロの中間くらいにある内陸のレンヌでは、30ftのスコッチクラ

フィリップ・アーレ設計の34ftアルミ艇「ロマネ」のパンフレット。この艇で、いろいろなレースにも参加した

21ftの合板艇「ミュスカデ」。クラス協会も設立され、現在でもレースが行われている

スが建造されていて、これも日本で建造することになる。FRPのヘルメットやプラスチックの包装容器メーカーとして、確固たる地位を築いていた米澤プラスチック社が、（株）チタと、大手印刷会社のDIC（当時の大日本インキ化学工業）と連携して、セールボート業界に進出したのだが、残念なことに3社の思惑に微妙な違いがあり、成功するまでには至らなかった。

欧州でのセーリング

週末は、ほとんどセーリングしていた。言葉の問題はあったが、セールボートの基本的な用語と、サバイバルに必要な最小限度の言葉は覚えた。アツイ、サムイ、ハラヘッタ、ノドガカワイタ、ツカレタ、ウマイ、シアワセダ……。子供と一緒で、悪い言葉もすぐに覚えた。

最初に乗ったのは34ftアルミ艇で、地元のデイレースに参加した。われわれより下のクラスのハーフトンクラスには、のちにイタリアのアメリカズカップ挑戦艇〈アズーラ〉のスキッパーとなったシノ・リッチや、地元のコーデル（クォータートンの優勝スキッパー）などが、ホットな戦いをしていた。

この34ft艇は、内陸のブドウ畑に囲まれたプブローという造船所で建造された「ロマネ」というクラス名を持つアルミ合金ボートで、同型艇が何隻か浮いていた。造船所見学のあと、近くのワインセ

ラーに連れて行かれ、片っ端から試飲して感想を言ったら、「ムッシュ アヤシ、君の舌はなかなかいいよ」と言われて、ますますおいしかった。

イギリスのRORCのチャンネルレースにも初参加した。カウズからエディストーン回りのレースだったが、潮流の変わり目に間に合わず、成績は中くらい。ホームポートのシェルブールへ帰港途中、夜になって、濃い霧に包まれた。港口近くにある音響ブイが聞こえるところで一夜を明かすことになり、「おまえ舵を持っていろ」と言われて、皆寝てしまった。とても寒かった。

やがて夜が白み、太陽が昇り、そよ風が吹き始めた。そのとき、カーテンを引くように霧が晴れていき、目の前にシェルブールの町が現れた。すばらしいご褒美だった。シェルブールには出入国管理事務所があり、同乗のフランス人に聞いたら、「めんどくさいから、いいんだよ」だってさ。フェリーで渡るときには、船内で検査があったけど……。

レース三昧の日々

夏のお祭りレースに、カウズ・ディナール・サンマロレースがある。ソーレント海峡のナブタワーからワイト島の南端を通り、西へ向かい、ポートランドビル沖のブイを回って南下し、チャンネルを横断。暗礁海域のガーンジー諸島を通過して、フィニッシュする。距離は150マイルで、日本の鳥

ププローという造船所で建造中のロマネ。この造船所を見学したあと、近くのワインセラーで、たくさんワインをごちそうになったのも、いい思い出だ

オーバンの造船所で建造中のミュスカデクラス。全長21ftの合板艇で、ヨーロッパを中心に人気を集めた。これは内装工事中のワンシーン

ハルの積層作業中のスコッチクラス。モールドに円形の枠が付いていて、ハルを左右に回転させて、効率的に作業することができる

羽レースのようなものだ。出場艇も多く、多国籍、なかにはルール不勉強なヤツもいて少々騒がしかったけれど、当時のイギリス首相ヒースさんも〈モーニングクラウド〉（S&S 34）で参加していたし、フィノデザインの〈レヴォルシオン〉など先鋭的なフネもいた。フィニッシュ地のディナールとサンマロのレストランの予約も、レース並みに大変そうだった。

ロマネ34の〈Spineck〉というフネに、事務所の同僚2人と乗せていただき、1週間前に回航。この回航もフランス艇によるレースで、スキッパーは若いが決断力のあるスポーツマンだった。自分もスピントリムに専念、結果は上位に食い込むことができた。

本番のレースまで4〜5日余裕があったので、同僚と3人でレンタカーを借りて、イギリス南岸をプリマスまで、B&Bに宿泊しながら2泊3日の小旅行に出かけた。左側通行なのでドライバーを担当。途中のトーキーでは、ワントンカップワールドが開催される予定があり、すでに何隻か到着していた。

マリーナ見学などを終えてレースに復帰したのだが、本番のレースでは、全員少し疲れが残っていて、残念ながら上位進出はならなかった。サンマロに着いたとき、潮位が低く、港入り口で閘門が開くのを待たなければならなかったが、この

日は革命記念日。やがて花火が上がり、お祭りが始まった。RORCのレースには3回参加し、あとはファストネットレースに参加すればRORCの会員資格が得られたのだが、叶わなかった。

ラ・ロシェル・ヨットクラブは、年1回開催するラ・ロシェル・ウイークやオフショア艇のローカルレースを、いくつか主催している。ラ・ロシェル・ウイークには、OPクラスをはじめ、たくさんのクラス艇が集まり、東ドイツからも参加していた。アーレさんには三人娘がいて、中学生の長女も参加、表彰台に上がっていた。末娘は、そのころまだ小さかったが、工芸家を目指し、470級のヨット乗りのボーイフレンドと一緒に日本にも来たことがある。

ロマネの〈Altair〉でローカルレースに参加したとき、イタリア人もいて、日仏伊混合チームになった。ヘルムを任されて熱くなり、ついに日本語で怒鳴り散らしてしまったが、彼らには分からなくてよかった。オーバーナイトレースで全員真面目にやって勝利し、ガスコーニュカップを獲得することができた。

滞在中のハプニング

その1：突然、何の前触れもなく、石川平八郎さんが現れたこと

石川平八郎さんは、三浦半島の諸磯で、艇のオーナーの一人だった。彼は、イタリアからシナーラクラスのヨットを日本

へ回航する要員として、やって来たのだという。しかし、まだ未解決事項があって、いつになるか分からない。それまで泊めてください、となって、下宿に転がり込んできた。

しばしばイタリアへ出かけていたが、結局、この回航話は流れてしまった。彼のイタリア漫遊記は、結構面白かった。

そうこうしていたら、次に横山造船設計事務所時代の先輩、村本信男さんが、きれいな奥さまを連れて遊びに来てくれた。今度は事前の連絡もあり、ラーメンとか、日本食のお土産付きだった。ラーメンは、クルージングに行ったときに作ってあげて、フランス人クルーに喜ばれた。

その2：ダグ・ピーターソンさんが、事務所を訪ねてきたこと

ダグ・ピーターソンさんが、アーレ事務所にやってきた。その前夜、レストランで食事をしていたら、東洋系の女性が遠くの席にいるのが見えた。東洋系の人は珍しいので、目についたのだ。実は、彼女はピーターソンの奥さまだった。事務所で、自分が日本人だと紹介されると、機関銃のようにしゃべり始めた。日本語をしゃべるのは、久しぶりだったそうである。横浜の某有名学校出身とのこと。

それで、やっと分かった。ピーターソンのデビュー作である「Ganbare」の読み方、ガンベア？　なーんだ、「がんばれ」だったのだ。

ピーターソンは、タンクテストは費用が

かかり過ぎてできない、夜光虫のいる海を走ると造波状態がよく分かる、と言っていたのが印象的だった。また、横須賀のオリエンタルボートで、W・コーキンズ設計、大型ダブルエンダーの工事監督をしていたこともあるそうだ。コーキンズは、戦後、トランスパック（太平洋横断レース）などでも活躍した人である。ピー

アーレさんの事務所に勤務した期間中、週末はもっぱらセーリング三昧の日々を過ごした

ターソンの初期のボートは、もう少し船尾を延ばせばダブルエンダーになる、IORルールに適した船型だった。その後、ワントンワールドでも大活躍した。IORボートだけではなく、5.5mや6m、後にはAC艇の〈アメリカキューブ〉なども手掛けた。

　自分は、どうしてもピーターソン船型の秘密を知りたくて、お手本にして、実艇を建造したことがある。中排水量で、大きなプリズマティック係数を持ち、浸水表面積を抑える丸型断面、船首部のU字ボトム、船尾部には少々異論があるが、kt/ftの速長比で 1.1〜1.2で走る場合には、バランスのいいボートだった。

その3：堀江謙一さんが、〈マーメイドⅢ〉で単独無寄港世界一周を成功させ

カウズ・ディナール・サンマロレース、スタートから2時間くらいが経過したころ。スピネーカーを揚げてセーリング中

上：カウズ・ディナール・サンマロレースのフィニッシュ地、サンマロ。レースの結果は残念なものだったが、入港時は革命記念日で、花火が上がってお祭りムード満点だった
右：アーレさんの事務所に、期せずしてダグ・ピーターソンさんがやって来た。中央右がアーレさん、中央左がピーターソンさん

たこと

　日本のテレビ局から電話があり、取材したい、すでに留守宅の妻から顔写真を借りている、そして放送日には時差の関係で真夜中になってしまうが、電話口で待っていてほしいとなった。

　事務所の鍵を借りて、一人寂しく待っていた。テレビ初出演、番組司会者は高橋圭三さんだった。よかった、よかった。

アーレさんの追憶

　アーレデザインのプロダクション艇のなかで、「サングリア」は2,500隻、「ファンタジア」は1,500隻以上造られ、フランスでのベストセラーを記録している。

　彼は、ミニトランザット（小型艇によるシングルハンド大西洋横断レース）に自ら出場し4位。　1987年には、ミニトランザット向けに設計した21ft〈Coco〉が優勝している。　1989年には、単独無寄港世界一周レース「ヴァンデ・グローブ」で、〈3615 Met〉が3位という成績を残した。その後、フィーリング1090、エタップ38、デュフォー54 といったプロダクション艇も設計している。

　〈ジュリアナス〉（42ftセンターボードクルーザー）で、家族と一緒に大西洋横断もした。

　アーレさんは、1991年に59歳で亡くなられ、生涯愛した海に散骨された。

堀江謙一さん

〈マーメイド〉

堀江謙一さんの名前を知らない人はいない。1962年の〈マーメイド〉による太平洋横断は、大事件だった。

〈マーメイド〉は、横山 晃さん設計のキングフィッシャークラスで、全長19ftの合板シングルチャイン艇である。堀江さんがサンフランシスコに到着後に言った「ノーパスポート」という一言も有名で、横山さんは密出国幇助容疑で取り調べを受けている。取調官に、密出国を知っていたかと問われて、もちろん知っていた、と答えたそうだ。いいね!

アメリカではサンフランシスコの市長さんが堀江さんを好意的に迎えてくれて、名誉市民の鍵を授与し、アイゼンハワー大統領にも電話で相談してくれたそうで

1962年8月12日、サンフランシスコに到着した堀江謙一さんは、小型ヨットによる単独太平洋横断を成し遂げた。同年5月12日に西宮を出航してから94日後、文字通りの「歴史的快挙」であった

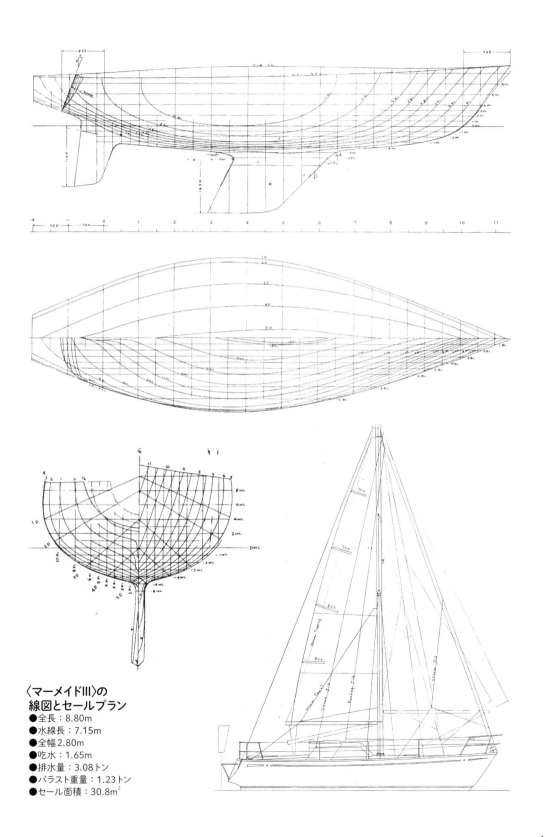

〈マーメイドIII〉の
線図とセールプラン
●全長：8.80m
●水線長：7.15m
●全幅2.80m
●吃水：1.65m
●排水量：3.08トン
●バラスト重量：1.23トン
●セール面積：30.8m²

ある。そして、日本大使館からお迎えの車が差し回され、一躍英雄となった。帰国後もマスコミにもみくちゃにされ、一般の人たちにも大きな驚きをもたらした。

　堀江さんは、なぜパスポートを取得せずに出航したのか——外務省が「危険な手段」による渡航を認めず、パスポートを発給しなかったのである。実際、堀江さんより早く、同様の計画を立てて旅券申請をした人たちがいたのだが、発給されることはなかった。〈コラーサ〉の鹿島郁夫さんも、その一人だったそうである。堀江さんが成功したおかげで、その後は、外務省もパスポートを発給するようになり、ヨットによる海外渡航が盛んになった。

堀江青年が単独太平洋横断を成し遂げたヨット、〈マーメイド〉。横山 晃さん設計の19ft艇だ。のちに出版された『太平洋ひとりぼっち』は、多くの人たちに勇気を与える大ベストセラーとなった

　帰国後に出版された『太平洋ひとりぼっち』は、大勢の人たちの共感を呼び、菊地寛賞を受賞し、文庫本にもなった。この本を読んでヨットに興味を持ち、セーリングを始めた人もたくさんいる。『太平洋ひとりぼっち』は、〈シレナ〉の大儀見 薫さんが翻訳し、『KODOKU』という書名で海外にも紹介された。堀江さんは、イタリアのサンレモ市から、「海の勇者賞」を授与されている。

〈マーメイドⅡ〉

　堀江さんの次の計画は、単独無寄港世界一周。〈マーメイドⅡ〉は、関西のデザイナー、加藤木俊作さんの設計で、斬新なセールプランを持っていた。艇の前後にA形のパイプを立て、頂点を前後につなぎ、その間に、巻き取り可能なファーリングステイスルを3枚張れる構造である。

　テストセーリングも順調に進み、盛大な見送りを受けて出航した（1972年）。ところが、大阪を出航して間もなく、紀伊半島沖で波高3〜4 m、風速15〜20m/sの荒天に遭遇。激しくローリング（横揺れ）とピッチング（縦揺れ）を繰り返しているうちに、A形パイプの基部に亀裂が生じ、次第に傷口が広がって、遂には折れてしまった。

　堀江さんは、やむなく挑戦を断念、海上保安庁に曳航されて帰着した。このとき、唯一、大阪の朝日新聞を除き、マスコミはこぞって、暴挙、暴挙と書きたてた。

建造中の〈マーメイドⅢ〉。コールドモールド工法を使うことで船体重量の軽量化を図り、ラワン材3層の上にダイニール加工を施した

フネのことやヨットのことをほとんど知らない人たちが書いているから、記事の内容はお粗末で、醜聞事件の報道と同じレベルだった。

〈マーメイドⅢ〉

　〈マーメイドⅡ〉での遭難事件が収まってしばらく経ったころ、大儀見 薫さんから、「堀江さんが次のフネを探している。30ft程度の艇の図面はないか」という問い合わせが、元同僚の村本信男さんを通じて届けられた。ちょうど、設計したばかりの29ft艇（デザインナンバー11）があった。この艇は、広島の中村さんがオーナーで、宇品（広島市）の浜本木工所で建造された。阿波踊りレー

〈マーメイドⅢ〉を建造した淡路ヨット製作所

スに参加し、踊って飲み明かした楽しい思い出がある。

　このフネの船体線図を使い、船内配置、セールプランなどを変更して、採用されることになった。

　これが、堀江さんとのご縁の始まりだった。望ましい出航時期から逆算すると、詳細図面を描く時間はあまり残され

ていない。これまでの経緯から、村本さんと加藤木さんにも協力していただき、共同設計という形で進めた。構造は、軽量化のためコールドモールド工法を用い、ラワン材3層の上にダイニール加工を施した。建造は、淡路ヨット製作所で進められ、予定どおり無事に進水し、〈マーメイドⅢ〉が誕生した。

このときの出航（1973年）は、大阪の朝日新聞の藤木高嶺さん、大儀見さん、無線でサポートしてくれる人たちなど、ごく少数の人たちにのみ伝えられ、私にも連絡はなかった。あとでわかったのだが、ちょうど鳥羽パールレースの直前で、自艇〈ムーンレーカー〉の準備中だったとき、緘口令を守っていた大儀見さんから、堀江さんは近日中に出航するらしいよという意味の謎掛け電話があった。

＊

世界一周を考えると、偏西風が吹く「ローリング・フォーティーズ（吼える南緯40度帯）」を通過しなければならないから、普通は東回りになる。前回の計画も東回りだったが、失敗を乗り越えようという根性で、堀江さんは西回りを選択した。日本を出て一路南下し、フィリピン付近で海賊（？）に追い掛けられたりし

1974年5月4日、277日をかけて単独無寄港世界一周を達成した、堀江謙一さんと〈マーメイドⅢ〉。デザイナーとセーラーの関わりは、次なる〈マーメイドⅣ〉へと続いていく

ながら、インド洋を横断。喜望峰を回り、大西洋を横断し、風力8〜9（ビューフォート風力階級、20〜25m/s）の強風に揉まれ、シュラウド（マストを支えるワイヤ）のターンバックルが外れて、マストが折れそうになったりしながら、ホーン岬を回航した。「50 degrees south to 50 degrees south（大西洋上南緯50度から太平洋上南緯50度まで）」を、18日で走破。太平洋に入ってから、切れたハリヤードを修理するためマストに登り、ローリングによって飛ばされて海に落ちたりしながら、約120日で太平洋を横断、全航程277日間で単独無寄港世界一周を成し遂げた。

＊

それまでの単独無寄港世界一周として、イギリスのロビン・ノックス＝ジョンストンさんが、全長32ft、バウスプリット（船首から前方に突出した円材。セールを展開するためのもの）を含めると約44ftの〈スハイリ〉が、313日で成功している（1969年4月）。日本の大阪とイギリスのファルマスとでは緯度の差が約10度あり、直線距離にすると600海里（約1,110km）、その往復分だけ、ジョンストンさんが長い距離を走ったことになる。単純に、どちらが速かったとは言えないが、堀江さんの記録は決して引けを取らないし、全長30ft弱のセーリングボートとしては立派な記録である。

同時期に、青木洋さんが木造自作艇〈信天翁Ⅱ〉（熊澤時寛さん設計、全長

堀江さんの単独無寄港世界一周成功の快挙を、1面トップ記事で伝えた朝日新聞の夕刊（1974年5月4日）。チャレンジに対する世間の注目の度合いがうかがい知れる

21ft）で、東回りの世界周航を目指して航海中だった。無寄港ではないが3年かけて成功し、小型ヨットでホーン岬を回航した最初の日本人となった（1971年6月13日〜1974年7月28日）。この記録は、単独で世界周航した最小艇として、ギネスブックに登録されているそうだ。

世界周航に出掛けたのは青木さんのほうが早かったが、世界一周航海に成功して帰国したのは堀江さんのほうが早かった（1973年8月1日〜1974年5月4日）ので、日本人最初の単独無寄港世界一周セーラーは、堀江さんということになる。また、堀江さんは、東から西へヨットでホーン岬を回航した、最初の日本人でもある。

その後、〈マーメイドⅢ〉は東海大学に寄贈され、静岡市清水にある同大学付属の施設に展示保管されていたが、残念なことに保守が行き届かず、朽ち果ててしまった。

〈マーメイドⅣ〉

1975年に沖縄国際海洋博覧会が開催され、関連イベントとして、「サンフランシスコ～沖縄シングルハンドレース」と「ハワイ～沖縄レース」が開催された。

サンフランシスコ～沖縄のコースは約6,500マイル、参加資格としてIOR MKⅡが28ft（全長12m）以下、水線長27ft以上、乾舷2.5ft以上の艇で、その他は制限なし、ハンディキャップもなしの早い者勝ちというレースだった。このレースに、戸塚 宏さん、武市 俊さん、堀江謙一さん、多田雄幸さん、小林則子さん、外国勢はドイツ、フランス、アメリカから1人ずつが参加し、総勢8人となった。

結果は、〈ウイング・オブ・ヤマハ〉の戸塚さんが、所要時間41日14時間で断トツの1位、〈サンバード〉の武市さんが2位、堀江さんは3位だった。堀江さんは、スタートから約1週間後にブームを折ってしまい、発電機が故障して無線も調子が悪く気遣われたが、元気にフィニッシュした。

それまでのシングルハンドによる太平洋横断記録は、1969年の太平洋横断シングルハンドレースで、エリック・タバルリーさんが〈ペン・デュイックⅤ〉で作った、39日15時間。このときは、サンフランシスコをスタートし、三浦半島の城ヶ島がフィニッシュライン、約5,700マイルというコースだった。主催はスローカム協会で、日本外洋帆走協会（NORC）が協力したのだが、タバルリーさんの到

1975年の沖縄国際海洋博覧会の開催を記念して、サンフランシスコ～沖縄シングルハンドレースが開催された。スタート直前、サンフランシスコ湾を走る〈マーメイドⅣ〉（ゼッケン2番）

着が予想より早すぎたため、フィニッシュラインにコミティーがまだいなかったというハプニングがあった。自分は偶然、油壺に係留していた艇に泊まっていたので、翌朝、到着したコミティーの方々にくっついていき、タバルリーさんのご尊顔を拝した思い出がある。〈ペン・デュイックⅤ〉はミシェル・ビゴワンの設計で、水線上に張り出したチャイン（角）があり、本来のバラストに加えて500kgのウオーターバラストを持つ、斬新なデザインのアルミ合金製の艇だった（全長10.67m、全幅3.50m、セール面積63m²、排水量3.2トン）。

サンフランシスコ〜沖縄では、距離の短い北回りの大圏コースを選ぶ人もいたが、多くは、追っ手の貿易風が期待できる南回りだった。〈ウイング・オブ・ヤマハ〉（全長：10.64m、全幅：3.38m、排水量：3.0トン）は、フリーボードの低い超軽排水量艇で、コースをよく研究した結果だった。競馬の世界には「Horses for courses（適材適所）」という言葉があるが、ヨットにもそれが当てはまる。

＊

わが〈マーメイドⅣ〉は、南回りのコースを選び、アルミ軽合金のセンターボード艇にすることになった。大阪にあったニートアルミ工業で建造され、浅井さんと石山希善さんという若い職人さんが意欲的に取り組んでくれた。

センターボードを上下可動式にするか回転式にするか迷ったが、回転式を選択

サンフランシスコ〜沖縄シングルハンドレースには、日本から5人、海外から3人のソロセーラーが参加した

した。頑丈な回転軸にレバーを付けて油圧シリンダーで作動させ、センターボード全体が船体内に完全に収納できるようにした。このメカニズムはうまくいったのだが、ボードが収まるスリットをふさぐ方法が難しかった。実際に走らせてスピードが上がってくると、スリットから海水がボードケース内に吹き上がってくる。もちろん、ケースは水密が保たれているから問題はないが、抵抗増加があることも明らかである。スリットをゴム板やプラスチック板でふさぐことを試みたが、完全な状態にはならなかった。

完成した船体とデッキは真っ白に塗装され、事前に必要な800マイルの資格取得航海を兼ねて、出発地のサンフランシ

スコへ向けて出航していった。堀江さんのほかに、フランク永井の「大阪ろまん」の作詞者の石濱恒夫先生（「なにわの海の時空館」館長だった紅子氏の父君）、熱海の旅館の主人Mさん、ニートアルミ工業の石山さんを乗せ、約40日間でサンフランシスコに到着した。

この艇のプラモデルを、東京・足立区にあった大滝製作所が製作・販売することになり、堀江さんは黙ってその契約金の半分を私にくれた。これは設計料より高額だった（!）。ありがとう。

私はこの資金を使って、スタート1週間くらい前にサンフランシスコへ応援に出かけた。フネは1カ月以上前に着いていたから、整備も終わっていると思いきや……。あれあれ、話を聞くと、観光地巡りや、どこかでバクチ遊びをしていたらしい。結局、ホームステイしていた家と、艇を預けていたサウサリート・ヨットクラブを毎日行き来して、船底磨きなどの作業に追われる羽目になった。

日本総領事館の野村さんやボランティアの酒井夫人、〈がめつや〉（27ft合板艇）を自作して単独太平洋横断し、現地でボートサービス業をしていた竹内美好さんなどにお世話になった。また、オケラグループの畑中さんも、多田さんの支援に来ていた。彼も多くの武勇伝を残した人だったが、その後、ハワイで漁師になり、遭難死してしまった。

ようやく整備も終わり、湾口までテストセーリング。このときは、日本山岳会所属の山男、谷口正彦さんも応援に来て

サンフランシスコ～沖縄シングルハンドレースに出場する〈マーメイドIV〉をサポートするために、自分（前列左端）を含む何人かがサンフランシスコに飛んだ。右から3人目が堀江謙一さん

いたが、慣れないヒールに恐怖を感じたらしい。

ほかのグループとの交流はほとんどなかったが、〈リブ〉号の小林則子さんは、現地で実施した補強工事に疑問があったらしく、相談されて艇を見に行ったが、特に問題はないように見えた。彼女も無事にフィニッシュした。

地球一周縦回り航海

〈マーメイドⅣ〉は、その後、和歌山の大和造船（だいわ）でセンターボードを外して固定キールに改造し、1978年12月に、堀江さんは奥さま（衿子さん（えりこ））と二人で地球縦回りの航海に出かけた。詳細は、ご本人の著書『妻との最後の冒険 ── 地球一周縦回り航海記』（朝日新聞出版刊。絶版）にお任せするが、この航海は、いわゆる北西航路をセールボートで通過することが大きな目的だった。地球縦回りには欠かせない航路だからである。

北西航路は、ヨーロッパから北極海を通り、東アジアへの最短の水路と考えられて、多くの探検隊が、海上からも、陸上からも、悲劇を経験しながら探し求めた。南極探検でも有名なノルウェーのロアール・アムンセンが、1903年から3年を費やして、初めてベーリング海峡を抜けて太平洋に出ることに成功した。船は全長約25m、幅8m、1本マストで13馬力のディーゼルエンジンを備えた中古のニシン漁船で、〈ヨーア〉号と名付けられ、

圧倒的なスピードで勝利を飾った、〈ウイング・オブ・ヤマハ〉の戸塚 宏さん

〈サンバード〉で参加した武市 俊さんは、2位という成績を収めた

〈オケラ〉の多田雄幸さん。このレースの後、数々のシングルハンド外洋レースに出場した

ただ一人の女性セーラーの小林則子さんは、〈リブ〉号で参加し完走。隣の男性は竹内美好さん

サンフランシスコ〜沖縄シングルハンドレースでは、3位という成績を収めた〈マーメイドIV〉。その後、大きな改造を施し、4年がかりで地球縦回り航海を成し遂げた。この写真は、堀江さんから贈られた大きなパネル

6名の乗組員と行動を共にした冒険である。

1940年代には、王立カナダ警察パトロール隊が、〈サンロシュ〉という全長約32mのスクーナーで北西航路を通過して、バンクーバーからハリファックスへの往復航海をしている。この船は、現在はバンクーバーに保存されているそうだ。

近年では、原子力潜水艦が北極点へ行ったり、アメリカのマンモスタンカーが北西航路を通過したりしたこともあるが、個人的なヨットで通過した記録としては、1977年にベルギー人のウィリー・デ・ロースが、全長13.6mのスチール製ケッチ〈ウィリウォー〉で、イギリスのファルマスを5月に出航し、9月にアラスカのダッチハーバーに到着している。

＊

さて、和歌山を12月に出航した〈マーメイドⅣ〉は、暴風に見舞われて横転したり、スプレッダーを折って苦労したりするが、ハワイに到着。ここが地球縦回りの起点になった。タヒチ経由でホーン岬を越え、大西洋を北上、ブエノスアイレスに寄港し、サルガッソーの海藻に悩まされてバミューダに到着した。ここで奥さまが下船し、堀江さんは一人になる。

グリーンランドとアメリカ大陸の間のデービス海峡やバフィン湾で浮氷群に閉じ込められたりしながら、カナダのレゾリュートに到着。久しぶりにホテルに宿泊した次の日、パックアイス（海水が凍結して出来た氷塊）につなぎ留めておいた〈マーメイドⅣ〉が姿を消した。パックアイスとともに、20kmも流されてしまったのだ。

空からの捜索で〈マーメイドⅣ〉は発見され、レゾリュートに戻った。氷の状態がとても悪いので、ここで越冬を決断し、地元の人たちに手伝ってもらい、陸揚げして保管することとなる。

次の年、再び奥さまも同乗してレゾリュートを出発。氷の状態も良好で期待できたが、なんとエンジントラブルが発生し、修理不能に陥った。この海域をエンジンなしでは航海できないので、セーリングで出発地に戻った。エンジンの修理には時間がかかることがわかり、もう1年越冬することとなる。

さらに次の年、今度は船外機を用意して再挑戦。この周辺は極磁北に近いため、通常のコンパスは使えない。コンパスカードがジワーッと動いて、定まらないのである。無論、GPSはまだ運用されていなかった。

また、海図はあるが氷は常に動てお

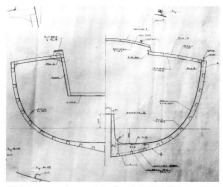

設計番号16、〈マーメイドⅣ〉の中央断面構造図。船体には、木やFRPではなく、軽合金が用いられた

り、情報収集が欠かせない。情報があっても、実際にその場所へ行ってみないとわからないし、霧も出やすい。目視で確認しながらの航海だった。細心の注意を払っていても2回座礁し、コーストガードに救援を依頼しながらも、2回とも、なんとか自力で離礁に成功。多島海を抜け出し、途中で帰ると言っていた奥さまも一緒に、マッケンジー河口にある港町、ツクトヤクーツクに到着した。ここからアラスカの最北端バローまでは、直線距離で約450マイルくらいだが、すでに秋が近づいてパックアイスができ始め、3度目の越冬。

そして4年目の1982年。今回は一人旅で、ツクトヤクーツクを出航し、バローまでは順調に進んだ。その先にはオープンウオーターがあるという情報だったのに、再び流氷群に閉じ込められた。ボートフックで突いて、わずかに前進したりしたが、2週間余り氷と一緒に漂流状態。ステイやハリヤードに結氷し、キャビン入り口のハッチも凍結し、船内も、調理用ガスを使わないと零下になった。ここで堀江さんは胆を据えて、「待てば海路の日和あり」と、読書に明け暮れたそうだ。スゴイ人ですね。

ついに待望のオープンウオーターに出合い、折からの北西風に乗って、〈マーメイドⅣ〉は快調に走り始めた。ベーリング海峡も通過し、逆風や凪に遭いながらもダッチハーバーに入港。補給とウインドベーンの交換を行い、1週間後に出航

する。

4日目に南西の強風と波浪を受けて、夜半に横転、マストが倒れた。マストが船体やデッキを叩き、危険なので切り離して海中へ放棄する。マストがなくなると、フネのローリング（横揺れ）が激しくなる。回転軸の周りの慣性モーメントが激減するためだ。

ジュリーリグ（応急のマスト）を立てて南下を続けての4日目、大波を受けて、今度は180度の転覆が発生した。幸い、次々に襲ってくる大波で、艇は起き上がった。時間を計ったわけではないが、10分か15分くらい、逆さまだったそうである。ジュリーリグも倒れたが、回収できた。しかし、船内に海水が入り、荷物もグチャグチャ、航海計器や無線機、調理器具など、かなり大きなダメージを受けた。

それでも再びジュリーリグを立て直して、ハワイを目指した。ジュリーリグでは、通常の状態と異なり、風上に切り上がることは難しい。風向に悩まされながらも、ダッチハーバー出航以来37日目にハワイに到着、地球縦回り航海を完結させた。不撓不屈の精神と卓越したシーマンシップによる航海だった。後に、「船内の海水を完全に排水するまでに、56時間かかったよ」と言っていた。ホントにスゴイ人ですね。

＊

〈マーメイドⅣ〉は軽合金で造られ、初期の目的だったサンフランシスコ〜沖縄シングルハンドレースは、予定重量を

〈マーメイドⅣ〉の北西航路コース

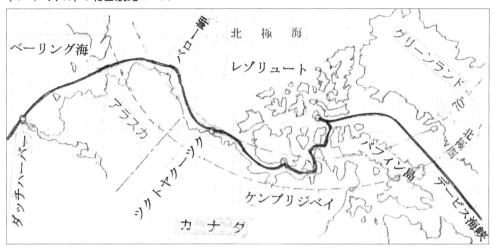

月刊『KAZI』1979年3月号に掲載された関連記事より。
上は〈マーメイドⅣ〉の北西航路予定コース。下は、地球
一周縦回り航海で、奥さまの衿子さんが参加したレグの
様子を伝える写真

オーバーしたこともあって残念な結果に終わった。センターボード艇の復原性能は、インサイドバラストを多量に積んでも、復原力消失角を120度以上にすることは難しい（特殊な船型とデッキ形状にすれば可能）。〈マーメイドⅣ〉は、115度程度だった。これは、真の外洋艇として満足できる値ではない。固定キールに改造しても、120度弱にとどまっていた。デッキが平らなフラッシュデッキだったことも、悪い影響を及ぼしている。レースでブームを折り、改造後にハワイへ行く途中でスプレッダーを折り、最後にマストを失ったが、これらの事実は、スパー類の仕様がやや弱かったことを示唆しているかもしれない。

　北極圏の航海では、低温脆性に強いアルミ合金の特性が生かされたと思う。氷とぶつかり、何カ所か凹みができたが、破口はできなかった。座礁に対しても、

舵が曲がったり、キール先端に穴ができたりしたが、根本的なダメージには至らなかった。軽合金でフネを造ったのは初めてだったが、フランスで学んだ経験を十分に活用した結果だった。軽量を目指すと、難しい建造技術が要求されるが、当たり前に建造してもそれほど重くならず、しかも頑丈な艇ができることがわかった。

　〈マーメイドⅣ〉は、現在、西宮市貝類館の中庭に鎮座しているはずである。

〈無双〉のハワイ～沖縄レース

ハワイ～沖縄レースへ

　沖縄国際海洋博覧会（1975年）の開催を記念して、サンフランシスコ～沖縄シングルハンドレースと同時期に、クルー編成によるハワイ～沖縄レース（1975年10月）も開催された。

　そのレースに参加すべく、立教大学ヨット部OBで、逗子開成中学の先輩でもある府中 聡さんの紹介で、参加艇〈無双〉の設計を担当することになった。オーナーの山崎芳夫さんは、政経研究所の社長さんで、がっちりした体格と鋭い目つきをした、頭の切れる人だった。

　レースのスタートまで約6カ月しかなく、すぐに作業開始。ここで、府中さんのすすめもあり、当時、破竹の勢いだったダグ・ピーターソンさんのフネをお手本にすることになった。自分としても、彼のボートのどこが優れているのか知りたかった。

　艇は、埼玉県川口にあった新巻鉄工所で、アルミ合金で建造されることになった。当時は鋳物工場がたくさんあったし、中小のいろいろな製品を造る工場も数多くあった。ヨットの建造は初めてだが、腕のいい職人さんたちがいて、また、戦争中に飛行機を造っていたという

沖縄国際海洋博覧会（1975年）の開催を記念して、サンフランシスコ～沖縄シングルハンドレースとともに、フルクルーのハワイ～沖縄レースが行われ、〈無双〉を設計し、レースにも参加した

〈無双〉のセールプラン
全長：11.0m、水線長：8.90m、全幅：3.54m、吃水：1.95m、排水量：6.65トン、バラスト重量：3.10トン、セール面積：56.1㎡

人も応援に来てくれたりして、かなり短時間でハルとデッキを造り上げた。

レースに参加することだけを考えていたから、内装はシンプルというか、必要最少限。スタート日時から逆算すると、船積みと輸送の時間が迫り、船内は未完成のままハワイへ運び、現地でベニヤ板を切った張った、トンテンカンやって、完成した。

サーベイヤー（船舶鑑定士）がやって来て、むきだしの頑丈なアルミ構造を見ながら、「ベリー インプレッシブ」とかなんとか言いながら、すぐに保険加入手続きが終わった。

艇長は、幻のオリンピック（日本不参加の1980年モスクワオリンピック）フィ

ン級代表だった庄崎義雄さん、副艇長は中村船具に勤務後、オーストラリアにヨット修業に行ったことがある安岡忠義さん、ナビゲーターは岡本造船所に勤めたあと、九州の山崎ヨットにいた稲垣さん、クルーは、オーナーと、オーナーが連れてきたコック担当の銀座のクラブのマスター斉藤さん、それに私の計6人だった。

妻は、このレースのために、ブルーと白の毛糸で、下着の上下を編んでくれた。パンナム航空に勤めていた横浜の中島淳雄さん夫妻が、見送りに来てくれた。妻も、中島さんも、その後ガンで亡くなってしまった。

針路260度で西進

参加艇は、C&C 60の〈ソーサリー〉を筆頭に、チタグループの〈カワムラ〉、静岡県清水の岡村欣一さんの〈大世〉、大阪の蔭山陽三さんの〈ラプソディ・ヴィバーチェ〉、東海の小林義彦さんの〈ヴィンド・フェン・ペデル〉、そしてわれわれの〈無双〉と、合計6艇が集まった。

ワイキキ・ヨットクラブを後にして、10月12日12時にスタート。ダイヤモンドヘッド沖の上マークを回り、一路沖縄へ向かう。

東の風10kt、夜になると落ちてくる。しばらくは、波が悪い状態だ。ハワイ諸島の島々を回ってくる波が干渉するためだろう。積み荷も多く、船脚は伸びない。

ライトスピネーカーを張っていたとき

スタート後、ワイキキビーチの沖を、ダウンウインドで快走する〈無双〉（左）。沖縄まで約3,900マイルの長いレースの始まりだ

に、スコールが来た。スコールが来ると、風速も上がる。アッ！と思ったら、セールの周りの縁を残して、スピネーカーが見事に抜けた。修理不能。残るスピネーカーは、ライトとヘビーとの1枚ずつになってしまった。

コック担当の斉藤さんは、ダウンしたまま起きてこない。船酔いだ。仕方ないので、残りのメンバーが交代で食事当番を担当し、約1週間後になって、やっと起きてきた。自分は便秘に苦しんでいたが、これも6日後に脱糞成功。カチカチの石みたいなのが出てきた。あー、よかった。

ワッチ（見張り当番）は、3人1組の2交代制で、4時間交代。1日12時間は休める計算だが、食事もするし、ときには「オールハンズ・オンデッキ（全員招集）」も掛かるから、昼夜を問わず、オフ

ワイキキ・ヨットクラブでの準備中

ワッチのときには、ぐっすり眠る能力も必要だ。途中から2人1組3時間交代に変更した。こうすると、毎日少しづつワッチ時間がずれていき、毎日「泥棒ワッチ」（午前0～4時）担当ということがなくなる（レース終了後、しばらくの間、3～4時間ごとに目が覚めてしまった）。

レースは、スピネーカーを展開して、針路260度、ひたすら西進。〈無双〉は、船体断面形状が円形に近いためローリ

ングが起こりやすく、操船に苦労するが、順調に進んだ。スコールが来るたびにスピネーカーを降ろすので、艇長の庄崎さんは、インショアレースで使われるテクニックを採用した。ハリヤードも両舷のシートも付けたままの状態でバウハッチから取り込み、揚げるときには、そのまま揚げる方法だが、これはうまく機能した。ローリングを起こさなければ、保針性は良好なフネだった。

日中の気温は32度を超え、夜半でも27度くらい。たくさん買い込んだパイナップルは食べ放題、おいしかった。静かな夜には、ハワイアンを聴きながら、月夜のセーリングも楽しんだ。

満月に近いころ、夜中にスコールが来た。それが通り過ぎたあと、月光の虹が掛かった。昼間の虹よりも、ずっと淡い色だった。

スタート前に、十分なシェイクダウン（欠陥を洗い出し、ふるい落とす作業）を行う時間がなかったので、レース中にほころびが出てきた。フォアデッキに落ちていた小さい金属片は、マストヘッドのハリヤードシーブ（滑車）の軸を留めるフタだった。そのままにしておけば、軸が抜けて、セールの揚げ降ろしができなくなる。安岡さんが、ローリングする中でマストに登って修理、次の日に稲垣さんも登って、完全に修復した。

安岡さんが、スピンネットを確認しにバウへ行ったら、フォアステイのターンバックルが外れていた！もしマストが倒れたら、一大事だった。安岡さんはヨットマンの鑑だ。カガミつながりということで「ミラー安岡」と呼ばれることになった。ほかにも、スピンシートのブロックが壊れたり、ハリヤードシャックルが外れたりもした。

そして、また一大事！虎の子のヘビースピネーカーが、中央付近から横に裂けてしまった。すぐにライトスピネーカーに交換し、強風が来ないように祈った。裂けたスピネーカーは、セールメーカーでもある庄崎さんが大手術を行い、手縫いで6日後に修理完了。オフワッチの時間を使い、黙々と作業する姿に感服した。

沖縄に向かって後半戦

スタートから半月が過ぎ、ログは約2,000マイル、まだ先が長い。ところが、右舷の清水タンクが空になってしまった。両舷に100リットルずつの清水タンクと、20リットルのポリタンクを約15本、合計約500リットルの清水を用意し、料理や飲料用にはポリタンクから使っていた。フネに慣れていないコックの斉藤さんが、普段使うように使ったことも原因の一つだったと思われる。

そこで、給水制限が始まった。炊飯など調理用を除き、個人用には1日コップ1杯。外は暑いのに、その水を熱くしてちびちび飲む。水はホントに大事です。残っていた缶ビール3本を、電気冷蔵庫で冷やして、仲良く6人で飲んだ。沖縄に着いたらアイスクリームを食べよう！

スコールが見えると、コースを外して雨水を採取しに行ったりもしたが、空振りが多かった。

*

北緯26度線上を走っていたが、風が弱くなってきた。そして、なおも暑い。ストームトライスルを展開、台風対策ではなく、日陰づくり。

風を求めて、やや北上する。やがて、台風崩れの温帯低気圧が、寒冷前線を引き連れてやって来た。前線通過後、風速は最大15m/sに上がり、夜には雨と雷が激しくなって、一晩中、雷と一緒に走っていた。

雷は、フネの周りの波頭に落ちる。落ちる前に、雨に濡れたバックステイが帯電して、ジリジリと音を立てながら青白く光り、直近の波頭へバシーンと落ちる。〈無双〉の船体は、導電性のよいアルミ合金だったから大丈夫だろうと思っていたが、一度はバウパルピットに落ちたかと思うくらいだった。

夜半に風向きが変わり、No.2ジブとフルメインのアビームで快走。雨水も、ポリタンク4本分採取できて、給水制限も終わった。

*

ナビゲーターの稲垣さんの天測技術は、日に日に上達しているように見えた。

そんな彼の予想通り、夕日の中、南硫黄島（みなみいおうとう）を通過、気分はバリハーイ! 残航は、約800マイル。気温も30度を下回ってきた。

コック担当の斉藤さんがハワイでしこたま買い込んだ高級洋酒があった。酒保を買って出て、「おい、あれ出せよ」と言っては、メジャーで量って分配し、次々に空にした。うまかった。

オーナーは、特に口出しもせず成り行きに任せていたが、日本に近づいてラジオ放送が入るようになると、デッキに方向探知機（ラジオ波も入る）を持ち出して、株式市場ニュースを熱心に聞き、時折、「ヨッシ」とか、「ヤッタ」とか、つぶやいておられた。

*

11月5日、6日と、海上自衛隊の飛行機が、我々の頭上を3度回って帰っていった。

10日午後3時すぎに、沖縄本島南端の喜屋武岬（きゃん）をかわし、フィニッシュラインに向けて最後のクローズホールド。残波岬（ざんぱ）を通過し、11日午前0時13分にフィニッシュした。所要時間は27日17時間13分、ログ3,916マイル。単純計算では、デイラン平均140マイル強で走ったことになる。

我々は4着だったが、ハンディキャップを用いた時間修正によって優勝した。自分はスタート直前に父を亡くしていたので、航海と優勝の余韻をゆっくり味わうことなく帰宅した。アイスクリームを食べたかどうか、定かではない。

後日、盛大な優勝祝賀パーティーが、赤坂のホテルニュージャパンで開かれた。オーナーの職業柄、ご祝儀袋も盛大だっ

た。この艇のコーディネーターだった府中さんも、ご祝儀にあずかり、うれしそうだった。ミラー安岡さんは、そのパーティーに来ていたコンパニオン嬢とその後結婚した。

その後の〈無双〉

〈無双〉は、その後、ちょっとヒッピー風の若い石原さん夫妻が購入し、レストアした。船内の造作を全部取り外して点検し、マストが部分的に腐食していたが、ほかに腐食したところはなかったと言っていた。艇名は〈ふりむん〉、「Free Moon」と沖縄言葉の「ふりむん（愚か者）」を掛けていた。

彼らはとても真面目だったけれど、その後、なぜか別れてしまった。元・奥さんには、香港でばったり出会ったことがあった。元・旦那さんは、一人で太平洋を横断してロサンゼルスに到着。ハリウッドの某映画監督に認められ、手仕事をしながら生活していた。その後、どこでどうしているのでしょうか？

＊

おまけの話。〈無双〉の同型艇〈潮路〉が続いて建造され、シドニー〜ホバートヨットレースに参加した。成績は中くらい、だったかなあ？ 帰路、日本への回航途中のこと。静かな日にクルーが海水浴していたら、クジラに遭遇、乳白色に混濁した海中を泳いだそうだ。

〈潮路〉は、グアムまで来たときに台風に見舞われて座礁。横浜まで船積みで運ばれ、埠頭でクレーンに吊り上げたときに、ワイヤスリングが切断！ 約5mの高さから落下して大破かと思ったら、舵とプロペラ軸が曲がり、船体前後が約20mm弱垂れ下がった。キール周辺の変形は5mm程度で、意外に小さかった。いいオーナーに当たらないと、フネもかわいそうですね。

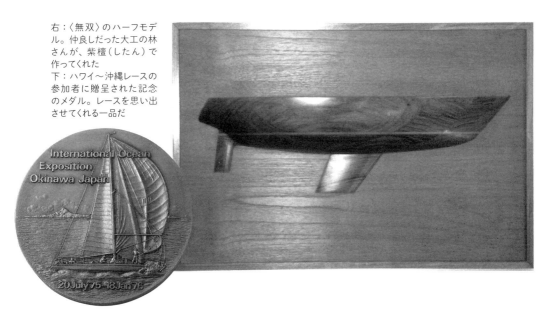

右：〈無双〉のハーフモデル。仲良しだった大工の林さんが、紫檀（したん）で作ってくれた
下：ハワイ〜沖縄レースの参加者に贈呈された記念のメダル。レースを思い出させてくれる一品だ

岡崎造船

小豆島で木造艇を造る

香川県・小豆島の岡崎造船さんとのお付き合いは、43ft木造スループ〈ジュール（JOUR）〉から始まった。オーナーの鈴木弥彦さんは、横浜・山手で開業する歯科医師だった。横須賀の馬堀海岸でセーリングを始め、熊沢時寛さん設計の7.5mスループ、東京ヨット建造の34ftケッチを乗り継いでいた。きっぷが良く、気取らないお人柄で、昔からのヨット仲間とともに若いクルーも大勢集まり、クルージングを楽しんでいた。

長い経験から自分のヨット遊びの本質を理解し、自分のフネを造りたいということになり、幸運にも彼のお仲間に知り合いができて紹介された。話は面白く発展して、「チークの原木を現地に探しに行こうか」となったが、さすがにこれは実行されなかった。鈴木さんの意向で、造船所は岡崎造船に狙いを定め、ラフプランを持って伺った。

当時（1977年）、2代目社長の一雄さん（ヨット建造を手がけ始めた方）がお元気で、横山 晃さん設計艇を多数建造し、貴伝名一良さんの〈ミネルバ〉のように、関西の名艇として活躍した艇もあった。おかげさまで、横山造船設計事

〈ジュール〉の線図

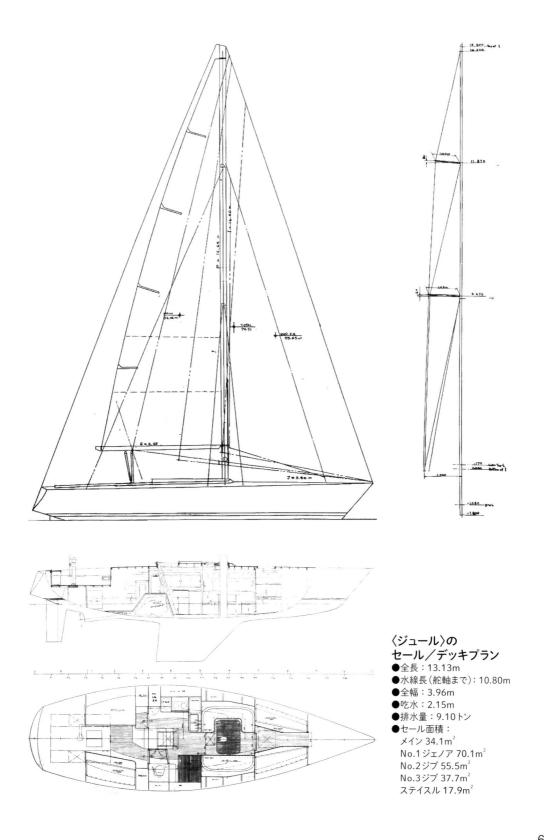

〈ジュール〉の
セール／デッキプラン
●全長：13.13m
●水線長（舵軸まで）：10.80m
●全幅：3.96m
●吃水：2.15m
●排水量：9.10トン
●セール面積：
　メイン 34.1m²
　No.1ジェノア 70.1m²
　No.2ジブ 55.5m²
　No.3ジブ 37.7m²
　ステイスル 17.9m²

オーナーの鈴木さんの人柄もあって、〈ジュール〉に
はたくさんのクルーが集まり、いつもアクティブに活
動していた

〈ジュール〉のログが40,000マイルに達したことを記
念し、名物クルーのトンガ君がデザインして作られたT
シャツ。寄港先の地名が書かれている

〈ジュール〉は、日本各地をクルージングしたほか、小笠原レースやグア
ムレースといったロングレースにも参加。また、南太平洋の島々も巡っ
てくるなど、本当によく走ったフネだった

岡崎造船との付き合いができて、初めて建造することになった
〈ジュール〉。船体の外板はチークの二重張りで、最後はニス
仕上げ

艇体が完成し、いよいよ進水の時を待つ〈ジュール〉。岡崎造
船の工場の扉が開いた。ヨットは、この瞬間こそが美しいと
感じる

務所出身の熱心な若造を気に入ってくれたようだった。

やがて食事時になり、山海の珍味をごちそうになり、お酒も饗されているうちに、造船用の弁甲材（べんこうざい）の話になった。この杉（飫肥杉（おびすぎ））の赤身の部分は、船材として素晴らしいという話だった。この話は、その後、何度となく聞かされたが、はいはいと何度でも素直に聞くことにしていた。

岡崎社長には5人のご子息があり、当時、長男が専務、次男が工場長、三男が塗装担当、四男が艤装担当、末っ子が営業担当と、全員が一丸となって働いていた。さらに、甥御（おいご）さんや親戚の人たちもいて、温かいファミリーだった。

40,000マイルを走った〈ジュール〉

〈ジュール〉は当初、船体構造は簡易コールドモールド工法による4層張り外板を想定していたが、打ち合わせを進めていくうちに、普通の二重張り外板になり、チークのニス仕上げとなった。もちろんデッキもチーク張り。内装材には、マホガニーよりやや赤みの強いマコレが選ばれた。

翌年の5月、〈ジュール〉は無事に進水した。盛大な祝宴が開かれ、オーナーの鈴木さんのストリーキング行事も披露されたそうである。

ホームポートの横浜へ回航されたのだが、到着後、すぐにクルーから電話が

あった。回航の途中で時化（しけ）られて、船内の造作にゆがみが出ているので、見てほしいとのこと。

すぐに見に行ったのだが、なんだかおかしい。ちょっとやそっとで動くはずのない所に、ズレが見られた。

「おかしいな、おかしいな……」とつぶやいていたら、クルーが白状した。ホームポートを目前にしてうれしくなって、昔懐かしい走水（はしりみず）（神奈川県横須賀市）の海岸に近づきすぎて、約7ktで機走中にオンザロックしたと言うのだ。　コラーッ！

浸水は起こっていなかったが、バラストキール後端付近のフロア材にひびが入り、キール前端のデッドウッド（バラストと竜骨との間の木部）に隙間ができていた。衝撃による変形で、船内の造作にもゆがみが出ていたのである。

修復後、元気を取り戻して日本各地を巡航。グアムレースにも参加したあと、パラオへ南下し、台湾を巡る太平洋クルージングを楽しんだ。立ち寄った島々では、ニス塗りのフネが珍しく、人気があったらしい。

また、小笠原レースの帰りの航海だったと思う。とても美しい夕日に出合った。オーナーの鈴木さんが、「いいねえ」と言いながら、「これが5,000万円の絵か」とつぶやいた。感謝。

進水してから16年後に、ログ（積算航行距離）が40,000マイルに達し、記念Tシャツが作られた。名物クルーのトンガ君がデザインしたものだ。

39ftモーターセーラー〈シマⅢ〉の建造

岡崎さんで建造した次のボートは、39ftのモーターセーラー〈シマ（Sima）Ⅲ〉。注文主は、シーボニアヨットクラブでグランドバンクス32を所有されていた島崎保彦さん、マルコメ味噌のコマーシャルで有名な広告代理店のオーナー経営者だった。

オーナーの要求は、幸いなことに、グランドバンクスと同等の巡航8ktを確保することだった。このスピードなら、帆走が可能な排水型の船型でも、水線長を十分に取れば実現できるはずである。

大きなエンジンを必要とするが、その重量増加分は外部バラスト重量を減らすことにより相殺し、かつ、吃水線より下に搭載することで、重心位置の上昇を抑えた。深いカヌーボディーになるので、幅

ハルの積層作業中の〈シマⅢ〉。ハルはFRPとエアレックスのサンドイッチ構造、デッキはパイン系の合板とチークによる木造という組み合わせとなった

完成後、岡崎造船の工場から出され、琴塚の浜で進水を迎える〈シマⅢ〉

〈シマⅢ〉は、10kt近い機走スピードを持ち、セーリング性能も必要十分。この艇がきっかけとなって、岡崎造船建造でのモーターセーラーシリーズが誕生した

モーターセーラーである〈シマⅢ〉は、大きなパイロットハウスを備え、船内での操船も可能になっている

は狭くして抵抗減少に努めた。

船体は、倒立状態の簡易オス型の上に、心材となるエアレックスを張り、FRPを積層して表面をフェアリングする。正立後、内面にFRPを積層し、FRPサンドイッチ構造のハルができる。メインデッキを含む上部構造は、パイン系の合板とチークによる木造で、FRPと木の複合材による艇として建造された。

エンジンは、パーキンスHT6.354M。

重量680kg、水平6気筒5.8リッター、ターボチャージャー付きで、最高出力135馬力の頼りになるヤツだった。防音工事は、鉛板とフォームの断熱材、吸音効果の高いコルクを組み合わせ、とても重かったが、それなりの効果があった。調べていたら、海外には防振・防音工事専門の会社もあった。

スタイリングについては、オーナーサイドと一緒に時間をかけて検討し、満足で

〈シマⅢ〉のセールプラン
●全長：11.50m　●水線長：10.00m　●全幅：3.51m
●吃水：1.9m　●排水量：7.50トン
●エンジン：パーキンス HT6.354M（135馬力）
●セール面積：メイン 25.1m²、ジブ 40.3m²、
　ストームジブ 4.50m²、スピン 73.5m²

きる形に収めることができた。

　進水直後の試走で、機走トップスピードは10kt弱（木片とストップウオッチによる計測）で、トランサムから水流が離れるのを確認。小豆島から三浦まで約330マイルの回航では、航行中の平均スピードは約8.5ktだった。また、フルセールの帆走では、5〜6m/sのアビームで5kt弱、少々物足りなかったが、まあまあの帆走性能で、モーターセーラーとして合格点をもらえたと思う。

　パワーボート並みの広いコクピットがあり、大勢で乗っていても余裕があってよいのだが、フネが大傾斜したとき、そこに海水も流入するだろうし、いわゆる極限状態の復原性を計算することにした。

まだ計算プログラムもない時代で、かなり面倒な計算をしなければならなかった。

　その面倒な計算を、葉山に引っ越してきた沢地 繁さん（ヨットデザイナー）の友人の桜井常雄さんが担当してくれた。結果は、予想よりもはるかに良好なもので、安心して眠ることができた。

　〈シマⅢ〉は、台風によって定係港のシーボニアの岸壁が破壊されたとき、海上係留艇でほぼ無傷で生き残った、数少ない艇のうちの1艇だった。現在は、横須賀市の深浦港に〈宝島〉として浮いているが、メインテナンスは相当大変だ、と現オーナーの大迫修三さんがこぼしていた。

　この艇は、岡崎造船建造のモーターセーラーシリーズが生まれる契機となった。

〈シマⅢ〉の復原力曲線

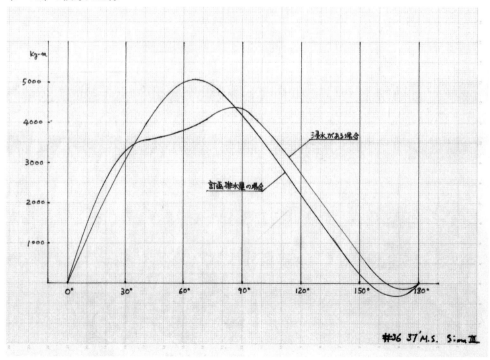

34ftモーターセーラー 〈ル・ラゴンⅡ〉

オーナーの塚本洋一さんは、当時、岡崎造船の専務だった岡崎嘉博さん（先代社長）が設計した、全長30ftくらいのモーターセーラーを所有されていた。39ftの〈シマⅢ〉を建造中から見ていて、もう少し小さいフネがいいな、となって、34ftモーターセーラー 〈ル・ラゴン（Le Lagon）Ⅱ〉が実現した。

船体もデッキも、メス型の簡易モールドによってFRPで建造され、内装はチーク合板を使い丁寧に仕上げられた。進水式では、船の上から紅白の餅が撒かれ、膝まで水に入って一生懸命に拾った。

〈シマⅢ〉のスタイリングを取り入れながら、帆走性能を重視して、十分なセール面積を持たせたが、重量見積もりが甘くて予定より重くなり、予定した通りの帆走性能を得られなかったのが残念だった。

帆走性能が予定通りでなかったのは、ファーリングメイン（マスト内にセールを巻き込む方式）を初めて採用したことも一因で、経験不足から、実際の有効なメインセールの面積が不足したのである（メインセール後縁に沿って得られる面積が不足し、パワー不足になった）。

エンジンは、いすゞUMC240MA（48馬力）を搭載、機走スピードはマックスで8.2kt、巡航6.5ktを確保できたので、評判は悪くなかった。

塚本さんは技術系メーカーのオー

34ftモーターセーラー 〈ル・ラゴンⅡ〉。機走スピードは、最高で8.2kt、巡航6.5kt。 同型艇も、ほかに5隻が建造された

ナー社長。美人の奥さまを持ち、2児のパパだった。関西学院大学で演劇部に所属していたそうで、クルーとなったお仲間は、とても愉快な人たちだった。

〈ル・ラゴンⅡ〉では、岡崎造船と隣接する琴塚クルージングクラブが共催する小豆島里帰りレースなどに参加して、セーリングを楽しむことができた。アフターレースの余興では、オリーブの種の飛ばしっこ、などなど……。

この艇の同型艇は、〈Perseus〉、〈Gaien〉、〈カウンターポイント〉、〈羽根鹿〉、デッキと配置を変更した〈いくこ〉がある。岡山の鳥越靖雄さんの〈カウンターポイント〉は、上海へクルージングに行って、ジャンクの模型をお土産に買ってきてくれた。

〈ル・ラゴンII〉の一般配置図

● 全長：10.50m ● 水線長：8.90m ● 全幅：3.48m ● 吃水：1.83m ● 排水量：5.08トン
● バラスト重量：1.80トン ● エンジン：いすゞUMC240MA（48馬力）

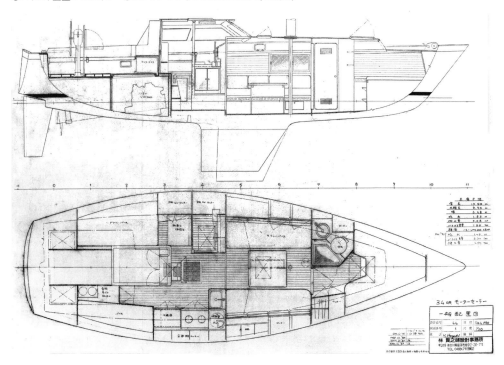

〈ル・ラゴンII〉の線図

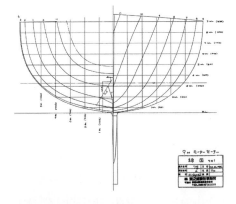

38ftモーターセーラー
〈ジャッキーⅢ〉

葉山マリーナをベースにヨットライフを楽しんでいた技術系会社の社長、三好

正邦さんと、副社長の森本行俊さんが共同オーナーとなり、〈ジャッキーⅢ〉が生まれた。右舷クォーター（後部寄り）に社長のバース、左舷に副社長のバースを作り、左右対称を意図したが、左舷側にプロパンガスロッカーを造って少しだけ狭くなったら、副社長に笑いながら叱られちゃった。

　副社長はメカニックに強く、ほとんどすべての航海計器類を用意されて、当時、逗子にお住まいの村松哲太郎さんが担当となり、機種とその配置などを相談しながら決めた。彼は日本航空のパイロットで、職業柄、上手にまとめてくれた。現在は、ヨットレースの審判をするIJ（International Jury）でもある。

〈ジャッキーIII〉の線図

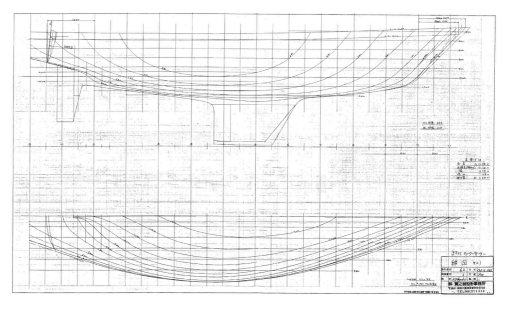

これまでの経験から、機走スピードは、エンジン馬力とプロペラをうまく選定すれば、ある程度確保されることがわかったので、この艇では帆走性能を普通のセールボートと同等にすることにした。モーターセーラーとして船内に操縦席を設けたが、その他は通常の配置とし、重心位置の上昇をなるべく抑えた。長さが十分にあったので、できたことだった。

1984年11月に小豆島の岡崎造船で進水後、金毘羅さまへお参りし、副社長の故郷の島へ立ち寄り、葉山へ回航された。

そのころ、欧州の舟艇関係のジャーナリストたちが視察に来日、〈ジャッキーIII〉を見て、「いいフネだ」と言ったとか。うれしいね。帆走性能も良好。小型漁船が遭難した台風崩れの悪天候のなか、

小笠原航海も無事に済ませた。

東京から、ヨットに乗るのに便利な葉山に引っ越してきた〈枯野〉のオーナー／スキッパー、三井健一さんも、その後メンバーに加わった。初代〈枯野〉は熊本県・八代にあった山崎ヨットで建造したST30（林 賢之輔設計）だった。こう書き出してみると、偶然、みなイニシャルMさんだが、多くのMさんは葉山ヨットクラブの会長を歴任されたヨット乗りである。

〈ジャッキーIII〉は、日本の各地をクルージングして回り、その間にいろいろ愉快な事件もあったらしい。長崎のハウステンボスのレースでも好成績、相模湾で行われているケンノスケカップでも好成績を上げている。口の悪い人いわく、「ハヤシさんの設計ミスじゃないの？」だって。アハハ！

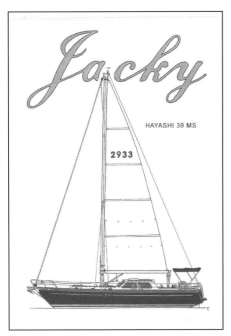

〈ジャッキーⅢ〉に乗るパイロット、村松さん手書きの絵はがき。進水当時、欧州のジャーナリストたちにも認められた艇で、現在も葉山を拠点に走り回っている

30ftモーターセーラー 〈雪風〉

　〈ル・ラゴンⅡ〉を見た京都の平井重治さんが、もう少し小さいフネがいいな、となって、30ftモーターセーラーが生まれた。当時（1986年）、全長9mで物品税の段差があったため、9m未満に抑えることになり、船尾部が断ち切られた形になった。多くの人は、あとで船尾にプレーニングボードを追加している。全長が短いので、船内操縦席のためのパイロットハウスが突出したスタイルになってしまった。なんとかならないか、いくつかの案を試行したが、重量増加や、外のコクピットでの作業性が悪くなりそうなので

〈ル・ラゴンⅡ〉、〈Perseus〉、〈Gaien〉、〈カウンターポイント〉、〈羽根鹿〉のオーナーたちと。琴塚クルージングクラブで開かれた小豆島里帰りレースのパーティーで

物品税の壁をクリアすべく、全長を9m未満に抑えた〈雪風〉。沖縄をはじめ、長距離クルージングで各地を走り回った

諦めた。

　パイロットハウスの窓は大きいので、魅力的な曲面が使えないか試行したが、少量生産ゆえに型代コストを消化できず、これも諦めた。人間の視覚を信じているが、見慣れてしまうと奇異に見えていたものも普通になる。親馬鹿ですね。帆走性能も機走性能も普通だが、重量コントロールがうまくいき、鈍重さのない、走らせやすい艇だった。

　〈雪風〉は沖縄航海などを行い、健全なクルージングボートであることを証明してくれた。おかげさまで、同型艇が十数艇建造され、関東水域に来た艇の中では、篠原 瑞さんが所有された〈ミンミン〉がケンノスケカップを2連覇したり、まったくセーリングの経験がなかった伊東の岡 宏さんが、ヨットスクール「海洋計画」の実践講習を受けたのち、〈ちひろ〉で、初心者には大胆と思えるような

岡崎33デッキサルーン。30ftモーターセーラーの系譜は、現在も続いている

シングルハンドクルージングを楽しんでくれた。海はいい教師です。

＊

　税制度も消費税に変わり、艇の全長による税金の段差が解消したので、30ftモーターセーラーをベースとして、岡崎33クラシックが建造された。また、この船体モールドを使い、デッキプランとセールプランを新たに設計して、岡崎33デッキサルーンが生まれた。これらの艇は、現在も建造ラインが稼働中であり、現役で活躍している。

スズキマリーンのディンギー

スズキマリーンからの
ディンギー設計依頼

1979年に、スズキマリーン（当時）より、セーリングディンギーの設計注文を頂いた。これは当時、ヤマハ発動機マリン事業部に所属する蒲谷勝治さんから紹介された仕事だった。蒲谷さんはそれ以前、鈴木自動車（当時）に勤務されたことがあり、ヤマハに移られたあと、「シーラーク」や、ドロップキールを持つユニークな21ft艇などを設計されていた。立場上、ライバル会社の製品を設計するわけにはいかないから、私にお鉢が回ってきたというわけだった。

スズキマリーンを率いる磯部浩一さんは若いモーレツ社長で、モーターボートの製造・販売を行い、その世界に「価格破壊」を起こしている人だった。ご本人にセーリングの経験はまったくないのだが、セールボートの世界にも手を伸ばしたのである。

経営戦略はモーターボートの延長線上にあり、軽量で安価、2人乗りでクルマの屋根に載せて運搬（カートップ）することを目指すというものだった。

このプロジェクトを担当することになった社員は、矢吹哲良さんという若い人だった。セーリングの経験もあり、熱心に手伝ってくれた。現在、彼は、マリンショップ「海王」を経営している。

7月に設計が始まり、翌年3月末のボートショーに出品、それまでにカタログも作成するというハードスケジュールが組まれたから、大忙しだった。

船型を決めていくとき、当時、グローバルマリン・システムを運営していた小松一憲さんに見てもらい、助言をいただいた。

木型はKBマリンで製作された。KBマリンの蒲谷 登さんは、加藤ボートで船大

スズキマリーンのディンギープロジェクトを担当した矢吹哲良さん

シーキャップのセール／デッキプラン

- ●全長：4.495m ●水線長：4.200m
- ●全幅：1.585m ●深さ：0.350m
- ●喫水：0.117（センターボード揚）／
  0.920（センターボード降）m
- ●艇体重量：70kg

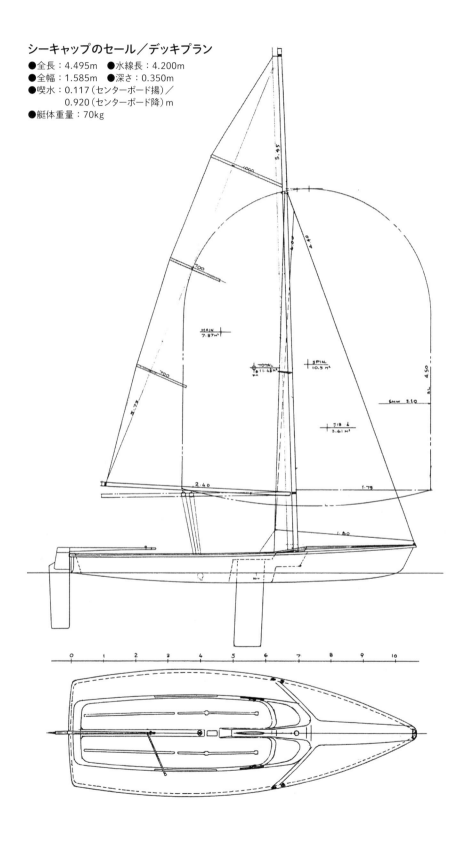

工の修業を積み、横山 晃さんの事務所で私が在籍していたころに製図を勉強したことがあった。前述したヤマハの蒲谷さんの弟さんでもあり、大工さんの家柄で育ち、木工は上手だったが、病気のため早世されたのが残念だった。

FRPのメス型と実艇は、サンケミカルという会社が担当し、完成した。

発売前の試走はロバート・フライさんが乗ってくれた。正確な記録が残っていないので確かではないが、改良しなければならない箇所のコメントはなかったと思う。

こうして完成したモデルは、「シーキャップ」という名称で売り出された。

シーキャップの船体線図

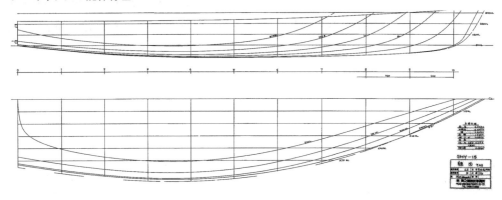

シーキャップのテストセーリングの様子

シーキャップの改良とシリーズ艇種

　私の古い友人に、静岡県・清水で「キングノット」というコーヒーショップを経営する遠藤泰弘さんがいた。彼は仲間の山本泰久さんや息子さんたちと、合板によるマルチチャイン・クォータートンを造ってくれた人でもある。

　遠藤さんは、シーキャップが発売されると、すぐに購入して試乗し、気に入れば販売代理店になるつもりだったらしい。ほどなくして電話がかかってきた。いわく、「ハヤシさん、速いことは速い。条件がそろえば470級とタイで走れる。バランスもいい。ところが、波のある海面では海水をすくって、セルフベイラー（自動排水装置）では排水しきれず、水船になっちゃうよ」という話だった。軽量を追いすぎて、フリーボードが低過ぎたせいだ。あれあれ。

　そのうち、別のところからもっと悪い知らせが届いた。フネが壊れたというのだ。一大事、すぐに見に行った。すると、チェーンプレートの取り付け部、ラダーピンの取り付け部など、重要な箇所が破損している。よく見ると、FRPの積層厚みが、設計した厚みより不足している。なぜなのか？　メーカーに行って調べたところ、ハンドレイアップで行うべきガラス繊維の積層を、スプレーアップで行ったというのだ。それも想定量に達していない。これにはガックリ。納期とコストからそう

したのだろうが、ヨットは小さくても人命に関わる。風呂おけとは違うのだ。

　スズキマリーンは、こんなことではへたれない。建造メーカーを変更し、改良を施して、「シーキャップII」として販売を続行した。さらに翌年には次艇の開発を進め、ひと回り小さい「シーキャップ・レインボー」が出来た。このときは鈴木自動車のカーデザイナー、村上　剛さんがデッキデザインを担当してくれた。デッキとハルの交点の丸みを増して十分な接着面積を持たせつつ、デッキ、ハルともに、コアマットを挟むサンドイッチ構造を採用して剛性を高めた。所期目標の重量を超過したのが玉にキズだが、丈夫で耐用年数も長くなったはずである。

　1982年には、ウィッシュボーンブームとオープントランサムの13ftシングルハンド艇「キャッスル」を造った。ウインドサーフィンのディンギー版ともいえるものだが、ボードと違って簡単にひっくりかえらないから初心者にも乗りやすく、それなりに楽しめる艇だったが、持ち運びの簡便さや価格競争には勝てなかった。

　1984年には12ft艇を設計し、翌年に進水した。2人乗りディンギーとしては小さいのでクルー重量は限られる。±100kgを想定し、親子で乗ればちょうどよいということにした。

　これらのスズキマリーンのディンギーは、全部合わせて500隻ほど建造・販売されたと思われる。

シーキャップ・レインボーのセール／デッキプラン

- ●全長：4.168m　●水線長：3.920m　●全幅：1.532m　●深さ：0.354m
- ●喫水：0.117（センターボード揚）／ 0.900（センターボード降）m
- ●艇体重量：65kg

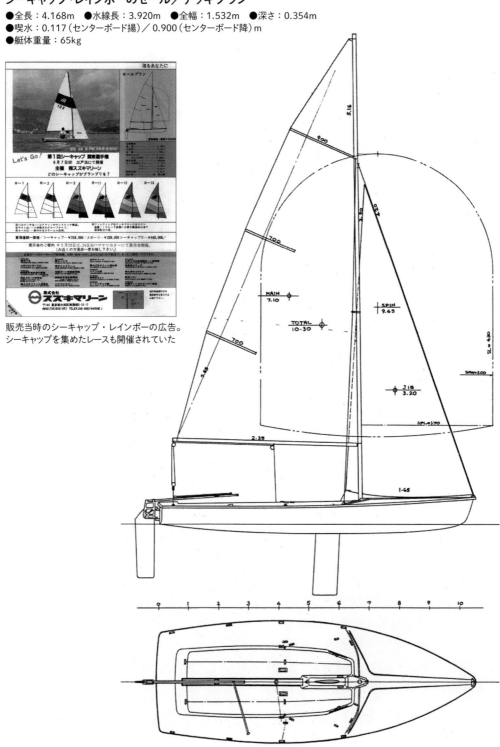

販売当時のシーキャップ・レインボーの広告。
シーキャップを集めたレースも開催されていた

ウィッシュボーンブームを採用したキャッスルのセーリングシーン

スズキマリーン12ftモデルの セール／デッキプラン

- ●全長：3.810m　●水線長：3.600m
- ●全幅：1.456m　●深さ：0.360m
- ●喫水：0.115（センターボード揚）／
  0.720（センターボード降）m
- ●艇体重量：62kg

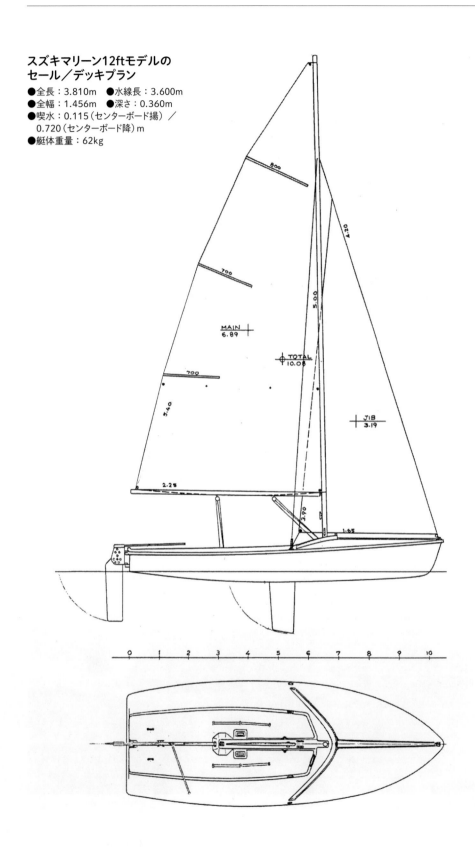

スズキマリーン12ftモデルの正図線図

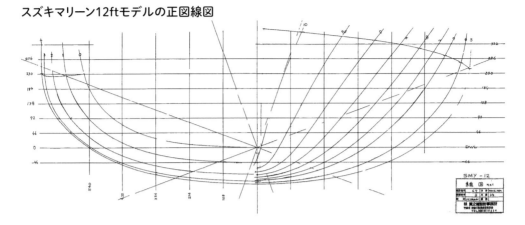

日本でディンギーが
花盛りだったころ

あのころはセーリングディンギーの花が開いた時代だった。古くからあった「A級」や「スナイプ級」、オリンピッククラスの「フィン級」、「FD（フライング・ダッチマン）級」、「470級」、高校生向けの「FJ（フライング・ジュニア）級」などの海外から導入された艇のほかに、横山 晃さん設計の「シーホース」（残念なことに実業団のレース艇となって先鋭化し、船価が高くなり、普通のセーラーにとって高根の花となってしまった）や「Y-15」（1960年生まれ。辻堂加工とリンフォース工業によってFRP化に成功し、3,000隻以上が進水）、熊沢時寛さん設計の「K-16」（1964年生まれ。1,000隻以上が進水）、「FC」、「カシオペア」、「CJ」などが活躍していた。少数だったが、小田達男さん設計の「シーラス」もあった。

江の島では、旧日本ヨット協会（JYA）主催によるワンオブアカインド（One of a kind）レースが開催されていた。「OKディンギー」や、フルバテンセールの「モス級」などのシングルハンダーを含めて、さまざまなクラスから代表艇が一堂に会し、ヤードスティックナンバーと呼ばれるハンディキャップを使って、盛大にレースが行われていた。

また、このころには、「レッツゴーセイリングクラブ」が発足し、多くのビギナーがセーリングを始めるきっかけになった。

ヤマハ発動機は、船外機の販売が世界のトップレベルに達したことを受けて、マリン事業に本格的に進出し、パワーボートとセールボートの生産販売を積極的に進めた。

トヨタ系列の関東自動車工業には、船好きなカーデザイナー菅原留意さんが在籍されていて、ヨット部を創って活動を開始するとともに、セールボートの製造・販売も行っていた。

セーリングに革新的なブームを巻き起こしたのは、ウインドサーフィンだった。最初は海辺の遊び道具かな？と思われ

日本でディンギーが盛んだったころのカタログ

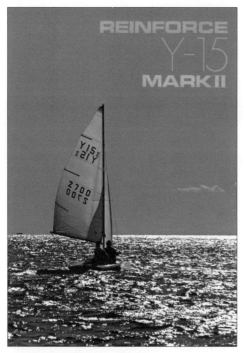

横山 晃氏設計のY-15マークII

1982年のヤマハ発動機のディンギーラインアップ

関東自動車工業が手掛けていたシードスポーツ

たが、その簡便さと上手な人が見せるスピードは目を見張るものがあり、多く愛好者が生まれた。技術的な開発、特にセールは次々に進化して大発展していった。

子供用のシングルハンダーとして「オプティミスト・ディンギー（OP級）」があり、ジュニア教室も開かれて全国大会も開催、多くのセーラーが育ち、オリンピック選手も生まれていった。

大人用のシングルハンダーとして爆発的に増えていったクラスが、アメリカ生まれの「レーザー級」である。レース後のレストランで、ヨット雑誌の編集長でもあったブルース・カービィさんが、オリンピア

ンのハンス・フォッグさんらと、「もっと金のかからないフネはできないか」と話しているうちに、カービィさんが紙ナプキンにスケッチしたものがベースになったという話が残っている。1974年にはIYRU（International Yacht Racing Union）の正式規格艇となり、日本にもそのころに輸入されたと思われるが、現在では世界中で20万隻を超えるクラスとなっているそうだ。

「ホビーキャット」も登場した。カリフォルニアでサーフボードを作っていたホバート・オールターさんは、「アクアキャット」の登場に触発されてカタマランを造り始めた。ハワイのカタマランの伝統を受け継ぎ、左右非対称の船体形状を採用。センターボードがなく、砂浜での上げ下ろしに適していた。小型のセーリングカタマランは復原性がよく、大きなセールを持つことができるから、セーリングスピードが速くて人気を博した。

このほかにも、いろいろな輸入艇があったが、低価格を狙った安直なものはすぐにダメになってしまった。

日本人設計艇も増加していた。レーザーを意識したヤマハの14ft艇「シーホッパー」は、国体の正式種目にもなった。このほかのシングルハンダーとしては、熊沢門下生の平野雅一さんが設計した「K-420」（1977年）や、前田 博さん設計の「キルヒール」などが印象に残っている。

シングルハンダーの人気が高かった

のは、艇置き場の問題があったからだろう。民間マリーナの保管料は高額で、3〜4年間の保管料で新艇が買えてしまうほどだから、カートップで持ち帰るなどの対策を考える必要があった。トレーラーで運ぶ方法もあるのだが、都市部では自宅に車1台分のスペースしかなく、海辺にはトレーラーでフネを出せるスロープが極めて少ないし、トレーラーの車検も別途必要になるといった理由から、日本ではほとんど見かけない。残念なことだ。

1982年に開催された第21回東京国際ボートショーのパンフレットは、表紙がツーマンディンギーのセーリングシーンだった

87

山崎ヨットでの建造

八代ヨットクラブ

熊本県八代市で山崎ヨットを創業した山崎俊政さんは、高校生のころ、熊沢時寛さん設計のFCクラスを自作し、卒業後、熊沢舟艇研究室に入社した人である。昼間は造船現場で修業し、夜は工学院大学で勉強した真面目な人だった。横浜の岡本造船で〈智美〉や〈竜飛〉を建造中に顔見知りになり、言葉を交わすようになった。

八代海は古くから不知火海として知られ、北側にある宇土半島と西側にある天草諸島とに囲まれた比較的穏やかな海だが、その出入り口の潮流はとても速く、干満の差も大きい。この地でセーリングが盛んになったのは、のちに八代ヨットクラブの初代会長となる緒方基一さんと、セーリングに魅せられた高岡晃廣さん、それに山崎さんが加わってできたことと思われる。

緒方さんは地元の名士で、早くからスナイプクラスなどでセーリングを始めた方だが、戦争中は陸軍少尉として学徒出陣し、中支へ派兵。敗戦後、全隊員を率いて無事に帰還させた人でもある。

八代ヨットクラブ初代会長の緒方基一さん（中央）、「キャプテンガンバ」の愛称で知られる名物メンバーの高岡晃廣さん（左）と

それで艇名は、誇り高き〈レフテナント〉（Lieutenant＝中尉）なのだ。

「キャプテンガンバ」の愛称で知られる高岡さんは、地元高校を卒業後、セーリングを続けたい熱意が募り、ヨット部のある会社に就職することを決めた。戦前からヨット界に貢献した、山口四郎さんが社長を務める巴工業である。ご子息の山口良一さんは、1964年の東京オリンピックに初めて5.5mクラスを日本に導入された方だったが、惜しくも若くして逝去されてしまった。葉山で「山口メモリアルレース」が行われていたことがある。

高岡さんは入社後、初めは整備ばかりだったが、1年後にドラゴンクラスにクルーとして乗り込み、2年後には正選手として全日本選手権にも参加している。その間、早稲田大学の〈稲龍〉や〈潮風〉にも乗り、クルーザーへの憧れも芽生え、ついに自作を決心して、熊沢さん設計のK17をベースに1ft延ばして、全長18ftのクルーザーの建造に着手した。

山崎さんも横浜で修業中だったので手伝ってくれて（彼らは高校の先輩後輩の間柄）、約2年後に完成し、蒲郡へ陸送。三河ヨットの山路泰平さんのところで最終艤装して進水、〈しらぬい〉と命名した。そして1969年、会社を退職してセーリングしながら故郷へ帰った。1970年には、緒方さんを会長として、仲間たちとともに八代ヨットクラブを設立し、現在の発展につながっている。

余談だが、2016年リオ・オリンピックで女子49erFXクラスに出場した宮川惠子選手は、八代ヨットクラブ所属艇〈オレント〉の宮川輝之さんのご親族である。

修業を終えた山崎さんが八代へ戻り、造船所を創業したのは1973年。初仕事は、熊沢舟艇研究室の仲間たちと共同設計したKQ25で、同年9月に1号艇〈フライングレディⅢ〉が進水し、順調な滑り出しだった。

ST30の誕生

造船業で多忙になった山崎さんから、設計の注文が入ったのは1978年。30ftクラスだった。

日本で開かれたクォータートンワールド（1978年）のあと、レーシングボートの設計から距離を置いていた私は、この艇を、レースを目的とせず、レーティングルールとは無関係な、健全な外洋航行

山崎ヨットと初めて関わることになったST30は、本格的な量産艇で、ハルもデッキもメス型のモールドから抜いた。写真は、ハル（片舷分）のモールド

ST30のセールプラン
- ●全長：8.90m
- ●水線長：7.88m
- ●全幅：3.09m
- ●吃水1.70m
- ●排水量：3.4トン

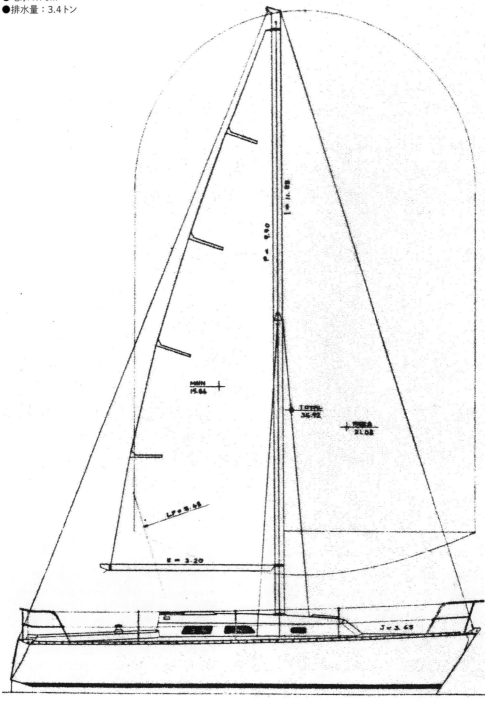

ST30の1号艇となった、八代ヨットクラブ初代会長の緒方さんの〈レフテナントV〉。1979年5月に進水し、現在も元気に走っている。ST30は約20隻が建造された

能力のある艇として設計した。船体もデッキもFRPメス型から造る、本格的なFRP量産ボートで、完成までに時間がかかったが、1号艇は緒方会長がオーナーとなり、翌年5月に進水した。進水日の翌日に、八代市長杯レースがあったので、前日の夜更けまで作業を続け、なんとか間に合わせた。

私も前日から手伝った。当日はスピントリムを担当、後方のスタート位置から、ごぼう抜きしてトップ集団に追いついたが、帰路の上りコースではマストが逆ベンドしたり、チューニング不足だったりで、2位フィニッシュだった。残念無念。

しかし、ST30と名づけられたこのクラスは成功し、その後18年間で約20隻が建造され、地元熊本だけでなく、九州一円、青森、茨城、横浜、東京、鳥取、広島、沖縄など、各地でのクラブレースやクルージングに活躍してくれた。北九州市の松浦悼也さんは、南の島々へ長距離クルージングに出かけたが、帰路に東南アジアでエンジンが故障。新品を購入して据え付けを依頼したところ、そのエンジンが盗まれるという災難に遭ってしまった。

ST30の受注建造が順調に進み、ST27（1980年）、ST36（1982年）、ST34（1985年）と、STシリーズが継続した。「ST」の由来は、教会の牧師さんが名づけてくれたと聞いたような気がするが、はっきりした記憶はない。

ヒットしたST27

ST27は、KQ25の後継艇として計画され、この艇もレーティングルールとは無関係に、扱いやすいシンプルなリグと素直な船型を採用し、無理のない範囲で軽量化を目指した。

神奈川県・諸磯を拠点に、クルーザーヨットで活動する明治学院大学の〈フルードリス5世〉（ST27）。この艇で、瀬戸内海や九州、沖縄まで足を延ばした

翌年3月に、1号艇〈オレント〉が進水。オーナーは、現八代ヨットクラブの会長、宮川輝之さんだった。弁護士の立山秀彦さんの〈エンデバー〉、後に大型艇で長距離クルージングを実行した浜坂 浩さんの〈エミタン〉など、地元の方々の応援もあり、こちらも順調に進んだ。

9号艇〈モンテメール〉の村上 猛さんは、竿竹屋さんや焼き芋屋さんをやったことのある、ちょっと変わった自由人で、鳥取にベースがあった。比較的短い期間で転売し、ST30の新艇に乗り換えた。旧〈モンテメール〉を譲り受けた澤 洋征さんは米子工業高等専門学校の教授で、境港のクラブレースで大活躍したそうだ。

その中古艇を買って、レストアに着手したのが中嶋 勝さん。所有する34ft艇では、一人で操船するのがおっくうに

美しい八代海を走る、〈エンデバー〉（左）と〈オレント〉、2艇のST27。STシリーズの2番目のモデルとしてデビューし、二十数艇が建造された

なったとのことだった。中嶋さんは、地元で大きな肉屋さんを経営しながら、ヨットクラブの発展に貢献し、海事関係者からも一目置かれた人で、東京ボートショーに来るたびに、大きなベーコンのブロックをお土産に持参していただいた。残念ながら、レストアの完成を見ずに他界されたが、この艇は、生前からお付き合いがあり、ニッポンチャレンジにいたメインテナンス担当の山本秀夫さんの手で完成して、現オーナーの笠井芳郎さんが購入。〈なかば〉という艇名で、現在は西伊豆の安良里で元気にしている。

10号艇は、明治学院大学の〈フルードリス5世〉。OB会の支援と学生たちがアルバイトに精を出して資金を調達し、建造することができたそうだ。当持のOB会長は二木頌二さんで、古くからクルーザー〈加賀〉に乗っていた人だった。舵社には明治学院大学の卒業生が多いのも、昔苦労した仲間意識のせいだろうか。

当時の監督は田中秀樹さんで、彼も若くして他界されてしまったが、係留地を管理する三崎の東部漁港事務所へ一緒に行き、艇の入れ替えについて説明をしたことがある。当時（1982年）、東部漁港事務所は悪名高いところだった。いわく、オーナー変更不可、艇の全長を延ばすこと不可……。こんなことでは、なんの発展も望むことができない。自分も若かったから、正攻法で喧嘩しようかと思ったが、温厚な田中さんになだめられた。

そこで、船首を切り落とし、あとでステ

ム金具を取り付ける方法を取ることで収まった。創部40周年記念のパーティーに招待されたとき、ST27に乗っていたOBやOGの方々から、楽しいクルージングの話を聞き、とてもうれしかった。

ST27は、合計で二十数艇が建造され、その中にリピーターとして、のちにST34やIORレーサーを建造してくれた方々もいる。感謝です。

ST36

ST36は、簡易モールドによって2艇が建造された。

1号艇は、長崎外洋帆走協会を立ち上げて活発な活動をされた、江良　新先生がオーナーだった。江良先生は、野本謙作先生ともお知り合いだったから、相談された野本先生から私にアドバイスがあったが、ほとんど無視することにした。ボースン格の佐々木康夫さんと細かい打ち合わせを行い、1983年の夏に進水し、〈金星〉と命名された。

純クルーザーと言える艇で、やや重い中排水量船型（6.85トン）と重量比約40％のバラストを持ち、真の外洋航海に耐える構造強度を持たせた。セール面積はやや控えめなので、微風域に弱点があるが、外洋の長距離航海で想定されるルート上には、貿易風など十分な風力が期待できるので、むしろ十分だと考えられる。実際、現在は地元で木工家具を手がけている小田健彦さんが艇長と

ST36のセールプラン
- ●全長：11.00m ●水線長：9.35m
- ●全幅：3.55m ●吃水1.95m
- ●排水量：6.85トン

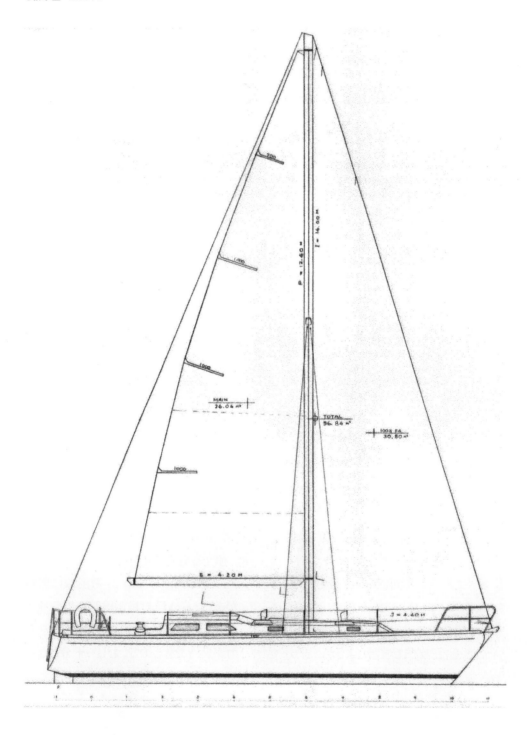

ST36の一般配置図

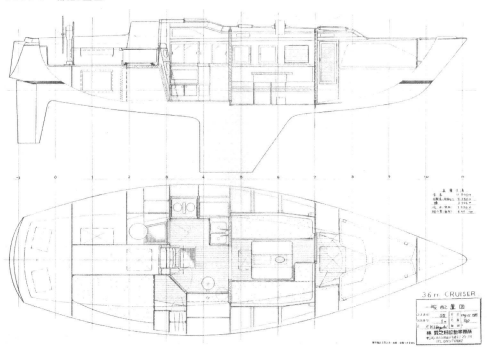

ST36の1号艇である〈金星〉。小笠原へのロングクルージングを行ったり、2代目のオーナーの手に渡ってからは、メルボルン／大阪ダブルハンドヨットレース（1991年）でも活躍した

なって小笠原への航海を行い、保針性も
よくて乗りやすかったという話だった。

　2号艇は茨城の野堀さんの〈銀河〉。
彼も太平洋横断などのクルージングを
計画していた人だが、残念ながら、健康
上の理由から実行されなかった。その後、
大分県の方の手に渡り、〈サザンクロス〉
として元気に走った。

　〈金星〉は、江良先生亡きあと、転売さ
れて、しばらく瀬戸内海にあった。都内
でトンカツ屋さんを経営していた内尾
実さんが購入し、船体にオズモシス
（FRPの悪性皮膚病のようなもの）の発
生が見られたが、油壺ボートサービスで
修復して、〈赤城〉と命名。メルボルン／
大阪ダブルハンドヨットレース1999に
参加した。内尾さんはヨット歴が浅く、外
洋レースは初めてだったが、大型艇群の
中にあって、クルーザークラス13艇中4
位と大健闘した。

　このときのレースには10カ国42艇が
参加し、日本からも11艇が参加していた。
レーサークラスBでは、新婚ホヤホヤの
浅生重捷／梨里夫妻が〈ジャスト・ラッ
キーレディ〉で優勝、レーサークラスCで
は、松永 香さんと今給黎教子さんの女
子組が〈ライカ〉で2位、などと活躍した。

ST34

　ST34は、山崎ヨットが建造した最後
の量産艇になった。1号艇で地元の宮川
輝之さんの〈オレントII〉、北九州の花本

寛治さん、東京の天沼義雄さん、長崎の
上田良久先生、諫早の辻 富雄さん、宮崎
の北川さんと続き、1988年までに合計
6艇が建造された。

　しかしこのころから、山崎社長は過労
とストレスから病に侵され、入退院を繰
り返すようになってしまった。「肥後もっ
こす（頑固者）」という言葉があるが、彼
もそんなところがあった。職人肌で道具
好きで、設備投資もしたが、経理は苦手
な人だった。

　3号艇を建造した天沼義雄さん／明美
さん夫妻は、長距離航海用に少し改造
した〈白南風〉で太平洋を横断、サンフ
ランシスコに到着した。その後、アメリカ
西岸を南下、サンディエゴからメキシコ
へ、コスタリカからフンボルト海流に悩ま
されながらペルーへ。マゼラン海峡に入
り、景観を堪能しつつ通過せずに、あら
ためてホーン岬を回って大西洋に出た。
大西洋を北上、ブエノスアイレス、リオデ
ジャネイロ、カリブ海の島々、ベネズエラ、
パナマ運河を通り、再びコスタリカへ。
ここからハワイ経由で日本へ帰ってきた。
約4年間の旅で、お土産がいっぱいで
吃水が下がるほどだったそうだ。

　天沼さんは、この航海の途中から次の
艇の構想を練っていて、その後、42ft
アルミ合金製の中古艇をカナダで購入
し、ニュージーランドへ渡った。そこで夫
妻は永住するつもりだったらしい。虫の
知らせかどうかわからないが、日本へ
帰ることになり、帰国後、描きためた絵と

ST34の1号艇は、地元の宮川輝之さんがST27に続いて建造した〈オレントII〉。山崎ヨットでは最後の量産艇となったが、全部で6艇が建造された

クルージングガイドの展覧会を開催し、その直後に病に倒れて半身不随になってしまった。絵は相変わらず描き続けている。根性ある、えらいね。

　後日談として、34ftの〈白南風〉は、西久保 隆さんが整備して〈禅〉となり、太平洋クルージングを楽しまれた（当時、月刊『Kazi』に記事を連載）が、オーストラリアのダーウィンの近くで座礁して、現地で手放す決心をした。

　これをマイク・レイノルズさんが購入してレストアし、レースに出たり、マレーシアやプーケットへクルージングしたり、現在も元気である。最新ニュースでは、さらに喜望峰を回り、イギリス・ロンドンまで

東京・蒲田の天沼義雄さん／明美さん夫妻の〈白南風（しらはえ）〉。約4年間、世界の海を走った後、西久保隆さんの手に渡って〈禅〉となり、再び海外を目指した

航海した。

　アルミの42ft艇は、前出の浅生夫妻が購入し、〈ニライ〉となって世界周航クルージングへ出かけ、7年かけて世界を巡り、2012年5月に帰国した（こちらも、当時、月刊『Kazi』に記事を連載）。

堀江謙一さんのアイスヨット

堀江謙一さんからの相談

　海洋冒険家・堀江謙一さんは、普通の人には思い付かないことを考えることがある。

　「日本からセールボートで北へ向かい、ベーリング海峡を抜けて北極を目指し、氷が出てきたらフネを氷の上に引っ張り上げて、そこからアイスヨットになってセーリングを続け、北極点に到達したいんだけど……」

　やっぱり、なんとかと天才は紙一重か？「自分にはそんなフネ設計できません」とお断りしたら、「じゃあ、氷の上から出発して、セーリングで極点を目指すことはできるのではないですか？」となった。堀江さんは、極北近くを帆走しているイタリア人の写真も持ってきていた。

　「えーっ、ちょっと待ってください。自分はアイスヨットに乗ったこともなければ、データも一切ありません……」

　ということで、長ーい話になり、彼がどうしても挑戦したいと考えていることがわかった。

　そこで、アイスヨットについて調べてみると、オランダで冬季に河川が氷結すると、その上を遊びで帆走していた記録があった。図、文献によって年代が異なるが、およそ17世紀中ごろである。

　ノルウェーの北極探検家で政治家でもあるフリチョフ・ナンセンは、1893年から1896年にかけて〈フラム号〉を建造して北極探検を行い、犬ぞりを使って北極点を目指した。この中で、カヤックにそりを付け、1本マストにスクエアセールを展開して走る場面も出てくる。条件がそろえば、走ることができるようだ。

　オランダからアメリカへ移住した人たちは、ハドソン川でもアイスヨットを楽しんでいた。

　現在では、五大湖を中心に発展していて、ハードなウイングセールを装備し、平らな氷の上で約140km/hに達するものもあるそうだ。ヨット部品メーカーのハーケンの社長だったオラフ・ハーケンさんは、過去にアイスヨットで大けがをしたことがある、とも聞いた。

　一方で、当時私が住んでいた神奈川県逗子市に、極地研究家の加納一郎先生がお住まいになっていることがわかり、押しかけて行って、極地について基本的なことを教えていただいた。

　北極海の氷はいつも動いていて、ほうぼうに不規則なアイスリッジと呼ばれる丘状の起伏ができること。低温下だと、氷の粒は砂に近い性質を持つこと。低温にさらされた金属に素手で触ると、皮膚がくっついてしまうこと。電池の性能が

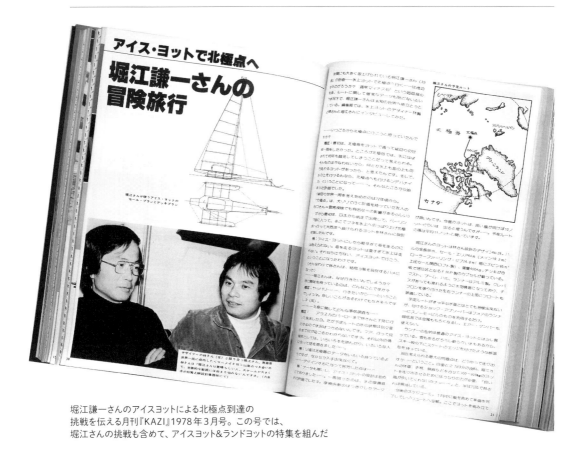

堀江謙一さんのアイスヨットによる北極点到達の
挑戦を伝える月刊『KAZI』1978年3月号。この号では、
堀江さんの挑戦も含めて、アイスヨット＆ランドヨットの特集を組んだ

落ちること。カメラなどに使われている
潤滑油も凍ることがあること、などなど。

　先生のお住まいは開発された高級住
宅地にあり、そこは自分が小学生のころ
遊び回った山だったので、その話をする
と、「おやおや、そうでしたか」と笑ってお
られた。

極地視察と艇の建造

　氷上をセーリングできるか？　を実際
に確かめるため、現地見学に出かけた。
アラスカ最北端のバロー岬である。

　その途中では、アラスカ大学フェアバ
ンクス校に立ち寄り、北極海に詳しい

アイスヨットの歴史に触れた洋書の1ページ。図は1605
年に描かれたもの。初期のアイスヨットは、セールボートに
ランナー（そりの滑走部分）を取り付け、北海沿岸の湾や
運河での荷役用として使われたとある

〈マーメイド・イン・アークティック〉のセール／デッキプラン

●全長：9.5m　●重量：400kg
●セール面積：44.0m²（メイン19.2m²、ファーリングジブ24.8m²）
※このほかに、スピン（85.0m²）も用意

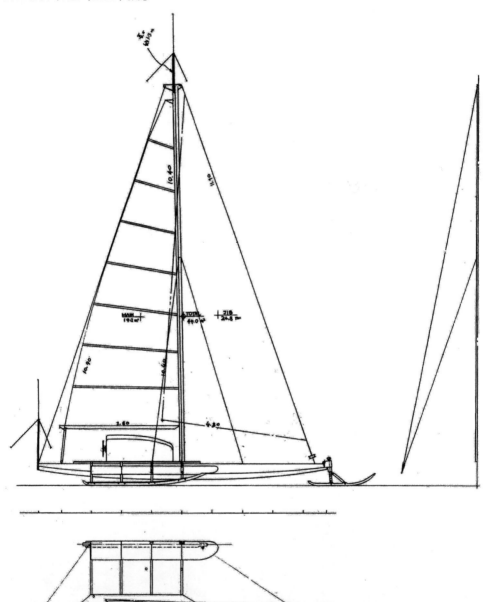

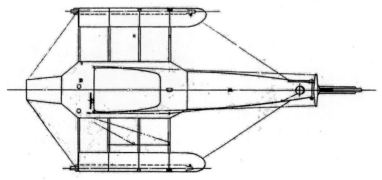

先生のご意見を伺ったり、アメリカ海軍の北極圏研究所（NARL：United States Naval Arctic Research Laboratory）に行ったりもした。NARLの研究員の中には、極点に立ちたいという願望を持った人たちもいて、ホーバークラフトを利用することも検討したそうだ。しかし、アイスリッジを越えるためには、ホーバークラフトのスカートの高さが7〜8mも必要なことがわかり、断念したそうである。

バロー岬周辺にも高さ4〜5mのアイスリッジがたくさんあったし、軽飛行機をチャーターして上空から見てみると、その数が無数にあることがわかった。ところどころに海が顔を出して黒く光り、まるで墨絵のようだった。

「Top of the World」という名前の

1978年には、堀江さんのほか、植村直己さん、日大隊も北極点到達を目指したことから、新聞紙上でその三者による鼎談が企画された

ホテルに宿泊して検討会が始まり、「この様子では無理ですね」という結論になった。

ここであきらめればよかったのだが、私たちに同行していた日本山岳会メンバーの谷口正彦さんが、「カナダは真っ平らだった！」と言う。それなら行ける？谷口さんもスノーモービル（雪上バイク）で北極点到達を計画したことがあり、カナダに調査に行ったことがあったのだ。

結果、彼の言葉を信じて、設計に着手した。そりの形状や材質について、スノーモービルを生産していたヤマハ発動機にお知恵を拝借に伺ったこともあった。

また、氷上のどこかで立ち往生したときのことを想定し、シェルターは小さいながら断熱効果のあるサンドイッチ構造の独立した殻とし、それ自身が浮体となるように計画した。生存してくれれば、無線機や周辺機器類の助けを借りて救助する方法もあるはずだ。

堀江さんは、いつもご自分で造船所を選ぶ。建造は淡路島にあった春本ヨットで行われた。メインハルとビームはアルミ合金で、接合はリベットによる構造を採用した。現地へ運ぶのに飛行機しか利用できず、貨物室とその扉の大きさで制限されたので、分解して運び、現地で再組み立てが必要だったからである。

ところが、軽量化に対する配慮と、細かい神経が必要な構造に対応する技能が、残念ながら建造者に不足していた。例えば、リベットの正確な数と位置がず

日本で建造した艇体を、飛行機の貨物室の開口部寸法と、搭載可能な長さ制限に合わせて分割し、カナダまで空輸。コーンウォリス島の倉庫を借りて組み立てを行った

れていたり、さらに、キャンバスで覆われるはずの場所にとっておきの強度の高いアルミ合金（2000系）が使われたりして、重要なビームの材料が不足してしまったりした。それでも形は出来て、一応、アイスヨット〈マーメイド・イン・アークティック〉が完成した。

北極圏の町、レゾリュート

　1978年は、なぜか北極ブームで、登山家・冒険家の植村直己さん、日本大学北極遠征隊、堀江さんのアイスヨットの

3チームが極点を目指していて、植村さんも日大隊も犬ぞりを使っていた。それらは新聞にも大きく報道され、堀江チームには広告制作会社のシマ・クリエイティブハウスがスポンサーになってくれた。

　面白かったのは、ヨット〈オケラ〉の多田雄幸さんが山のスペシャリストである植村さんのサポートにつき、私たちのサポートに登山家の深田良一さんがついたことだ。深田さんは山学同志会のメンバーで、ネパールのカンチェンジュンガ無酸素登頂をした、とても気さくで愉快な人である。山と海とフィールドは異なる

が、根本的な共通点があり、お互いに尊敬する思いがあったのだろう。

その年の3月に、カナダ・コーンウォリス島のレゾリュートへ機材を運び込んだ。現地は北緯75度付近にあり、外気温はマイナス20〜40℃。オーロラを見ることはできなかったが、ダイヤモンドダストは見られた。一方で、ホテル内は暖房がよく効いて、半袖Tシャツでも大丈夫だった。スポンサーに頂戴したワインの小びんを、部屋の温度調節のための外気に通じる小窓を少し開けて差しこむと、すぐにシャーベット状になり、ワインの飲み方としては邪道かもしれないが、とてもおいしかった。また、北磁極に近く、コンパス・カードがじわーっと動いて止まらなかったのが印象的だった。

レゾリュートの住民の多くはイヌイットで、当時は250人くらいが暮らしており、町には学校や郵便局、"アークティッククラブ"という集会所兼バーもあった。私は、イヌイットらに、"ハヤシック"と呼ばれた。

学校の校長先生をしていたモリス夫妻は、なんとヨットで世界一周したことがあり、レゾリュート・ヨットクラブ創設者を自称していた。

ちなみに、アークティッククラブではシロクマのワッペンを売っていて、帰国後、これを自分のセーターに付けていたら、ご近所に住む海上保安庁勤務だった三田安則さんの目に留まった。三田さんは〈宗谷〉で南極へ二度行ったことがあり(樺太犬のタロとジロのとき)、のちに和泉雅子さんを支援して北極圏に行き、アークティッククラブをご存じだったのだ。ご存命中、親しくお付き合いさせていただいた。

想定以上に厳しい環境であえなく断念

私たちのサポートチームは、キャプテンの国重光熙さん(通称・トロちゃん。29ft木造ヨット〈ひねもすⅡ世〉で仲間3人と世界一周をした人物で、堀江さんの親友)、メカニック担当の石山君、氷上キャンプ設営隊長が深田さん、スポンサーから参加した総務兼無線担当者の前田さん、カメラマンが玉田さんと小夫家さんの2人、筆者とほか1人、堀江さんを含めて総勢9人だった。

倉庫を借りて組み立て作業開始。防寒対策は、上から下まで深田さんが選んだ装備で万全だが、顔は出ているから軽い凍傷になったこともある。それでも、実際にマイナス40℃を経験したあとは、マイナス25℃だと「今日は暖かいね」なんて言葉も出てくる。

組み立て後、氷上へ移動して艤装完了、セールも揚げてみる。だが、氷はちっとも平らではない! アイスリッジも見えているし、風が弱くてアイスヨットは動かない。そこへ一陣の風が来て、無人のヨットが走り出した。駆けて追いかけても追い付かず、30cmくらいの雪氷の吹きだまりに突っ込んで止まった。走ることは走るんだ! と、一同納得。

103

その後も試走を重ねたが、ビームの一部が折れ曲がったり、断熱シェルター内に氷結が見られたりと、修理に追われた。

一方で、航空会社の人たちが心配して、空から実地検分すべく、双発輸送機ダグラスDC-3に燃料タンクを積んで、北緯83度付近の島へ着陸した。周囲の状況は、セーリングで走るなんてとんでもない状況で、不可能だと思われた。

私は、責任がある立場上、チームを離れてひと足先に帰国し、スポンサーに状況を報告した。これで残念ながら、このプロジェクトは終焉した。

帰路、オーロラ出現率の高さで知られるイエローナイフの上空から、ぽつんぽつんと人家のあかりが見えて、「ああ、あの下では家族だんらんがあるのだろうな」と感傷的になってしまった。

あとになってよく考えてみると、極地の気象は、基本的に寒冷のため高気圧に覆われており、風は弱い。たまに低気圧が来て吹くこともあるが（実際に、現地滞在中に35ktの風が吹いたことがある）、雪氷を吹き上げるブリザードとなり視界はゼロ、走ることはできない。氷上は氷の山だらけだし、無理なプロジェクトだったのだ。

以上、大失敗の顛末でした。

ちなみに、堀江さんは、このあと、本来のセーラーに戻り、北西航路を目指す地球縦回りに挑戦し、足掛け4年の努力の末に成就された。

アイスヨットの帆走時の様子。予想していた以上のアイスリッジに阻まれ、風も弱く、航海は断念せざるを得なくなった。エベレストを目指すような登山家からすれば雪原は真っ平らかもしれないが、現地調査と気象解析が甘かった

春本ヨット

春本宣邦さんは淡路フェリーを運航する会社の御曹司で、まだ沖縄が日本に返還される前に、自分のヨットで沖縄まで航海するほどヨット好きな人だった。

アイスヨットの冒険が終わったあと、しばらくたって、職人さんを遊ばせておくわけにもいかないから、本来のセールボートを造りましょう、ということになり、「ハルモト19」が生まれた。

彼は図面を読むことに習熟していなかったこともあり、1/5モデルを造り、全体の形を確認してから建造に入った。

FRPのメス型によって船体とデッキを積層する通常の工法を採用し、船体はFRP単板構造、デッキはサンドイッチ工法を用いた。小さいボートで、船内の造作も簡素なので、比較的短時間で完成した。設計した本人が言うのもおかしいが、小さくてかわいらしいフネができた。また、

船内の空間を増やすため、デッキを嵩上げしたレイズドデッキタイプも建造した。

全部で何隻建造されたか不明だが、相模湾の江の島に3隻がやってきた。黒田高正さんの〈ブルーパルサー〉、松崎孝男さんの〈すいすい〉、檜谷克巳さんの〈Diamond Angel〉である。みなさんは相模湾でのスモールボートミーティングやミニトンレースで活躍してくれた。

松崎さんはリグを変更してソリング級のマストを使い、セール面積も増大したレーシングバージョンを造り大活躍、楽しんでくれた。彼はのちにニッポンチャレンジの技術チームに加わり、アメリカズカップのデータ解析を担当した人である。

余談だが、松崎さんは山歩きをする人たちのために「山スパート」というプログラムも作った。60歳から山歩きを始めた私には、とても有力な味方となった。

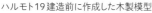
ハルモト19建造前に作成した木製模型

ハルモト19のセールプラン2種

- ●全長：5.900m
- ●水線長：5.475m
- ●全幅：2.400m
- ●喫水：1.125m
- ●排水量：0.88トン
- ●バラスト重量：0.33トン
- ●セール面積：16.12m²

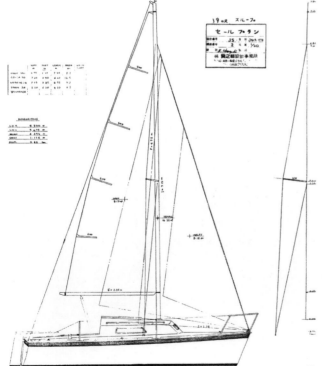

相模湾スモールボートミーティング出場時の
ハルモト19〈ブルーパルサー〉。このレースで
は、参加37艇中、着順2位となり、同型艇の
〈すいすい〉も同4位だった

ハルモト19の一般配置図

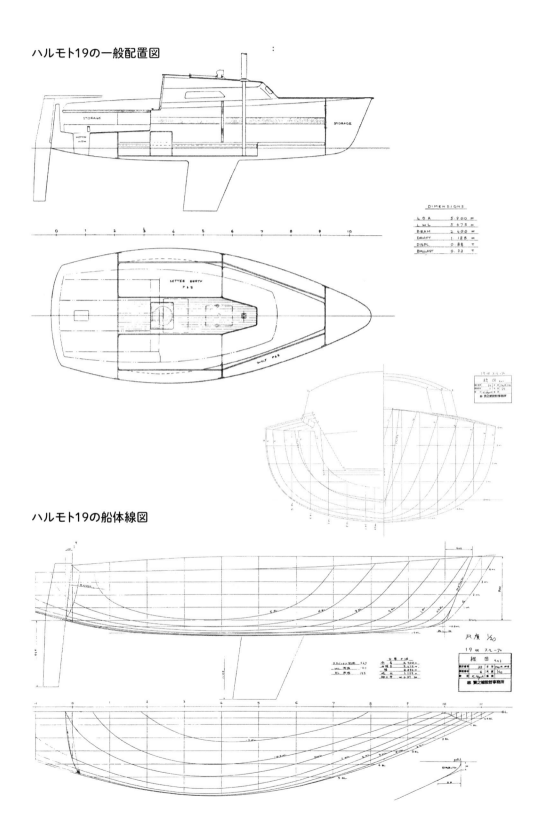

DIMENSIONS	
LOA	5.900 m
LWL	5.475 m
BEAM	2.400 m
DRAFT	1.128 m
DISPL	0.88 T
BALLAST	0.33 T

ハルモト19の船体線図

第2章

1980年代

35ft外洋レーサー
〈極楽蜻蛉〉
<ruby>ごくらくとんぼ</ruby>

35ft外洋レーサー

山崎ヨットに勤務していた竹元勇三さんは、自分のフネを自分で造ることを決心し、設計を依頼してきた。話を伺うと、レースボートが欲しい、建造は小屋掛けをはじめ、すべてこれから始める、とのこと。やがて土地を手に入れて整地作業を開始、作業小屋の棟上げ、屋根張り、山砂11t分を使用した土間の土固めなど、すべてご夫婦の共同作業で、1984年9月に完成した。おめでとう。パチパチパチ、えらいね。

このファクトリーを「Blue Hull Boat」と命名し、プロとして第1番船の建造作業を開始した。私としても、ぜひ成功してほしいという思いがあった。

レースボートの最終目標は、レースに勝つことだ。軽量かつ強靭な船体と、ルール上、有利と思われる効率のよい帆装（セールプラン）を組み合わせることが必須になる。船体形状は浸水表面積（摩擦抵抗）を減らすのに有利な楕円断面型を用い、あまりルールに固執しない素直な船型を採用した。ルールが与えるハンディキャップの有利さよりも、スピードの上限が少しでも延びることを期待するとともに、製作中のフェアリング作業が少しでも容易になることを願ったからである。

船体構造は、たわみの少ないサンド

35ftオーシャンレーサー 〈極楽蜻蛉〉の線図、セールプラン、一般配置図
●全長：10.70m　●水線長：8.20m　●全幅：3.50m●吃水1.95m　●排水量：3.80トン

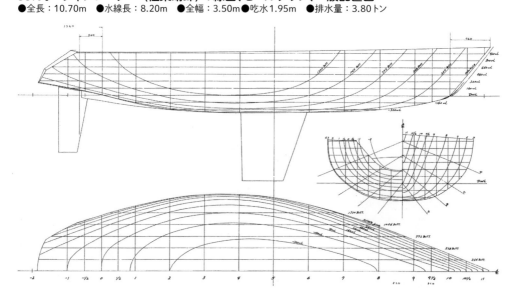

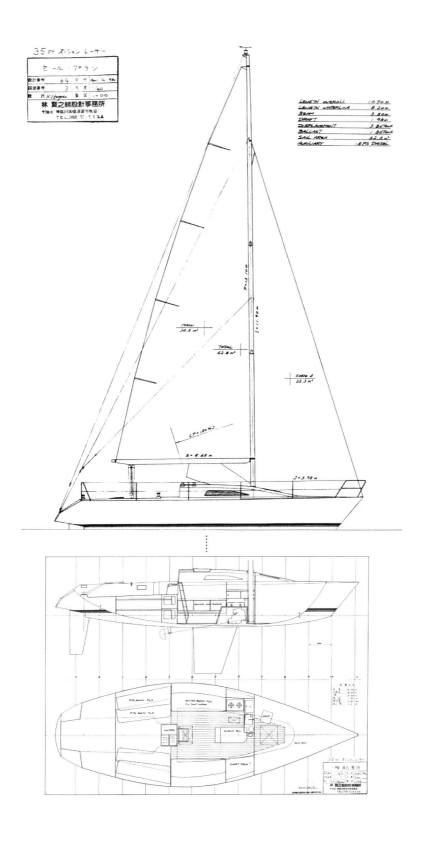

「Blue Hull Boat」の工場建設までの様子

「Blue Hull Boat」での建造工程

イッチ構造を選んだ。1隻だけ建造する方法としても順当だろう。材料も比強度（単位重量あたりの強度）が高いUDR（uni-directional roving：一方向ロービング）やBDR（bi-diagonal roving：二重斜めロービング）などのガラス繊維素材を使って軽量化を図り、積層用の樹脂にはオズモシスが発生しにくいビニルエステルを選択した。念のため、材料サンプルテストを倉敷紡績にお願いし、期待できる強度を確認した。

バラストキール取り付け部、マスト基部、チェーンプレート取り付け部などの補強を十分に行ったうえで、比較的長い間隔でフレームと隔壁を配置し、外板に縦方向のUDRを用いることから、船底部を除いて縦通材を省くことにした。

工場の整地作業開始から約5年後、1989年11月にフネが完成し、〈極楽蜻蛉〉と命名された。進水後の試走でも問題はなく、八代ヨットクラブに入会してクラブレースに積極的に参加し、いつも上位入賞、1990年には八代市長杯を獲得した。

その翌年、古庄 孝さん、永山曜一さんがこの艇を借り受けて、メルボルン／大阪ダブルハンドヨットレース1991に参加。レーサークラスCにエントリーしたが、12艇中9位と振るわなかった。同レースにクルーザークラスで出場したST36〈赤城〉より着順が遅かったから、この艇が持つポテンシャルを引き出すことができずにセーリングした結果だと思われる。残念でした。〈極楽蜻蛉〉はその後も改造を加えながら、現在でも元気に活躍している。

現在も活躍中の35ftオーシャンレーサー〈極楽蜻蛉〉

三河ヨット研究所

三河ヨット研究所の
堀江一夫さん

　三河ヨット研究所（愛知県刈谷市）社長の堀江一夫さんは、1963年に秋田大学に入学すると、ヨットの自作クラブに入部して、セーリングを始めたそうだ。横山　晃さん設計のY15クラスを何隻か自作建造したころ、クルーザータイプに興味を持ち、Y15に1ft追加して16ftの船体を造った。センターボードを鉄板の固定バラストに変更し、さらにレイズドデッキを追加して水密性を向上させ、〈北光号〉と命名、日本一周計画を実行したのだ。

　艇名は、大学の伝統のある寮「北光寮」からいただいたそうである。学校から寄付金もいただいて出発するのだが、青森に到着したら警察が来て新聞ネタになった。捜索願が学校から出ていたのだ。当時は携帯電話なんかないし、本人たちは気楽に（？）連絡もしなかったせいらしい。

　夏休みに青森を再出発して、大阪の二色港に到着。フネは艇庫に預けて、翌年航海を再開し、秋田に帰還して本州一周を果たした。途中、いろいろな物語があったに違いない。

　秋田大学の自作クラブは、その後さらに活発化し、熊沢時寛さん設計のK16や

FC、国際規格のOKディンギーなど、10隻以上を建造した。当時の国民体育大会は自艇持ち込みということだったので、フィンクラスをコールド・モールド工法（木材の繊維方向の角度を変えながら、常温接着で積層し、艇体外板を成形する方法）によって自作して出場もした。そこには、横浜の岡本造船所建造による、ニス塗りの美しいフィンクラスがいたそうだ。

　ヨットに魅せられた堀江さんは、卒業の1年後に熊沢舟艇研究室に入門し、プロの道を歩み始めた。山崎ヨットの山崎俊政さんの弟弟子にあたる。中部クラフトの三村通雄さん、後に金沢工業大学の名誉教授になられた増山　豊さんや、同大学穴水研究所の三井　宏さんも、同時代に「熊研」に在籍していたそうだ。

　三河ヨットの山路泰平さんが、淡路島のサントピアマリーナの開業時に転出されたあと、そこを引き継ぐ形で三河ヨット研究所を設立し、現在に至っている。

　なお、堀江さんによると、初期に日本一周したボートは（本州だけ一周したものや沖縄、北海道を含めた一周も含む）、高校時代の山の仲間たちの冒険クラブによる〈ヤワイヤ号〉（全長6.4m、自設計自作艇）、林　茂さんの〈コンパスローズ〉（Y21）、神田壱雄／真佐子夫妻の〈アストロ〉（Y25）、堀江さんの〈北光号〉

（Y15改、自作艇）、堀江さんの後輩の目黒たみをさんの〈エスカルゴ〉（Y21、自作艇）……となる。

H34

　横浜市民ヨットハーバー（以下、市民ハーバー）は、横浜市磯子の埋め立て地の先にあり、かつて高速道路を通すために立ち退き移転話があった。移転先は、八景島に造られる予定のヨットハーバーだった。そこで、陳情書や図面などを提出したことがある。交渉先は横浜市だったと思うが、市側が作ったハーバーのラフプランには、出入り口がなかった！ 池の中で遊べということか？

　なんだかんだの間に、大型艇が入りにくいディンギー用ハーバーと人工の浜辺が完成して、八景島シーパラダイスなどもできた。しかし、市民ハーバーのメンバーは移転できず、市側と覚書を作成して自主管理の道を選び、現在に至っている。

　市民ハーバーから約3マイル南に大きな貯木場があり、当時、すでに貯蔵される原木は少なく、ガランとしていていたから、ランチタイム・クルージングと称して、ときどき遊びに行っていた。そこが現在の横浜ベイサイドマリーナである。

　市民ハーバーの仲のよいオーナー4〜5人が集まって、お酒を飲んでいるうちに、共同で新艇を造る話がまとまって、三河ヨット研究所建造のH34が誕生した。そのグループは「RYDC（Royal Yokohama Drinking Club）」と自称していたが、時が経つと、口の悪い人たちからは、「ろくでなし・よっぱらい・どりんきんぐ・くらぶ」と呼ばれていた。確かによく飲んだけれど、みなさん、気持ちのいい人たちだった。パワーボートのオーナーもいて、機走で12kt出せとか言われたが、それが無理なことを丁寧に説明して納得していただいた。

　水上を走るフネを走航形態から大別すると、パワーボートのように水面を滑走（プレーニング）するもの、水中翼（ハイドロフォイル）を使って水面から浮上して走航するもの、昔ながらに水をかき分けて進むもの、になる。ほとんどのフネは、水をかき分けるタイプに入り、水を押しのける（displace）ことから「排水量型（displacement type）」と呼ばれる。

　セーリングヨットは、最近の超軽排水量型を除いて、すべて排水量型といえる。排水量型のフネは、走ると自分で波を造り、速度が上がるにつれて波も大きくなり、ついに自分で造った波の壁を越えることができなくなる。フネの長さと速度と造波状態の間には相似則が成り立ち（フルードの法則）、この限界スピードはフネの長さの平方根に比例している。

　H34（全長34ft）の場合は、約7.5kt（時速約14km/s）がトップスピードになり、12kt（時速22km/s）が可能な長さは、約84ftになってしまうのだ。陸上の乗り物のスピードに比べれば遅いのだが、これが排水量型船の高速域にな

H34のセールプラン／一般配置図
- ●全長：10.30m ●水線長：8.90m ●全幅：3.42m
- ●吃水：1.90m ●排水量：4.54トン

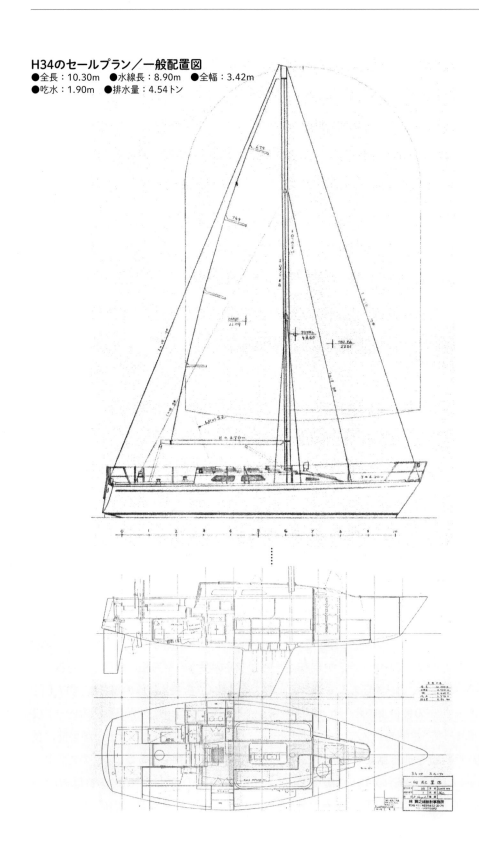

る。高速客船や貨物船もこの範囲内で走航しているし、マンモスタンカーは、ずーっと遅い領域を走航しているが、大量の物資を運搬するコストパフォーマンスは抜群によい。

H34も、高速域に適合した形にするため、通常よりも大きなプリズマティック係数〔Cp値。ヨットのふくらみ具合を示す値で、フルード数（速度域）に対して最適値が存在する〕を持たせ、浮力中心前後位置も通常より後方に設置し、比較的浅い船体を選択した。結果として、強風域のセーリングでは、ひと回り大きな38ftクラスと同等によく走った。機走スピードの記録が残っていないが（クレームはなかったから）、マックスで7kt程度に達したと思う。

1号艇の〈エクスプローラー〉に続き、同じ市民ハーバーのメンバーによって、2号艇の〈ベラトリクス〉が建造された。

H26

私が大変お世話になった〈韋駄天（いだてん）〉のオーナー、三浦三生さんは、日本放送協会（NHK）にお勤めで、仙台や名古屋に転勤されたことがあった。東京時代には「ブーフーウー」、名古屋時代に「中学生日記」などのデイレクターを担当していた。いずれも人気番組だったが、今の若い人たちはご存じないかもしれない。

三浦さんは、転勤先でもセーリングをしたいので、仙台には葉山から24ft艇を回航。名古屋時代に堀江さんと知り合い、21ftの中古艇を買ってセーリングしていた。また、葉山にあった32ftくらいの古い木造船〈YOYO〉を、ドイツ人のオーナーから譲り受け、帰ったら乗るつもりでいたが、台風のとき、港の外側に係留されていて大破、沈没してしまった。そして、最後の〈韋駄天〉を、三河ヨット

H26の1号艇〈韋駄天〉。全長26ftという限られた長さと空間の中で、十分な居住設備を備え、帆走性能と機走性能を満足させるという課題に取り組んだ作品だ

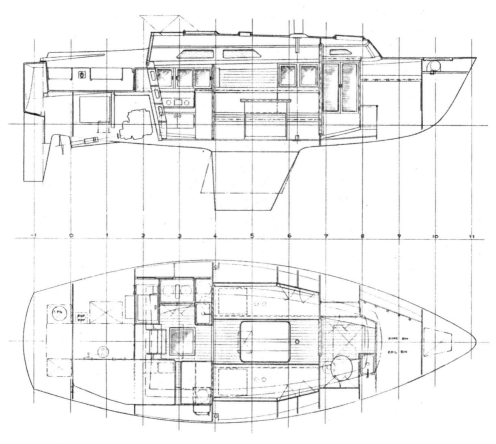

H26の一般配置図
- 全長：8.15m　●水線長（舵軸まで）：7.02m　●全幅：2.86m
- 吃水：1.52m／1.22m　●排水量：3.54トン

H26〈韋駄天〉のメインキャビン。一見、26ft艇のそれとは思えない。艇のサイズが小さいからといって、窮屈にならないように熟慮した

H26は、きちんとしたギャレー設備も備えている（左舷側）。右舷側には、大きなチャートテーブルも設置されている

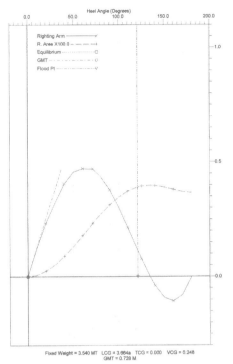

H26のスタビリティーカーブ。復原力消失角は約134度、P/N比(正と負の面積比)は12.3と、良好な結果を得た

研究所で新たに建造することになる。

　ホームポートの葉山鐙摺港(旧港)は、もともと漁港だったのでスペースが限られ、自由に係留艇の大きさを選ぶことができなかった。しかし、所有している24ft艇の1割増しが認められて、新艇は26ft艇までよいことになった。

　26ft艇の中に十分な居住設備を持たせ、同時に帆走性能と機走性能とを満足させることは、簡単ではない。欲張りすぎると、帯に短し、たすきに長し、デザインコンセプトがピンボケのフネになってしまう。要求されるファクターに優先順位を付けて、余分なところを切り捨てる作業が必要。いくつかの船内配置図案を作って検討を重ねた。

　三浦さんは調理師免許を持つグルメだったし、ギャレー(台所)も重要な要素だった。デイセーリングが主体だが、たまには4〜5人でクルージングもしたい。恒久的な5人分のバース(寝台)を設置することは困難で、夏ならデッキにも寝ることができるが……。などと考えているうちに、行った先でホテルや民宿に泊まればいいやとなり、バースは3人分、トイレは完全独立したフォクスル(前部船室)へ収めた。チャートテーブルを含めて、それぞれが十分な広さを持ち、使い勝手の良い配置ができた。

　セールプランは、一人でも扱いやすいように、セルフタッキングジブと、それを補ううえでやや大きめのメインセールとの組み合わせとした。セルフタッキングジブは、相当考えて設計し、工事もそれなりに苦労したが、残念ながら意図したようには作動してくれず、期待外れだった。フォアデッキの中心線上にムアリングビット(係留柱)を設け、そこにジブブームのグースネックを取るようにすればよかったかもしれない。2号艇以降には採用しなかった。

　船内機関は、あえて2気筒のヤンマー2GMを搭載。機走スピードも十分だったので、三浦さんも大満足だった。

　何度かのテストセーリングとシェイクダウンクルージングのあと、アンカーチェーンをインサイドバラストとして搭載し、ほぼ満載状態で傾斜試験を行った。結果は良好な復原性能を示し、沿岸クルー

セーリング中の〈韋駄天〉

上：〈韋駄天〉のオーナー、三浦さん（中央）には、個人的にも
大変お世話になった。1998年9月に葉山で行われた同窓会
には、三浦さんを慕う大勢の人たちが集まった
下：同窓会の日、〈韋駄天〉でのセーリングを久しぶりに楽しむ

月刊『KAZI』1996年9月号に記事が掲載されたH26（H28）
9号艇〈サテンドール〉。この艇は日本一周を達成したほか、
12号艇の〈ダーマ〉は世界一周を成し遂げた

ザーを超えた、外洋艇としても満足できるものだった。

全長の制限があって船首と船尾を切り詰めたため、全体としてやや寸詰まりの感があるが、コンパクトなクルージングボートが出来た。ただし、同程度の大きさの量産艇と比べると内容が濃い分、船価も高かったが、それは致し方ないと思う。

H26からH28へ

H26は、〈韋駄天〉が1983年に進水したあと、2号艇である千葉の宮芝壮明さんの〈放浪人〉と続き、長きにわたって建造され、2003年に14号艇が進水している。船尾を少し延ばして、H28と称するものもある。

積極的にクルージングする人、隠れ家として使う人などさまざまだが、7号艇〈美如佳〉のオーナー、湯川義明さんご夫妻は、三浦半島・諸磯の油壺京急マリーナをベースに活動していた。後に〈第一花丸〉を建造する福田祐一郎さんと出会い、このお二人が、1995年に「ケンノスケカップ」を立ち上げてくれた。

9号艇〈サテンドール〉の赤羽 学さんは、東京・木場の方で、日本一周を遂行。月刊『KAZI』1996年9月号には、この艇の記事が掲載されている。

12号艇〈ダーマ〉の目黒たみをさんは、世界一周してしまった。目黒さんは自作した合板チャイン艇のY21（横山 晃設計）で日本一周（小笠原を除き、北海道、沖縄を含む）した経験があり、いつの日か世界一周することを目標としていたそうだ。大手石油会社を定年退職したあと、世界一周に出発した。ケープホーンに上陸して、アルバトロスの碑の前で撮影した写真を見せていただいたことがある。若き日の自分の夢でもあった。かなり苦労しながら各地を訪問、世界一周を完成された。航海中の気象情報は、気象海洋コンサルタント社の馬場正彦さんから常時入手し、その信頼関係は、美しい友情に発展している。目黒さんは今でもレーザー一級に乗る、根っからのセーリング愛好者である。

H104

H104は、逗子開成高校時代からセーリングをしている田島優治君から、友人の宇田川吉明さんがヨットを造りたいと言っているというので、設計を引き受けた。田島君はレース派だが、宇田川さんの希望も入れて、レーサー／クルーザーになった。

セールは、横浜・本牧をベースにしていた大原弘山セール3代目の大原義昭さんに依頼。当時、オーストラリアのマクダイアミッドセイルス社と提携していた。残念なことに、父君も彼も若くして他界された。

1号艇である宇田川さんの〈ダイムラー〉の試走には、セールメーカーのマクダイアミッドさんも同乗してくれた。よく走ったけれど、なぜかレースでは好成績を残すことができなかった。

レーサーとしてはコクピットが狭く、すばやい動作とハンドリングに問題があり、レーサー／クルーザーではなく、レーサーに徹すれば面白かったかもしれない。やはり、二兎を追う者は一兎をも得ず……と反省。

2号艇の〈プロポーション〉は、東海でセーリング経験の長い伴野さんがオーナーで、当時、デンソーに勤務されていた。この艇を取材した大橋且典さん（ヨットデザイナー）は、「微風域で高いポテンシャルを持っている（月刊『KAZI』1992年9月号）」と評価されたようである（取材当日が微風だったせいもあるかもしれないが……）。

H104の正面線図（ボディプラン）

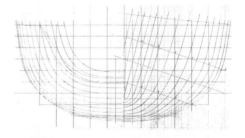

H104のコクピット。もう少し広くしてもよかったかもしれない

レーサー／クルーザーとして設計、建造されたH104。月刊『KAZI』1992年9月号に掲載された大橋且典さんのレポートには、「羊の皮をかぶった狼」と表現されている

カタマランの設計

沖縄に初めて浮かんだ
チャーター用カタマラン

　沖縄の糸満に、玉城ヨット（現イーストマリン）があった。玉城 勉さんは学校を卒業後、岡本造船（横浜市）で昔ながらの修業経験をした人で、木造船については肌に沁み込んだ技術の持ち主だ。もちろん、今ではFRP船を建造しているが、木造船の修理やレストアも手がけている。

　そんな玉城さんから、沖縄のホテルがチャーター用カタマランを欲しがっている、設計してくれないかという依頼が来た。ハワイで使われているようなタイプだ。予算の関係から全長は30ft程度で、定員はなるべく多く、オープンデッキタイプがよいということになった。設計も建造も順調に進んだが、その先の検査は大変だった。

　日本小型船舶検査機構（JCI）が担当する検査だが、一般のプレジャーボートとは違って旅客を乗せるから、復原性規則をはじめ、そのほかの細かな規則を満たさなければならない。当時（1981年）、小型カタマラン型の帆船に対応する規則はなかったから、一般船舶（単胴船：モノハル）の規則が適用された。

　しかし、モノハルとカタマランの復原力曲線には顕著な差異があり、そのまま適

沖縄のホテルムーンビーチに納入され、沖縄でのチャーターヨット第1号となった30ftカタマラン

用するのは論理的に無理が生じる（124ページ下図）。横揺れ周期の性質もまったく異なり、限界傾斜角の考え方にも矛盾があり、これらから、いわゆるC係数（転覆に対するセーフティーファクター）を導出することにも無理があるのだ。

　当時のJCI沖縄支部長の宮里さんは真面目な人で、規則通りに検査を実施し、我々もできる限り忠実に実行した。重心位置を求めるため、セメント袋を約500kg用意して傾斜試験を行い、排水量等曲線図などの必要書類も作成した。しかし、最終段階で話し合いを進めていくうちに、私はついにキレて喧嘩になってしまった。宮里さんも論理的に不合理なことを理解し、JCI本部にこの事例を上げてくれた。その結果、「検機検〇〇号」という内部資料の特例を出してくれて収まった。

　その後、「多胴型小型帆船特殊基準」

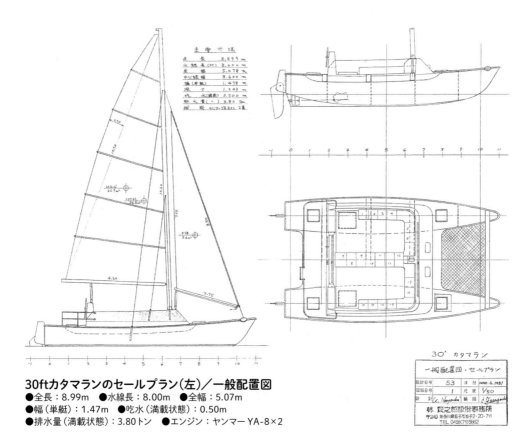

30ftカタマランのセールプラン（左）／一般配置図
●全長：8.99m　●水線長：8.00m　●全幅：5.07m
●幅（単艇）：1.47m　●吃水（満載状態）：0.50m
●排水量（満載状態）：3.80トン　●エンジン：ヤンマー YA-8×2

モノハルとマルチハルの復原力曲線の比較

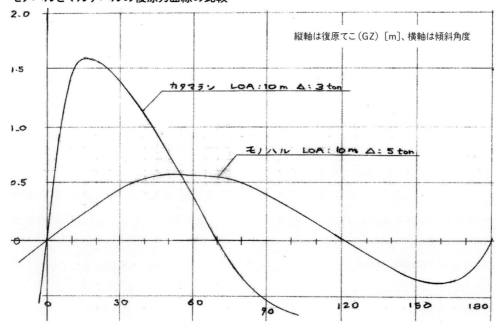

が作られたが、このとき委員に指名され、野本謙作委員長の下で基準作成を手伝った。これで、旅客定員を持つマルチハル艇が抱える問題が、すべて解決されたわけではないが、一歩前進。

若い人たちはあまり喧嘩をしないけれど、喧嘩も、必要なときにはすべきですね。相手をよく見て喧嘩すれば、いい結果が付いてくることがあります。

完成したフネは、沖縄チャーターカタマラン第1号として、無事に沖縄のホテルムーンビーチに納入されて成功した。

後日談として、引退された宮里さんを、故郷の慶良間諸島・座間味に訪ねたことがある。フネや海に関する蒐集品を展示した、個人的な博物館を開いていた。

沖縄のかりゆしビーチリゾートに納入した43ftカタマランの進水式。ビーチにフネを着け、大勢の人であふれ返った。楽しい思い出だ

ザマミセーリングに導入された36ftカタマランは、現在も元気に活躍している。毎年、写真入りの年賀状を送ってくださる

かりゆしビーチリゾートの43ftカタマランは、水中が見えるようにと船体中央部に窓を設置したり、いろいろな工夫を凝らした

40ftカタマランのセールプラン

- ●全長：12.30m
- ●水線長：10.00m
- ●全幅：6.00m
- ●吃水：1.00m
- ●排水量：6.20トン
- ●エンジン：63馬力×2

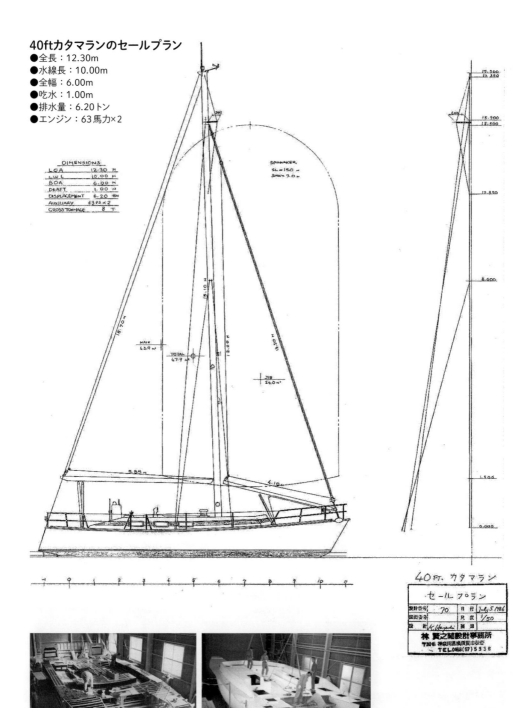

ヴィラオクマリゾートに納入した40ftカタマランの建造風景。この艇は、一般のセーラーがプレジャーボートとして利用するのではなく、営業運航するために造られたため、不定期航路の許可を申請したりもした

60ftカタマランの
セールプランと一般配置図

●全長：18.51m ●全幅：8.00m
●吃水（軽荷状態）：0.83m
●排水量（軽荷状態）：15.0トン
●セール面積：145.7m²
●エンジン：ヤンマー4LH（135馬力）×2

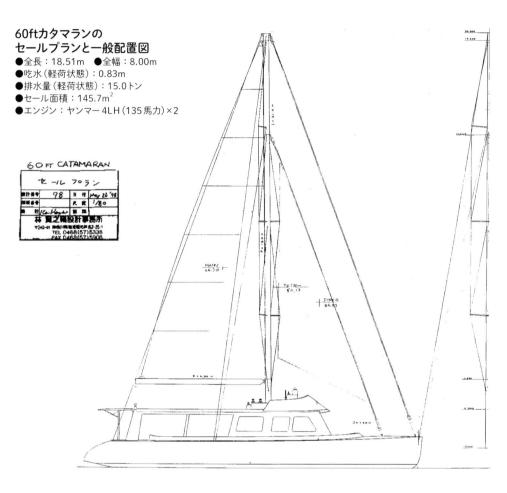

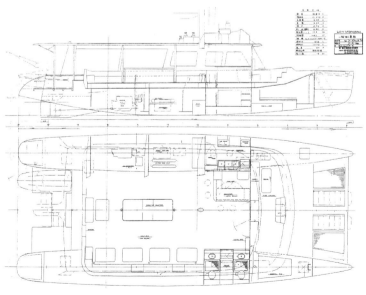

当時の無礼を詫びると、笑いながら昔話を懐かしんでくれた。

　この艇が契機となり、約2年後に、現在は石垣島に住んでいる津村 力君（〈野性号Ⅱ世〉のクルーで、〈野性号Ⅲ世〉の副艇長だった）の紹介で、全日空ホテルに36ft艇を納入。宮古島のホテルにも同型艇を納入することができたし、座間味の又吉英夫さんが経営するダイビングショップ「ザマミセーリング」も採用してくれた。今でも座間味で開かれるサバニ帆漕レースに伴走したり、元気に活躍している。

　1986年には、沖縄本島のオクマビーチにある日本航空系のホテル「ヴィラオクマリゾート」（当時）に40ft艇を納入し、同時に、営業運航するために必要な不定期航路の申請も行った。当時は競合する会社もなく、すぐに許可が下りた。営業運航に支障のない形ができて、ホテルの担当者の具志堅 茂さんらは喜んでくれた。

　1987年、地元のホテルが開業する「かりゆしビーチリゾート」に、43ft艇を納入。沖縄のオリオンビールの御曹司の金城さんがプロモーターだった。

　この艇には、水中が見えるように上下可動式の大きなガラス窓を中央部に設置した。ちょっと厄介な装置だったが、水中に下ろしてみると海底のサンゴがよく見えて、周りから歓声が上がった。ただし、フネを移動しながら見ると、窓に泡が付いてしまってよく見えなかった。残念。

60ftのカタマラン

　1998年、石垣島に石垣全日空ホテル&リゾート（当時）がオープンし、そこに60ftカタマランを納めることになった。これは前述の津村君が企画したプロジェクトだった。造船所の選定に迷った末、小豆島の岡崎造船に決まった。

　設計上のネックポイントは、トン数測度法だった。総トン数が20トンを超えると、基本的にプロ船員が乗り組む必要があり、検査も手間がかかって面倒なことになってしまう。旧運輸省にお勤めだった今北文夫さんに紹介していただき、あらかじめ横浜の検査測度課にラフプランを持って出向き、意見を伺った。

　話はスムーズに進み、これなら行けるという感触を得て、詳細設計に進んだ。時間不足だったから、あるときは図面と競争しながら建造も急ピッチで進み、いよいよ検査が始まった。しかし、担当者が変われば検査内容も変わるのか、ダメが出てきた。総トン数に算入しないと説明されたところを、算入すると言う。

　大変困った、なんとか20トン未満に抑えなければならない。検査官のお知恵を拝借し、どこをどうすればよいか相談しながら減トン工事を行い、ついには、フライブリッジの前端のきれいに仕上ったカウリングを、ノコギリで切り落とした。悔しくて情けなくて、残念無念どころではなかった。

　トン数測度法は、船全体の「かさ」を

石垣全日空ホテル&リゾートに納入した60ftカタマランは、小豆島の岡崎造船で建造された。あれこれ試行錯誤しながら、作業を進めていった

算定するもので、貨物船なら、どのくらいの量の貨物が積めるかを算定するものである。総トン数に関連してはさまざまな規則があり、小さいほうが経済的だから、商業船でも漁船でも減トンに注意を払っている。何度か改正されて、規制緩和の方向に進んでいるが、在来船との兼ね合いもあって、革新的な改正は実施困難なところがある。現在ではパソコンが普及しており、船全体の内容積を計算することも比較的容易になったから、将来的にはその方向に進むのではないかと思う。

マストは国産品には適合するサイズがなく、新たに型から造って素管を製造するのは時間も費用もかかるので、オーストラリアのスパーメーカーに発注した。彼らはこちらから送ったデータを基に、リグプランを含めて満足できる形に仕上げてくれた。

ホテルの開業に間に合わせるべく、最終艤装工事を進めて完成、1977年12月の起工式以来、約7カ月の突貫工事だった。例のややっこしい検査も、（財）日本造船技術センターにお願いして終了。津村君を艇長とし、南西ヤンマーの高江津 正春さんたちが乗り組み、石垣島目指して回航していった。

現地に到着し、多少の手直しを行ったあと、テストセーリング。4〜5m/sの風で艇速約8kt、気持ちよく滑ってくれた。この艇は現在、沖縄本島のANAインターコンチネンタル万座ビーチリゾートが所有している。

沖縄に、もう一つカタマランがある。

1999年に、（有）ブルーウォーターの木村勝正さんと同僚だった安井さんから連絡があり、沖縄県・本部にあるB&G海洋センターが、43ftカタマランを建造したいということだった。彼らの意向に

ようやく進水した60ftカタマラン。このあと、総トン数の壁に阻まれて、美しく仕上がったフライブリッジ前端のひさしを、泣く泣くノコギリで切ることになる……

上：60ftカタマランのデッキ。広々としたスペースは、くつろぎながら海が見られるようになっている
下：60ftカタマランのフライブリッジ。太いマストは、オーストラリアのスパーメーカーに発注したものだ

よって台湾で建造することになったが、安井さんは当時台湾で仕事をしており、造船所の選定もお任せした。

　造船所は、台湾北部の淡水（たんすい）の近くにあり、米国修業から帰国した若い人たちが働いていた。真空バッグ工法やカーボンファイバーでの建造にも多少経験がある様子だった。艇は通常のガラスファイバーを使い、在来工法で建造され、無事に納入された。この艇は、現在でも稼働中と思われる。

沼津のカタマラン

　沼津の重須（おもす）に、カタマランを納めたこ

B&G財団に納入した43ftカタマランの船体船図

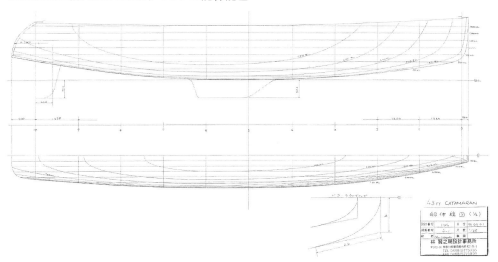

とがある。オーナーは、六本木でビルの
メインテナンス会社を経営する磯崎光男
さん。軽飛行機を操縦する人でもあった。
当時、33ft艇を所有されており、この艇
に案内されて計画を伺い、もっと船内の
広い艇が欲しいとのことだった。

　しかし、船内を見ているうちに、これは
大変だと気がついた。小物を含めて、実
に多くのモノが積み込まれているのだ。
磯崎さんに、「もしこれが飛行機だった
ら、重量オーバーで離陸できませんよ」
と申し上げたのだが……。

　この艇は、何人かが介在しながら、結
局オーストラリアで建造されることになっ
た。ゴールドコースト近くにあるOstacと
いうビルダーで、20ftトリマラン、36ft
カタマラン、41ftカタマランなどを建造
しており、当時（1989年）、日本にも進
出することを計画していたのである。彼
らの艇を改造する案も出てきたが、磯崎

さんの希望する形にならず、ワンオフ艇
になった。

　要望は、ギャレー、トイレ、シャワー、発
電機はもちろん、サウナ、バーカウンター、
6畳の畳部屋（掘りごたつ付き）などな
ど、寄せ鍋ごった煮風だった。デザイナー
として切り捨てる作業をすべきだったの
だが、磯崎さんにはかなわなかった。

　およそのような形で完成し、機走
スピードは最高で7kt、帆走スピードは
期待値を満たすものではなかった。

　カタマランの特徴は、細身の船体と軽
量さ、および初期復原力が大きいことに
あり、推進抵抗が小さく、大きなセール
を展開できるので、高速セーリングが可
能になる（ただし、プレーニングはしな
い）点にある。ただ、磯崎さんの艇では
無理だったのだ。彼は、海で遊ぶ基地と
して、移動可能なハウスボートが欲し
かったのではないかと思う。

カタマランの起源

　現在は、アメリカズカップも水中翼を付けて空飛ぶカタマラン（双胴艇）になってしまったが、ここでのカタマランは、昔むかしのカタマランの話だ。

　カタマランといえばポリネシアンカヌーが思いつくが、もともとはアウトリガーカヌーだった。アウトリガーカヌーは小型のものが多く、漁労など日常的に使われ、カヌーを2隻つないだダブルカヌー（カタマラン）は大型で、物資を運んだり、多人数を乗せて長期航海に使われていた。

　ポリネシアの人々の起源は、インドネシアやフィリピンなどから、メラネシアを経由してたどり着いたというのが定説になっている。この移動は氷河期から始まったとされ、陸続きだったり、狭い水路を通り、ニューギニアやオーストラリアへ渡ったと考えられている。氷河期が終わると、海水面がおよそ80m上昇して、多くの陸上部分が水没し、島々が点在する広大な海ができた。

　6,000〜7,000年前に、オーストロネシア語族と呼ばれる人々が、カヌーに乗ってさらに東へ移動を始め、ソロモン、

幾多のトラブルを乗り越え、太平洋横断という目的を達成した〈野生号III世〉。文化的な意義を持つ航海であった

ニューヘブリデスなどを経て、紀元前1,500〜1,200年ごろ、フィジーやトンガ、サモアへ移住、言い伝えの絵柄が入ったラピタ土器を作った。紀元1世紀初頭には、サモアから東のマルケサスやタヒチに移住。12世紀後半ごろ、北のハワイや南のニュージーランドに定住したと考えられている。未知の海へ乗り出すのには、どれほどの知識と勇気が必要だったのだろうか。

小笠原の父島にはアウトリガーカヌーがあり、今でも漁船として使われている。マリアナ諸島を経由してたどり着いた者の子孫であろう。かつては八丈島にもあったそうだ。最近では、古代の航法を習得したナイノア・トンプソンらによる〈ホクレア〉号の航海が有名だが、ハワイではポリネシア文化の復興という見地からも称賛されている。

〈野生号III世〉の計画

1978年、角川書店がスポンサーになった〈野生号III世〉の設計を担当する機会に恵まれた。

〈野生号I世〉は、朝鮮から渡って来た人たちが使ったと考えられる、埴輪に出てくる手漕ぎ船。仁川から釜山へ行き、途中で曳航されたが、対馬、壱岐を経由し、47日かけて呼子（佐賀県）に到着した。〈野生号II世〉は、全長13m、セールがあるアウトリガーカヌーで、フィリピンから鹿児島までの航海を行い、ところどころで順風を待ちながら、1,800km

〈野生号III世〉のセールプランと平面図
●全長：13.31m　●水線長：11.00m
●全幅：6.04m　●吃水：0.67m
●排水量：6.51トン　●セール面積：51.56m²

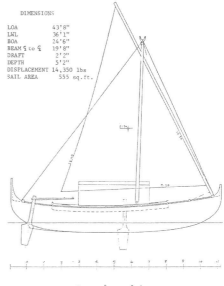

```
DIMENSIONS

LOA            43'8"
LWL            36'1"
BOA            24'6"
BEAM ⌇ to ⌇    19'8"
DRAFT          2'2"
DEPTH          5'2"
DISPLACEMENT   14,350 lbs
SAIL AREA      555 sq.ft.
```

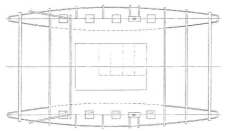

を44日で走りきった。

黒潮の源流は北赤道海流であり、これが東から西へ向かい、フィリピンにぶつかって北へ針路を取り、台湾、南西諸島を通過し、奄美大島の北西付近で枝分かれして、対馬海流と日本南岸を流れる黒潮になる。

角川春樹さんが会長を務める「黒潮文化の会」があり、人類学、考古学、民俗学、船舶工学、航海技術学の専門家らによる錚々たるメンバーで構成されて

上：〈野生号Ⅲ世〉の航海を記念して作られた、柳原良平さんのイラスト入りプレート
左：〈野生号Ⅲ世〉を建造した岡村造船所の創業者、岡村末次郎さん（左）と

いた。〈野生号Ⅲ世〉の計画が始まり、末席に加えていただくことになったが、そのころ自分が「太平洋学会」の会員で、旧東京商船大学名誉教授の茂在寅男先生が両方の会の有力メンバーであり、推薦してくれたのではないかと思う。

南米のエクアドルに、縄文土器と瓜二つの土器が存在する。岡山県・日生のBIZEN中南米美術館には、森下精一氏が個人的に蒐集したこの土器が展示されていて、岡崎造船を訪問する途中に見学したことがある。自分の知識では、よく似ているとしか言えない。縄文人が黒潮に乗って南米までたどり着いたというのは、現代人には飛躍的な想像に思えるが、環太平洋のところどころに、言い伝えやその痕跡とも思えるものが残されているそうだ。縄文人が日本各地でセーリングしていたことは、他の物証からも確かである。

とにかく〈野生号Ⅲ世〉の計画はダブルカヌーとし、太平洋横断を目指して動き出した。残されているカヌーの現物調査

などを行い検討したあと、船体材料や工法は古代船から乖離してよいことになり、軽量さを保つうえで木造コールドモールド工法を採用した。リグ（帆装）は、パラオやマリアナ諸島に見られたオセアニック・ラテンリグを継承し、台湾のヤミ族（彼らもインドネシア系オーストロネシア語族）のチヌリクラン舟の装飾を取り入れることになった。東京大学船舶工学科の平本文男先生は、1/20のモデルをスチロフォームで造り、扇風機で風を当てたり（復原性のテスト）、構造上の問題となりそうな箇所についてご指導いただいた。

太平洋横断航海

伊豆・松崎にある岡村造船所は〈野生号Ⅱ世〉も建造していたから、Ⅲ世もここで建造することになった。創業者の岡村末次郎さんは、とても面白い人だった。ご子息で当時の社長の彰さんも話上手な愉快な人で、彼の話によると、オヤジ

さんは戦前にカーペンターとして帆船に乗り組み、オーストラリア北岸のアラフラ海や南方の島々を巡って、真珠やサンゴを採取したそうだ。戦後、乗る船がなくなり、陸に上がった河童さんは、ローラースケート場を開いて大当たり。これを元手に造船業を始めた。松崎の観光船をはじめ、海上保安大学校や海上自衛隊へ納入するカッターを継続的に建造。伊豆・下田の東急ホテルの五島　昇さんとも知り合い、フィッシングボートも建造した。帆船模型や復元船の製作者としても有名で、『空海』という映画に登場する実物大の船も建造している。

〈野生号Ⅲ世〉の進水式には関係者一同が出席し、午前3時から三嶋大社の神主が祝詞を捧げて始まった。潮汐による時間の関係はあるだろうが、朝3時からというのは初めてだった。

神主さんは式典後、神様が「舵のあたりがムニャムニャ……」と申されたと言っていた。進水後しばらくして、伊豆に台風が接近したので安良里港へ避難したのだが、このときに舵軸の受け金の部分に損傷を受けた。偶然の出来事だったのか、神のお告げだったのか……。

下田をベースに、約10カ月間シェイクダウンと訓練航海が行われ、八丈島への航海も実施。このとき、帰路に台風に見舞われたが、無事に帰港している。

〈野生号Ⅲ世〉は、艇長の藤本和延さんほか5人のクルーを乗せて、1979年5月8日に下田を出港。6月27日に、サンフランシスコに入った。入港前には、15m/sの順風に乗って、デイランで160マイルを記録。7月14日にサンフランシスコを出港し、バハ・カリフォルニア沖でハリケーンが来て、風速80kt、波高5〜7mに遭遇したあと、北緯20度あたりから微風に悩まされ、8月11日にアカプルコ（メキシコ）に入港した。

ここからは、半分曳航されながら、南緯2度付近のグアヤキル（エクアドル）を経由して、さらに南のリマ（ペルー）へ。そして、リマのカヤオ沖3マイルでアンカリングしているとき、流されて座礁してしまった。片舷船体に破口ができて半沈状態となり、舵軸付近も損傷。岡村さんが急きょ現地に駆け付けて、地元の大工さんと修理を行った。アクシデントに見舞われながらも、11月末に最終目的地のアリカ（チリの南緯18度付近）に到着することができた。

帆走スピードは平均3.5kt（6.5km/h）、最高7kt（13km/h）程度、上り角は60度程度だったようである。これは、リグの効率が悪かった結果と思われる。もっと丁寧にラテンリグを勉強してから設計すればよかった。形を作って魂が入っていなかったのだ。3〜4m/s程度の風では、コップに注いだ水がこぼれなかったと言っていた。両舷の船体をつなぐデッキ下面に波が当たると、太鼓のような音がして、目が覚めて困ったそうである。

〈野生号Ⅲ世〉は、チリ海軍に寄贈したが、その後の詳細は分からない。

悲しい出来事
──落水事故の記憶

筆者の落水体験

フネから落ちてしまうことは、身の回りでしばしば起っている。笑い話で済めばよいのだが、状況次第では事故につながってしまう。

私自身の例でいえば──。

1回目。クルージングから帰ってきて港に着き、岸壁に飛び降りるときにドボン。冬で寒かったが、すぐに上がって大笑いで済んだ。

2回目。クルーとして初めて鳥羽レースに参加したとき、レース前夜にお客さまも見えて船内でお酒をいただき、いい気持ちになった。デッキに出てオシッコをしていたら、ぐらりときて、そのままドボン。その音で若いクルーが出てきて引っ張り上げてくれた。恥ずかしい。

3回目。これは忘れることができない、重大事故になった。

4回目。ニュージーランドで42ft艇が進水し、湾内でメーター類の校正のため機走していたとき、造波の状態を見たいと思い、カメラ片手に、船尾に張り出した

考えている以上に身近で、かつ、頻繁に起きる落水事故。重大事故にならないようにするために、安全装備をきちんと装着することが必要だ

ステップから身を乗り出そうと、トランサムの梯子に手を掛けた。ところが、その梯子はまだ固定されていなかったので、バランスを取る間もなく、あれあれと落ちてしまった。でも、カメラはデッキに放り投げることができて無事だった。

春の嵐による悲劇

　私自身の3回目の落水事故は、1981年3月15日に起こった。

　その日は、相模湾でビッグボートレースが予定されていて、私は〈エクスプローラー〉（林34）に乗せていただいた。全長は34ftで真のビッグボートとはいえなかったが、最小艇としてお仲間に入れてもらったのだ。

　艇長はオーナーグループのFさん、スキッパーはこのレースのために呼ばれたSさん、クルーは私を含めて6人、合計8人で参加していた。Sさんはクォータートンのころからの知り合いで、セールメーカーを営み、大きな声でしゃべる、大きな目の元気いっぱいの人だった。

　当日は、天気はよかったが、朝から強い風が吹いていた。身支度を整え、神奈川県・油壺を出ていくと、外の海はすでに大荒れの様相を呈していた。

　リーフしたメインセールのみで機帆走しながら、予定されていたレーススタート海面付近でしばらく様子を見ていた。レース参加艇が1～2隻見えたが、コミティーボートが出てくる様子がない。連絡

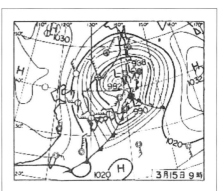

15日（日）東京春一番
平年より21日遅く．未明富士山でナダレ．F，午前中に通過したが，不安定Lで日中も風向急変，松戸で竜巻人家に被害，新幹線，航空も混乱．ほぼ冬型で，西日本一帯に黄砂．

〈エクスプローラー〉の落水事故が発生した、1981年3月15日の天気図。横浜地方気象台は最大風速28m/sを記録しており、相模湾側では瞬間最大風速が30m/sを優に超えていたと推定される

もつかず、引き返すことになった。

　およそ50ktの南西風が吹いていて、波高約3mの海面だった。デッキ上に4～5人、残りの人はキャビン内に入ってもらっていた。油壺沖と諸磯沖に暗礁があり、付近には定置網もあるから、いつもは岸から離れ、沖側から油壺に入港するコースを取るのだが、この日はなぜか、やや直線的なコースだった。

　メインセールを降ろせと号令があり、機走状態となった。エンジンによる機走能力は高く、操船に問題はないように見えたが、強風による表層流によって、予定コースより風下（岸側）に流されていたと思われる。

　降ろしたメインセールの縛り方が悪く、バタつき始めたため、私はコクピットを

137

〈エクスプローラー〉の事故状況

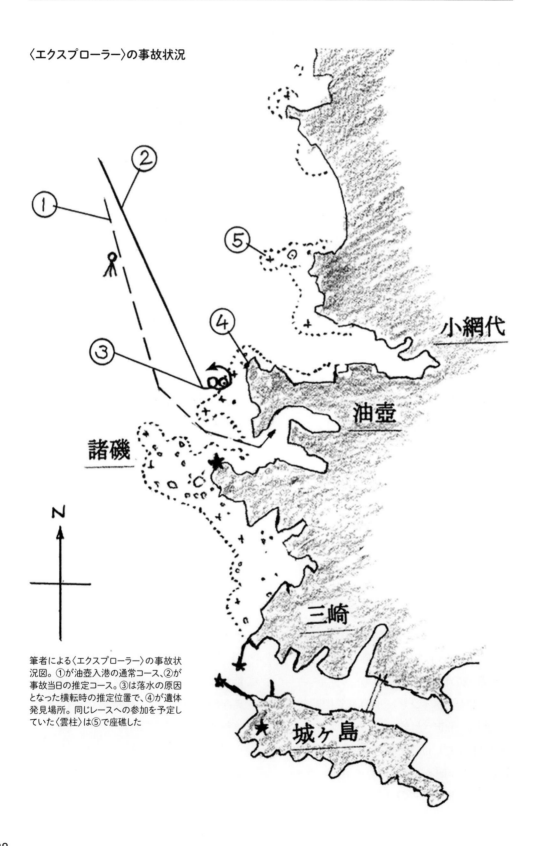

筆者による〈エクスプローラー〉の事故状
況図。①が油壺入港の通常コース、②が
事故当日の推定コース。③は落水の原因
となった横転時の推定位置で、④が遺体
発見場所。同じレースへの参加を予定し
ていた〈雲柱〉は⑤で座礁した

小網代

油壺

諸磯

三崎

城ヶ島

クルーが寄稿した、〈エクスプローラー〉の落水事故に関する記事（月刊『KAZI』1981年6月号）

出て縛り直そうとサイドデッキに出た。そのとき、突然、大波を食らい、飛ばされるような感じでフネが横倒しになった。私は左手でライフラインをつかんだが、同時に水の塊が押し寄せて来きて、私の握力を超え、海に投げ出された。私はカッパ、長靴の上にライフジャケットを着けていたが、ハーネスとテザーは着けていなかった。

水面から顔を出すと、フネはおよそ3〜4m離れていた。そしてなんと、ヘルムを取っていたSさんも海中にいたのだ。彼はカッパ、長靴姿で、ライフジャケットもハーネスも着けていなかった。

Sさんはすぐに私に近づき、後ろからつかまってきたが、そうすると私も沈む。こうした状況での鉄則は、フェース・トゥー・フェースなのだ。大勢なら手をつなぎ輪になる。

フネがすぐに戻ってきたので、舷側をつかもうと声をかけて飛び付いた。ところが、運悪く逆側にヒールしたので手が届かない。反動で海中に潜ってしまった。

ライフジャケットのおかげで私はすぐに浮上し、目の前にフネがあって、こちら側にヒールしていたから、舷側をつかむことができた。さらに、デッキにオーナーグループのOさんがいて、ライフジャケットに手を掛けて引き上げてくれた。

「Sさんはどうした!?」と聞いたが、デッキ上にはいない。反対舷の海中にいたのだ。たぶん、深く潜ってしまい、横流れする艇の船底をくぐったのだろう。すぐに船尾に走り、救命浮環を投げると、およそ2mくらい離れたところに落ちた。ところが、この浮環には、付いているべき30mの浮くロープがなかった。彼は浮環に向かって泳いでいたが、浮環は風で

外洋艇における落水死亡事故例

年月	艇全長（m）	発生時間帯	海域	風速（kt）	波高（m）	発生状況	死者（落水者）
1971年2月	13	夜間	相模湾大島付近	20～30	3～4	船酔いで舷側から戻るときにローリング	1人
1972年3月	8	夕刻	相模湾茅ヶ崎沖	～40	不明	操船不能。岸近くの巻波で横転	3人（3人）
1972年9月	7	夜間	遠州灘御前崎付近	不明	台風の余波	波で130°傾斜、ハッチから浸水沈没	1人（2人）
1976年5月	11	夜間	沖縄～東京レース中、大王崎沖	～50	～5	不規則波で120～130°傾斜	1人
1976年10月	8	昼間	新潟港北東10マイル	20～30	3～4	岸近くの巻波で90°傾斜。ブームパンチ	2人（4人）
1980年3月	13	夜間	遠州灘天竜川沖	～38	～4	真横からの異常波で横転	2人
1980年9月	8	昼間	大島レース中、伊豆大島付近	～55	5～7	横波で横転	2人
1981年3月	10	昼間	相模湾油壷沖	～50	～3	横波で横転	1人（2人）
1982年9月	9.0	日没時	三宅島レース中、三宅島北東10マイル	24～30	～4	追手帆走中、不規則波	1人
1983年8月	9	日没後	小鳴門海峡	10～12	不明	機走中、潮流と異常波	1人（全乗員4人）
1988年6月	7	朝	秋田本荘マリーナ港口	不明	不明	河口付近の異常波	1人（全乗員4人）
1989年10月	9	昼間	相模湾、レース中2艇が衝突	15～16	不明	ワイルドジャイブ、ブームパンチ	1人
1990年11月	不明	不明	松山市高浜沖	不明	不明	無人艇が漂流。シングルハンド	1人
1991年8月	8	昼間	東京多摩川河口	弱い	不明	バウでスピンの作業中	1人
1991年12月	12	昼間	ジャパン～グアムヨットレース中、青ヶ島付近	30～45	～5	アンテナに絡んだランナーを外す作業中	1人※その後悲劇
1996年6月	11	昼間	江の島付近	20～25	不明	ブームパンチ	1人
1997年4月	14	夜間（満月）	室戸岬南東32マイル	20～25	～5	不規則波	1人
1997年11月	13	昼間	東京湾海獺（あしか）島付近	～18	不明	スピン回収中ブローが入り、飛ばされる	1人
2000年5月	6.2（?）	不明	相模湾小網代沖	不明	不明	無人艇が漂流、シングルハンド	1人
2012年5月	14	夜間	沖縄-東海ヨットレース中、トカラ群島東沖	11～14	不明	ワッチ交代時の横揺れ	1人
2013年5月	12	夜間	日韓親善アリランレース回航中、対馬沖	15～18	～2	メインセール降下中、横波で傾斜	1人
2013年10月	12	昼間	東京ヨットクラブレース中、江東区若洲沖	18～28	～0.7	レース中の接触事故	1人
2014年7月	14	昼間	ミクロネシア・ヤップ島北方沖	～20	～1.5	船尾にて洗身中	1人

1970年代から現在までに起こった外洋帆走艇による主な落水死亡事故事例（筆者および月刊『Kazi』編集部で作成）。
このほかに、ディンギーによる落水死亡事故もあるし、落水後に救助された事例もある

流される。

　もう一度救助に行こうとフネを回そうとしたとき、再び大波が来た。岸も近い。Sさんは岸近くの刺し網のブイにつかまっているようにも見えた。艇長のFさんはフネ全体が危ないと決断して、漁師さんに救助要請を行い、油壺へ戻った。

　マリーナに着くと、私はすぐに浮環とロープを持って海岸へ走った。岸辺を探し回った。どこにも見えなかった。時間だけが過ぎてゆく。なんとも言いようのない気持ちだった。

　眠れない夜を過ごし、翌朝早くから海岸へ行って捜索を再開したところ、冷たくなったSさんを見つけた。ご遺族には、合わせる顔もなければ、掛ける言葉もなかった。

事故後の経緯と考察

　その後、同乗していたオーナーグループのSさんの息子さんと三崎警察署へ行き、事故報告と状況説明を行った。すでに海上保安部にも連絡済みだった。ビッグボートレースのコミティーの方々、当時の日本外洋帆走協会（NORC）の役員の方々、〈エクスプローラー〉が所属する横浜市民ヨットハーバーの方々に、大変なご迷惑とご足労をおかけした。その皆さんには大いに感謝している。

　後日、海上保安部で事情聴取が行われ、調書が取られ、さらに艇上で実地検証も行われ、事故当時の人員配置と行動が確認された。書類送検されたが、海難審判は開かれずに終わった。

　今、思い返してみても、悲しく残念な事故だった。ライフジャケットおよびハーネスを着用していなかった、いつもより岸寄りのコースを進んだ、入港が確実になる前にメインセールを降ろした、救命浮環に浮くロープが付いていなかった……これらが重なり重大事故に至ったのではないだろうか。

　なお、事故当日、レース参加艇の〈雲柱〉（ヨコヤマ40）は、荒天帆走訓練中、ラダーが壊れて操船不能となり、小網代湾北側の岩礁に乗り上げて大破した。この様子はレース本部があったシーボニア・ヨットクラブから視認できたので、すぐさま救助艇が向かい、幸い人員の被害はなかった。

相模湾のセーラーには、「赤白ブイ」という通称で知られる、相模網代沖灯浮標。岸からも比較的近くにあるおなじみの場所だが、〈エクスプローラー〉の事故は、この灯浮標よりも岸側で発生した

唯一設計したパワーボート
〈なかせん丸〉

だるま船活躍当時の
中村船具

　自分がデザインした唯一のパワーボートで、1984年に、神奈川県・久里浜にあった加藤ボートで建造されたのが〈なかせん丸〉だ。艇名が示すように、船主さんは中村船具工業株式会社である。

　中村船具は、神奈川県横浜市の桜木町駅を降りて南に向かい、大岡川にかかる弁天橋を渡り、右折して2本目の通りに面した相生町にあった。明治時代に創業し、戦後間もなく現在の会社組織になったそうである。

　1963年に大学を出た無知な私を雇ってくれた横山造船設計事務所は、中村船具と道路をはさんだ向かい側の進交会館ビル2階にあったから、社員たちと顔なじみになるのに、それほど時間はかからなかった。

　当時はまだコンテナ船やコンテナふ頭はほとんどなく、「だるま船」と呼ばれる運搬船が大型船に横着けして荷物を移し、それを曳航して岸壁に届ける曳き船が活躍していた。大岡川の岸辺はこれら曳き船の係留場所になっていて、中村船具は船舶属具と総称されるいろいろな金具類（シャックル、ワイヤ、チェーン）、ロープなどのほかに、だるま船や曳き船が必要とする生活用品を含むさまざ

大岡川岸に係留する曳き船。中村船具の本社（当時）が奥（写真右上）に見える

な物資を供給していた。

また、昔から帆布製品も製作しており、八光さんという面白い職人さんがいて、ヨットのセールも手掛けていた。のちに実用新案を取得したオイルフェンス（油漏れと拡散を防ぐフロート付きのフェンス）にも関与した。

町工場に通い
金属加工を学ぶ

横山さんの事務所で、製図から始まり、材料工学や造船工学をひと通り勉強したころ、師匠から、「中村船具がヨット用の金具などを見直して新しい製品を作りたいそうだ。それを手伝いなさい」と言われた。

当時、マストやブームはほとんどニス仕上げの木製であり、金具はステンレス鋼も一部使われていたが、多くはどぶ漬け亜鉛メッキの軟鋼だった。クリートやフェアリーダーは黄銅やブロンズの鋳物が使われていた。シートウィンチはトップアクションのブロンズ製、ハンドルもブロンズ製で、腕っ節の強い外国人が「このハンドルはバターで出来ています」と揶揄していた。シートを巻いているうちに、ハンドルを腕力でぐにゃっと曲げちゃったんですね。

ブロンズ（青銅）はそれほど弱くないはずなのだが、町工場で作った製品の中には、JIS規格を満たさないものも混在していたのだ。中村船具の地下倉庫を

見学したとき、ほこりをかぶったブロンズ鋳物などがごろごろしていた。

設計を担当したときのテーマは、強度と軽量さを両立させること、および、新製品のスタイルを統一して、小さいものから大きいものまでシリーズ化することだった。

実際に設計するうえで製作方法を学ぶ必要があったので、東京都・大森近辺にあった町工場へ打ち合わせを兼ねて勉強に通い、旋盤、ミーリング（フライス盤）、曲げ加工、溶接加工、表面仕上げ加工（がら磨き、バフ）などを教えていただいた。

鋳物の設計は、やさしくなかった。型から抜ける形にすることはもちろん、溶けた金属を流し込む場所（湯口）と隅々まで流れ込む道筋（湯流れ）を良好にしないと「鬆」が入り不良品ができてしまう。熟練した職人さんは、図面を見てすぐに良否を判断することができた。

ロストワックス法も教えていただいた。蝋（ワックス）で型を作り、それを鋳物砂に埋めた状態で溶けた金属を流し込むと、ワックスは溶けてなくなり製品ができる。複雑な形状のものも製作可能で、馬具や装飾品にも応用されている。

何年か継続してお手伝いをさせていただき、ステンレスのターンバックルも作ったが、肝心なねじ部に不具合が出てきた。荷重がかかると、ねじがかんで動かなくなるのだ。この問題は、転造ねじ（鋼材を型に挟み、力を加えながら転が

して加工したねじ。ねじ溝を削って加工
したものは切削ねじという)にすること
で解決できた。

　ギャレーポンプを作ったときは、なぜ
か油分が混入してきた。工場の人たちと
話し合っているうちに、彼らは用途が台
所の清水用ポンプだとは知らずに作って
いたことがわかり解決した。

　昭和アルミニウム株式会社の協力を
得て、アルミ製のマストとブームも製作

した。200kgの素材(ビレット)を熱し、
型に押し込んで成形するのだが、その型
は一つの製品に対して数種あって、まっ
たく想像もできないような形状をしてい
た。そんな複数の型を順に使うことで、
次第にマストやブームの形になっていき、
継ぎ目も圧着されて、最終的には継ぎ
目のない素管ができるのだ。

　当時作ったアルミ合金鋳物のクリート
やフェアリーダー、ステンレス製のブロッ

〈なかせん丸〉の線図

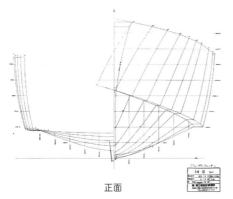

正面

加藤ボートでの建造時には、カスタム艇に適した簡易メス
型を採用した

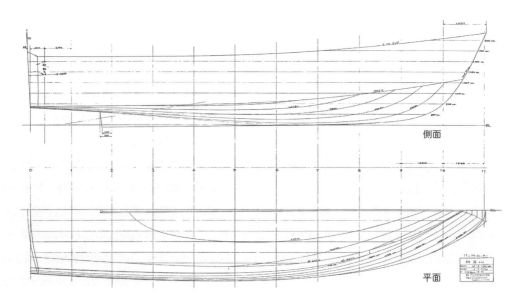

側面

平面

〈なかせん丸〉の中央断面構造図

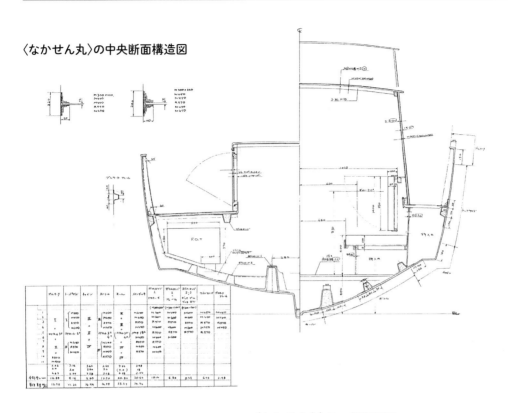

〈なかせん丸〉の一般配置図

- ●全長：11.00m　●全幅：3.22m　●深さ：1.65m
- ●喫水：1.00m（舵軸部）　●排水量：6.0トン
- ●主機：ヤンマー 6CHK-HT 190PS / 2,700rpm（減速比2.07）
- ●プロペラ：D600 × P580（面積比0.5）
- ●最高速度：17kt　●清水タンク容量：130L
- ●燃料タンク容量：500L　●総トン数：6.3GT

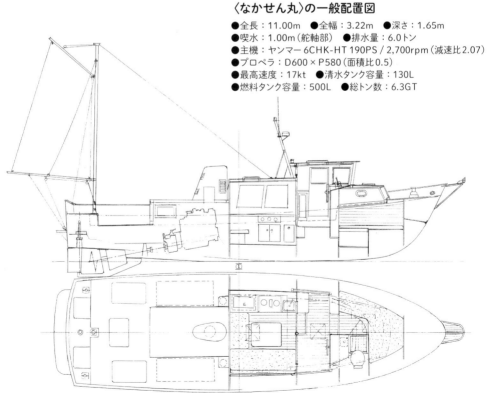

〈なかせん丸〉の係留中の様子（写真、前列中央）と、木部を多用した操舵室。フロントウインドーに旋回窓を取り付けるなど、業務艇を意識したデザインとしたことで、周囲の通船や曳き船に違和感なく仲間入りした

ク（滑車）など、現在でも販売されているものもある。

曳き船群に溶け込む 頑丈な船が完成

　私は、横山さんの事務所に入社してから7年後の1970年に、社内独立という形になり、机一つの場所代と、個人用の電話代を負担し、置かせていただいた。完全独立したのは1974年秋のことだった。

　その後も、中村船具さんとのお付き合いは続いていた。そして、〈なかせん丸〉の設計依頼の話をいただいた。パワーボートの設計は経験がないのでお断りしたのだが、「これまでのよしみでやってよ」と言われて、断りきれず引き受けることにした。

　パワーボートの設計で実績のある筧治さんに相談して勘所をご教示願い、パワーチャート（速度・所要馬力曲線）のコピーもいただいた。ありがとうございました。

　中村船具の若い社員の伊藤クンが、熱心に描いたイメージと、希望する項目の細かいリストを持ってきた。フィッシャー

146

横浜・本牧（ほんもく）沖を走る〈なかせん丸〉。レーダーと無線アンテナのマストおよび船尾のスパンカーマストは起倒式。奥に偶然、曳航されるだるま船（曳き船は見えないが）とコンテナ船が写っている

タイプへの憧れがにじみ出ていて、釣りもしたい気持ちが明らかだった。

　基本的な要望としては、大岡川に係留するので、スタイリングは曳き船に交じっても違和感がないようにすること。海へ出るまでに弁天橋と貨物線の鉄道橋があるから、満潮時でも橋桁の下を通過できるよう（水面上高2.3m未満）にすること。また、中村船具では、イギリスのLewmarやオーストラリアのRonstanなど、輸入品を含めた立派な総合カタログを完成させており、これらの製品をそのまま展示できる船にすることも計画されていた。

　加藤ボートで建造することが決まり、船体は簡易メス型を用い、コアマット（商品名）を挟んだFRPサンドイッチ構造、デッキはバルサコアのFRPサンド

イッチ構造、キャビンなど上部構造は合板製FRPコーティング仕上げとした。

　完成後、撓（たわ）み試験を実施した結果、船底撓み、深さの変形量、幅の変形量は、規則が許容する値を下回る2.3%、4.7%、1.1%となり、頑丈な船であることがわかった。構造設計を外洋セーリングクルーザーの設計感覚で行ったせいかもしれない。

　公試運転ではないが、最高速度は17ktプラスアルファ（@2,500rpm：毎分エンジン回転数）、2,000回転では12ktプラスアルファだった。9〜10ktは船首が上がり始める不愉快な領域となるが、7〜8ktでは船上で会話も楽しめる余裕走行だった。スピードを追求するなら、もっと軽量化を目指すべきだったかもしれない。

堀江謙一さんのソーラーボート

入院中に初期検討

　私はカキが大好きで、あるとき、生ガキを食べすぎてA型肝炎になったことがある。病院へ行ったらすぐに入院を勧められたが、自分が立ち上げたどうしても外せない会合が直後にあり、約10日間、病院に行かずに頑張った。

　会合の翌日、病院に行ったら即刻入院。数値が劇症肝炎並みに上昇していて、院長先生に大変叱られ、それから約3カ月あまり、入院生活を送る羽目になった。

ソーラーボートプロジェクトのメンバーと記念撮影。左から、筆者、堀江謙一さん、衿子さんご夫妻、藤木高嶺さん

　2カ月くらいおとなしくしていると、体はだいたい元に戻り、ヒマになる。そんなとき、堀江謙一さんが縦回り世界一周航海の次の計画を持ち込んでこられた。太陽電池で走るフネを造り、ハワイから小笠原まで航海するというのだ。太陽電池に関する参考書も持ってきていただいたので、ヒマにまかせて読みあさった。

　電卓で大ざっぱなエネルギー計算をしてみると、可能性がありそうだった。北赤道海流も後押ししてくれるはずだ。

　堀江さんと親しい朝日新聞の藤木高嶺さんの紹介で、このプロジェクトは松下電器（現・パナソニック）がサポートしてくれることになった。ソーラーパネル、バッテリー、直流モーターなど、関連する機材すべての分野に系列会社があり好都合だが、大企業だけあって、このプロジェクトに協力できるかどうか、各分野の意見を検討し、慎重に見極めた結果だった。

　いったんサポートが決まると、各分野の担当者が全力を挙げて応援してくれた。パネルの発電効率向上、軽量化と強度のバランス、不安定な電圧に対するモーター動作の安定化、減速機の組み込み、そして全体の発電と蓄電システムの設計など、肝心要の要素をすべて引き受けてくれた。

姫路気象で実施した傾斜テストの様子。90度傾斜（左）でも正の復原モーメントがあり、テストでは135度（右）まで傾斜させた

　一方、フネのほうはどうすればよいのか？

　太陽電池の発電量は、パネル面積と日射時間に比例し、太陽光の入射角に影響されるから、デッキの広い航空母艦のような形か、カタマランにして面積を稼ぐか、いろいろ検討した中で、復原性と総重量の問題が解決できず、モノハル（単胴船）を選択した。

　沿岸救命艇の中には自己復原性能を持つものがあり、艇の前後にタートルデッキと呼ばれる膨らみのあるデッキを備えている。

　1971年から翌年にかけて大西洋を漕いで横断した〈ブリタニアII〉も、タートルデッキがあった。

　1982年から1983年にかけて、サンフランシスコからオーストラリアへ一人で漕いで渡ろうとした〈Hele On Britannia〉も、同様に自己復原性を持ち、ハリケーンやサイクロンにも耐え、9カ月半漕ぎ続けたが、惜しくもオーストラリア沿岸で座礁してしまった。このボート

は、ハワイ在住のFoo W. Limさんが建造していたので、意見を求めたところ、親切なお返事をいただくことができた。これらを参考にして、ソーラーボートの設計を進めることにした。

　船体の概略寸法を決めて、パネルの大きさなどから使えるパワーを求めると、約650Wになった。プロペラ効率を約50％とすると、325W（0.43BHP。BHP：Brake Horse Power＝制動馬力。プロペラシャフトに伝達される馬力）となり、推進抵抗は小さいことが必須であり、できる限り軽量な艇でなければならない。ターゲット・スピードをどのあたりに設定するのがいいか、推進抵抗曲線とにらめっこしながら試行錯誤を続けた。

　平水中は最大3.6ktで、昼間の平均は3.0kt。波と風による影響はその向きによって大差が出るが、楽観的にマイナス15％とすると約2.6kt。夜間は、発電量ゼロでバッテリーで走るので、昼間のマイナス50％と想定すると、24時間で走る距離は46.8マイル。海流を、これも

〈シクリナーク〉の船体線図

●全長：8.98m　●水線長：6.30m　●全幅：2.39m
●深さ：0.91m　●喫水：0.70m
※正面線図中、斜めの線は30 〜 180度まで傾斜したときの水線

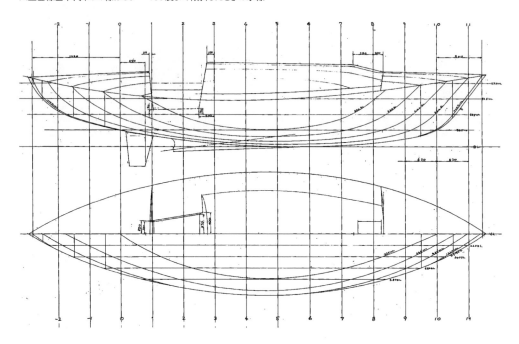

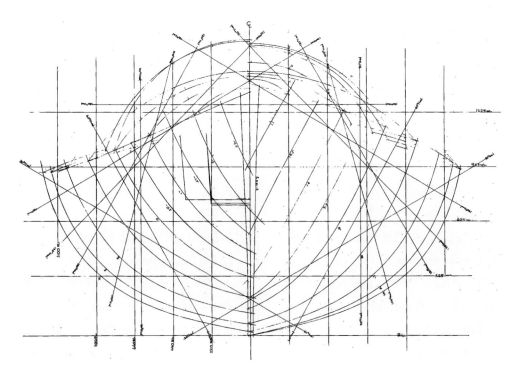

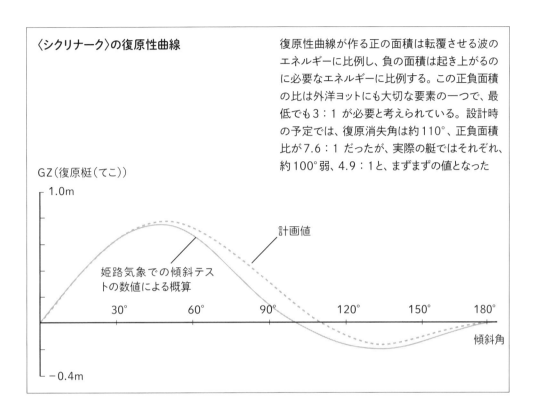

〈シクリナーク〉の復原性曲線

復原性曲線が作る正の面積は転覆させる波の
エネルギーに比例し、負の面積は起き上がるの
に必要なエネルギーに比例する。この正負面積
の比は外洋ヨットにも大切な要素の一つで、最
低でも3：1が必要と考えられている。設計時
の予定では、復原消失角は約110°、正負面積
比が7.6：1だったが、実際の艇ではそれぞれ、
約100°弱、4.9：1と、まずまずの値となった

GZ（復原梃（てこ））

1.0m

計画値

姫路気象での傾斜テス
トの数値による概算

30°　　60°　　90°　　120°　　150°　　180°

傾斜角

−0.4m

楽観的に見て0.5ktとすると、合計1日に58.8マイル進むことになる。

ハワイ～小笠原間は約3,350マイルだが、直線的には走れないだろうから10%増しにすると約3,680マイル、所用日数は約62日となり、65日を目標とした。

傾斜テストとプロペラ計算

建造は姫路気象（現・洋行）。なぜ気象会社がボートを建造するのかというと、社長（当時）の松下紀生さんは、フェロセメントのヨット〈秋津洲（あきつしま）〉を自ら建造し、3人の仲間と太平洋一周の航海をしたことがある。

その後、松下ヨットサービスを経営していたが、姫路気象を設立したのちは、松下ヨットサービスをヨット事業部として吸収して存続させていたのである。松下さんは、かつては一流企業に勤務された経験があり、立派な紳士である。

軽量化を目指し、ハルの建造には、独立発泡体のクレゲセル（商品名）を芯材として、アラミド繊維（ケブラー）によるサンドイッチ構造を採用した。アラミド繊維は衝撃に強く、防弾チョッキにも使われるくらいだから、漂流物に当たっても破口はできにくい。その物性と作業性を調べるため、テストピースを作ってもらい、引っ張りと曲げの試験を行った。

重量は、艇体と甲板が合わせて約

350kg。密閉式バッテリーは合計約250kgでインサイド・バラストとなる。ソーラーパネル（約120kg）の軽量化によって、完全な自己復原性こそ持っていないが、180度転覆したあとに少しでもヒールしたときの「復原梃（てこ）」が小さくなり、結果的には、短時間に起き上がると推定できる艇となった。

また、低速で走るボートでは、大きなプロペラをゆっくり回すほうが効率がよい。普通のセールボートでは、モーターセーラーを含めて、詳細なプロペラ計算はあまり行わないが、このプロジェクトでは念を入れてやってみた。最終的には、自分の計算結果と諸条件を書き、ナカシマプロペラに検証と製作をお願いした。回転数500rpm、直径350mm、ピッチ280mm、展開面積比0.250、満載時（排水量1.25トン）のときに艇速3.14ktという計算結果だった。

日本小型船舶検査機構（JCI）の検査は、好意的ではあったが、航行区域は遠洋になるし、前代未聞の船なので、慎重だった。不沈構造であること、撓（たわ）み試験を実施すること（結果は約1/4,000。通常の船舶では、規則により、沿海で1/500以下、近海以上で1/1,000以下が求められる）、必要な計算書ほかを提出すること、そして最後に、応急用のリグを備えることといった条件をクリアし、帆船として許可された。ただし、航海中にセールを揚げて走ることはなかった。

遅れながらも無事走破

完成したソーラーボートは〈シクリナーク〉（イヌイット語で太陽の意）と命名されて無事進水し、テスト走行で最大3.7kt、平均3kt弱を記録したそうである。

その〈シクリナーク〉は、ハワイに運ばれて、1985年5月21日にホノルルをスタート。日付変更線を越え、ハワイ〜小笠原の中間点までの所要日数が31日と、ほぼ順調だった。しかし、その後、風向きや海流がおかしくなり、苦戦を強いられた。南鳥島を通過してから台風の影響も受け、波高8mの海況にも遭遇。幸い、波長が長く、転覆は免れたという。

このフネは、向かい風が強いと前進できず、VMC（目的地に対しての速力成分）はマイナスになり、後戻りしてしまうのだ。

結果、予定より到着が遅れてしまい、心配もしたが、最後は天候と風と海流にも恵まれて、8月5日に父島・二見港へ無事入港した。約76日間の航海だった。よかったよかった。

私は小笠原へ出迎えに行くことができず、せめて、堀江さんたちを乗せた小笠原海運の〈おがさわら丸〉が着く竹芝桟橋でごあいさつしたいと思い、出かけていったのだが、途中の道路が大渋滞。桟橋の手前200mくらいのところで、堀江夫妻、藤木さんらを乗せたクルマが向こうから来るのが見えた。合図したが気づかれず、クルマとクルマのすれ違いになって

ソーラーボート『シクリナーク』の冒険

六千キロ

堀江謙一さん

堀江謙一さん（46）のソーラーボート『シクリナーク』（カナダ・エスキモー語で太陽を意味する）は、五月二十二日午前十一時三分（日本時間＝二十二日午後十時三分）、ハワイ・ホノルルのワイキキ・ヨットクラブをスタートし、小笠原諸島の父島までの太平洋横断航海に乗り出した。

航海出発前には、『アサヒグラフ』（1985年6月21日号）に大きく取り上げられた

しまった。

　航海終了後、〈シクリナーク〉は、姫路気象の船によって小笠原から神奈川県横浜市へ運ばれたのち、ただちに、茨城県で開催された「国際科学技術博覧会（つくば科学万博）」会場に陸送され、松下館に展示された。子供たちを連れて見に行ったところ、長蛇の列だったが、VIP扱いしていただいて、すぐに入ることができた。感謝。

　その後、〈シクリナーク〉は、松下電器に寄贈され、保管されていると思われる。

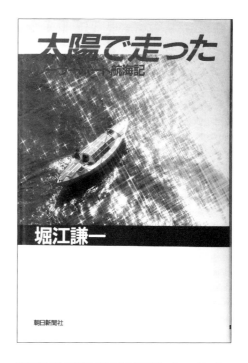

太陽で走った
——ソーラーボート航海記

堀江謙一

朝日新聞社

航海終了後に出版された『太陽で走った——ソーラーボート航海記』（朝日新聞社 刊）

153

〈MALT'SマーメイドII〉
（タルマラン）

ビア樽でフネを造る

太平洋を走り回っているうちに、次第に海洋汚染が広がっていることを実感した堀江謙一さんは、リサイクル素材を使用したフネでの航海に取り組み始めた。

初代〈MALT'Sマーメイド〉は、ビール缶を再利用したアルミ材によるソーラーボートで、南米エクアドルから東京までを走破している。

この初代の航海からサントリーがスポンサーになってくれたので、「次はビールの樽でヨットを造りたい。セールはペットボトルから作った繊維を利用する」、ということになった。

ビールの樽というから木製の樽かと思ったら、ステンレスのビア樽だった。おやおや、どうすりゃいいんだ？

樽を上下に連結していけば1本の丸太

台湾で見た、塩ビパイプ製の筏。現在も現役の漁船として使われている

ん棒になり、それを組み合わせれば筏になる。中国や台湾では、太い竹を組み、筏にして、渡し船や沿岸漁に使っていた。今でも、竹の代わりに塩ビのパイプを使った漁船が存在している。

しかし、外洋では居住区が水浸しになりそうだし、帆走効率も悪く、航海が"漂流実験"になりかねない。

そういえば、昔、ドラム缶筏で太平洋横断へ乗り出した金子さんという人がいたが、成功しなかった。

一方、トール・ヘイエルダールの〈ラー〉号は、基本的に葦を束ねて造られた葦船で、これをビア樽に置き換えればフネができるかもしれない……。

そうはいっても、樽は型絞りでできた帯状の突起が2本あり、張り合わせても隙間ができるから、これを完全に埋めるのは大変である。そこで、5種類あるステンレスのビア樽の実物サンプルを送ってもらって検討を始めた。

ビア樽は、栓をして密閉すれば、それ自身が浮力体となる。例えば、15L入りの樽は自重が約4kgで、内容積が15Lあるから、差し引き約11kgの浮力がある。従って、バラストを積まなければ、不沈性能を持つフネを造ることができる。

必要な樽の数（重量）と復原性を考えて、片舷の艇体が図1のような断面形を

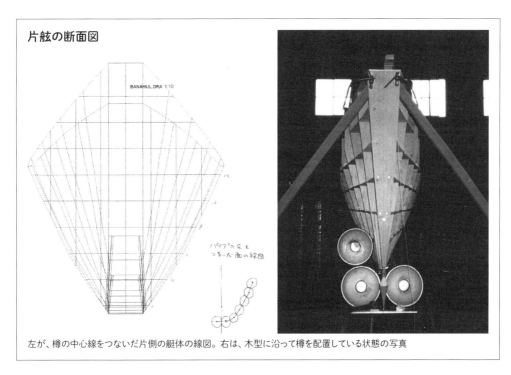

片舷の断面図

BANAHUL.DRA 1:10

パイプの毛を
つないだ面の線図

左が、樽の中心線をつないだ片側の艇体の線図。右は、木型に沿って樽を配置している状態の写真

建造中の〈MALT'Sマーメイド II〉。上の写真では、ビームによる艇体両舷との結合と、デッキ取り付けの状態がわかる

持つ、カタマラン型を選択した。

　こんな変わった船を造ってくれるところがあるのかなと思っていたら、三重県四日市にある鈴木造船が引き受けてくれた。同社は明治40年（1907年）に創業した造船所で、1,000トンの鋼船や公官庁向けの高速軽合金船（漁業取り締まり船など）を建造している。鈴木幸志郎社長はスポーツマンタイプの若い人で、個人的にモータークルーザーも所有していた。

　樽をつなぎ、丸太状にして曲げ付けるための木型つくりから始まり、年季の入った腕のいい職人さんたちが、黙々と仕事をこなしてくれた。

　艇名は〈MALT'Sマーメイド II〉と決まり、「タルマラン」というあだ名は、広報を担当した電通の土田 憲さんが命名した。

タルマランの構造とリグ

　二つの艇体をつなぐビームも、樽を溶接で連結した丸太だが、艇体とは溶接ではなく、ステンレスのバンドとボルト・ナットを使って固着させ、少し柔軟性を持たせた。

　ビームの上に載せるデッキは、帝人がペットボトルから開発したリサイクル繊維「エコペット」を使い、ガラス繊維のようにポリエステル樹脂で積層して、サンドイッチ板をつくることにした。物性がガラス繊維とまったく異なるので、FRP専門のスーパーレジン工業にお願いしてサンプルテストを行い、引っ張り強度、曲げ強度、弾性率などを調べたところ、強度はガラス繊維積層板の1/3～1/5程度しかなく、船舶用の素材としての価値は

明石に到着した〈MALT'Sマーメイド II〉。航海終了後の艇体は、兵庫県明石市の市制80周年記念として、大蔵海岸に展示保存された

なかった。そこで、重量は増えてしまうが、必要な強度を得るための積層枚数を割り出し、4分割のパネルを製作して、樽ビームにロープで固縛し、たわみや変形を吸収できる柔構造とした。

〈MALT'Sマーメイド II〉のセールプラン

- ●全長：10.00m
- ●水線長：9.80m
- ●単胴幅：1.50m
- ●全幅：5.30m
- ●喫水（軽荷）：0.95m
- ●セール面積：56.0m²

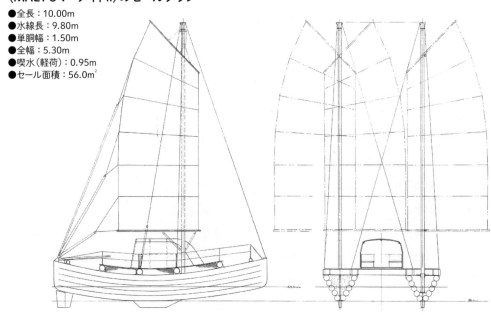

リグ（帆装）は、ジャンクリグを採用した。理由は、マスト圧縮力をできる限り小さくすることと、セールの開きをコントロールするシートの張力も減らしたかったことによる。圧縮力を低減すれば、それを受ける船体側の応力も小さくなり、構造部材も小さくて済むことになる。また、ジャンクリグは、一種のバランス・リグなので、シートに加わる張力が小さく、コントロールが容易になるのだ。一方で、艇体の推進抵抗が不明なので、帆走性能の予測も不可能なことから、セールの効率うんぬんは不問とすることにした。

予想される風向としてランニングからクォータリングが期待できるコースでもあり、なるべく大きなセール面積を得ながら、風向風速の変化に対応しやすいように、両方の艇体に1本ずつマストを立て、左右のマストの上端をピローブロック（ある角度まで自由に動く継ぎ手）を介し、パイプで連結した。この連結パイプは、何か異常事態が起こったときには破損する程度のサイズに抑え、各マストの独立性が保たれるように計画した。

セール自体も、エコペット繊維を使った。メーカーの帝人は、テトロンのセール生地を生産していることもあり、もちろん推奨はされなかったが、データ提供などの協力は惜しまずにしてくれた。荷重の大きさにもよるが、テトロンの伸び率が1〜2%なのに対し、エコペットは8〜10%になる。ジャンクリグのフルバテンセールは、多少なりとも伸びを抑えてくれるはずだ。実物のセールは、関西にロフトがあった「ノット」の福田行宏さんが、苦労しながら仕上げてくれた。

ギリギリの状態で航海成功

〈MALT'Sマーメイド II〉の航海は、米サンフランシスコの金門橋（ゴールデンゲートブリッジ）をスタートし、明石海峡大橋を目指した。堀江さんは、

「太平洋の東の"はし"から、西の"はし"まで走るんですよ」

と言っていた。いいね。

設計開始から1年10カ月後の1999年3月28日にゴールデンゲートブリッジを出発し、7月8日に明石海峡大橋に到着した。航海中、NTTの協力で子供たち向けに情報を発信していたから、堀江さんは到着時、かわいい女子小学生からレイをもらい、うれしそうだった。

自分も、今回はヨットに乗って出迎え、最後の2日間を伴走することができた。

その後、上架してみると、樽ビームの何本かに亀裂が入っていた。絞り加工時に加えられた応力が残り、ステンレスの本来の許容応力より耐力が低下していたことが原因だと思われる。

それに、片舷の舵が失われていた！設計と異なる構造になっていたが、溶接工程で変更されたものだろう。

1回きりの航海が目的であるとはいえ、ギリギリの状態だったといえる。

とにかく、無事でよかった。

45ftスループ〈COCO II〉

当時のJCI最大クラス

〈COCO II〉は、洋菓子メーカーで喫茶店やレストランも経営する「銀座コージーコーナー」の創業社長、小川啓三さんがオーナーだった。小川さんは旧東京商船大学OBだが、卒業したのが敗戦直後だったため海運業は全滅状態で、まったく異なる業種へ向かい、成功された人である。

小川さんは、自分が横浜市民ヨットハーバーのメンバーとなり、自艇〈ムーンレーカー〉に乗っていた時代に知り合った平垣義登さんが紹介してくれた。平垣さんは早稲田大学建築学科卒で、ファミリーレストランのはしりだった「すかいらーく」などの店舗の内装設計を手掛けていた。広島県出身の酒が好きな人で、酔うと必ず広島弁が出てきた。真夜中に飲み屋から電話をかけてきたりして困ったけれど、憎めない人だった。

銀座コージーコーナーには専属のデザイナーもいて、ヨットの内装デザインに興味津々だった。私が描いたラフな船内配置図から透視図を起こしたり、人の動線を議論したり、楽しんでくれた。

1980年当時は、登録長（船体前端より舵軸中心位置までの水平距離）が12mを超えると、大型船同様に旧運輸省の検査（JG検査）の対象となった。これを避けて、船首部先端をカットし、舵軸の位置をやや前寄りにして、登録長

〈COCO II〉のセーリングシーン。機走能力にも優れており、岡崎造船のある香川県・小豆島から、ホームポートである神奈川県・真鶴町までの回航も非常に順調だった

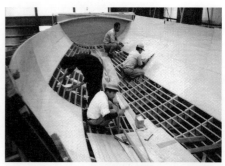

岡崎造船での、簡易メス型製作中の様子。丁寧に造られているので、同じ型で数艇の建造が可能だ

を11.95mに収め、日本小型船舶検査機構の検査（JCI検査）対象艇として最大クラスを目指すことになった。

また、独立したオーナーズルームが欲しいというクライアントの要望から、アフトキャビンを設け、コクピットからの出入り口と船内の通路を確保。エンジンが独立した区画に収まり、上部がライフラフト置き場とクルーのピットになった。

プライマリーウインチは#65

建造は香川県・小豆島にある岡崎造船にお願いし、船体構造はメス型の簡易モールドによるFRP単板構造、甲板は同様にFRPサンドイッチ構造とした。

岡崎造船は簡易モールドといっても丁寧に造るから、FRP積層後、型から脱型するときに無理がなければ、同型艇を5〜6隻建造することができる。

このころ、岡崎造船では、38ftと34ftのセーリングクルーザーを建造中で、さらに45ftのモータークルーザーを改造工事中、建造契約済みのボートはカッター7隻、30ftと34ftのセーリングクルーザー各1隻、スリークォータートンのレーサー1隻という盛況ぶりだった。

〈COCO II〉は工事着手にやや時間がかかったが、建造は順調に進み、使用予定のデッキ艤装品や電子機器を見学に、小川さん一行をボートショーへお連

進水後の〈COCO II〉の艤装の様子。ジブ用のプライマリーウインチには、出力比が65倍のリューマー#65を選んだ

〈COCO Ⅱ〉の船体線図

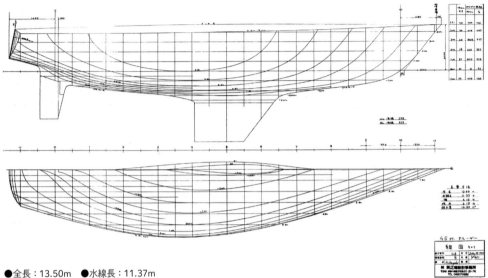

●全長：13.50m　●水線長：11.37m
●全幅：4.10m　●深さ：1.92m
●喫水：2.15m　●総トン数：17.8トン
●排水量：12.4トン
●バラスト重量：4.52トン（インサイド・バラストを含む）
●セール面積：82.19m²
●補機：いすゞMD4-BA（170PS）

れした。

　プライマリーウインチ（荷重が一番大きいウインチ）は、リューマーの「#65」。ジブシートには最大約1,200kgの力が加わる。これを人力でハンドルを回して巻き上げなければならないから、ウインチの内部にいくつかのギアがあり、減速している。「#65」はパワーレシオ（出力比）を表し、ハンドルに20kgの力をかければ1,300kgまで引くことができる、相当な代物なのだ。小川さんは価格を見ながら、「軽自動車なら買えそうだね」と笑っておられた。

　内装もほぼ完成したとき、ハプニングがあった。オーナーズルームであるアフトキャビンには、マージャン卓を設け、点棒

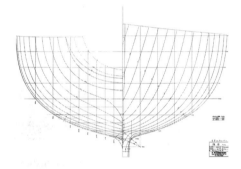

入れの引き出しや、移動式の椅子1脚も作るべく、寸法を指定した。岡崎造船の先代社長が専務だったころだと思うが、彼はいつも丁寧に各部の工作図を描いていた。ところが、出来上がった立派な椅子が、どうやっても船内に入らない。アレアレ。

〈COCO Ⅱ〉取材裏話

　無事に進水した〈COCO Ⅱ〉は、小豆島の琴塚沖で試走後、ホームポートの

〈COCO Ⅱ〉のセールプランと
一般配置図

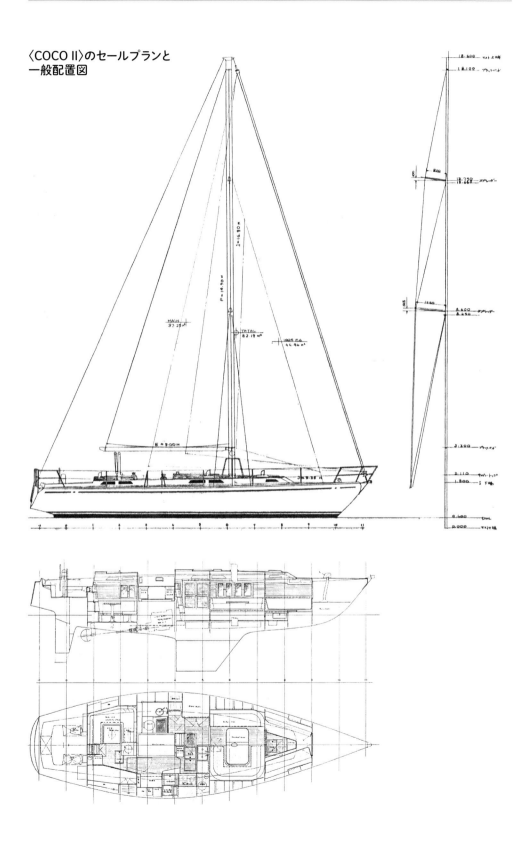

神奈川県・真鶴へ回航。三重県志摩市の浜島へ寄ったりしながら、優秀な機走力（最高8.5kt）にも支えられて、平穏な航海だった。

　私は以前に、野本謙作先生の〈春一番Ⅱ〉（9.2mカッター）を舵社の依頼で取材したことがあったので、先生に〈COCOⅡ〉の取材をお願いしたら、ご快諾いただいた。取材当日は、小川社長をはじめ関係者が参加。銀座コージー

コーナーのレストラン部からプロのコックさんも来てくれて、高級ワインとおいしい料理を堪能することができた。こんな取材なら毎週やりたいね。

　旧NORC（日本外洋帆走協会。現・日本セーリング連盟に統合）の横浜フリートが主催した大島ランデブーに参加したときには、NORC常務の河村次郎さんも乗艇されて、オーナーズルームでマージャンをやったり楽しんでくれた。

月刊『KAZI』1982年8月号の〈COCOⅡ〉紹介記事用に撮影した写真の一部。撮影は岡本 甫（はじめ）さんが担当した。ちなみに、右下の写真が、マージャン卓を設けたオーナーズルーム

銀座コージーコーナーの専属デザイナーが、船内配置図から描き起こした透視図

船火事で沈没

〈COCO II〉は頑丈で、これといった欠陥はなかったが、ある日、突然死してしまった。火災事故である。中古艇として購入を検討していたグループが試乗を申し出て、真鶴を出港。機走で伊豆半島の稲取沖にさしかかったとき、エンジンルームから出火。乗員は近くにいた漁船に救助され、海上保安庁の巡視船が現場に急行して消火活動を開始。火災は収まったものの、フネは海底に沈んでしまったのだ。もったいないなあ。

後日、野本先生に報告したら、「船舶の火事では、消火活動と同時に排水も行うのが常識なのにね」と、ぼやいておられた。

その後、同じメス型を用いた2号艇、45ftスループの〈Neptune〉が、東海商船によって建造された。現在、オカザキヨットの会長である岡崎洋典さんが、岡崎造船の社員で営業担当だったころにまとめた話だった。

東海商船は、北米から木材チップを運ぶ外航船などを運航していた。同社の堀端 保常務は船長経験が長く、ヨットで二、三度ご一緒させていただいたが、潮気があり、若造にも目をかけてくれる頼もしい方だった。

この〈Neptune〉は、長く神奈川県三浦市のシーボニアマリーナに係留されていたが、現在は大阪府の淡輪ヨットハーバーにあり、2代目オーナーのTさんのもとで元気にしていると思われる。

60ftスループ〈翔鴎〉

リクルート社からの設計依頼

1984年、ささやかなお付き合いがあった自作艇グループのメンバーで、図面やイラストの制作を手掛けるカサイ工房の社長、笠井門人さんより紹介を受けて、リクルート社から大型ヨットの設計注文を頂いた。

リクルート社は、創業者である江副浩正さんが東京大学在学中に立ち上げ、『週刊就職情報』などで大ブレークした

進水式ののち、岡崎造船のある香川県・小豆島をセーリングする〈翔鴎〉。当時、国産のセールボートとしては、最大クラスであった

会社で、創業25周年の記念事業の一つとしてヨットを造ることになったのである。

当時の社員数は、「A職」と呼ばれていたアルバイトの人たちを含めると約4,500人となり、平均年齢は25歳という若さだった。社内アンケート調査の結果、社員の約50％にマリンスポーツ志向が見られたそうである。

窓口となった担当者は、同社テクニカル・クリエイティブ・センターの大迫修三さん。多摩美術大学出身の優秀なクリエーターで、いろいろ注文も多かったが、スタイリングやカラーリングなどに貴重な助言を頂いた。

何度か打ち合わせのために本社を訪れたが、社内のあちこちに、ピンク色の先がとがったプラスチックの巻き貝が置いてあった。「あれはなんですか」と尋ねたら、「"やりがい"です」だって。みんな一生懸命働いているんだなあ。活気があり、細胞分裂していく生命力のようなものを感じた。

総トン数20トン未満の最大艇

新造艇の基本的なコンセプトは、なるべく多くの人に乗ってもらうこと、それもゲストとしてではなく、各人がなんらかの

マストから撮影した2枚の写真を合成したもの。デッキはオールチークとし、メインセールはマストリーフを採用した

岡崎造船での建造中の様子

福利厚生用として、あるいは船上パーティーの会場としても使用されるため、ギャレーを含めた内装も、充実した造りとした

役割を担い、自ら操船に参加し、みんなで力を合わせて船を動かすこと、であった。アプレンティス（訓練生）を乗せる練習帆船のようでもあり、動く厚生施設ともいえるから、十分な安全性を持つことが必須条件であり、一級小型船舶操縦士の免許で運航できること、船上パーティーなどにも対応できる厨房設備を備えることなどが要件となった。

　これらから、総トン数20トン未満に抑えた最大艇とすることに決定。帆走性能はもちろん、予定のスケジュールをこなすために、十分な機走能力も要求された。プレゼンテーション用の概略図から始まり、詳細設計に入り、必要な図面や計算書などを約1年がかりで仕上げた。

　また、国内で建造したいとの意向だったので、小豆島の岡崎造船にお願いした。同社の得意とする簡易モールドを用い、船体はFRP単板構造、甲板はバルサ芯材サンドイッチとして、デッキ表面はチーク張りとした。

JG検査クリアまでの
あれこれ

　新造艇は登録長が12mを超えるので、検査は旧運輸省検査課が担当するJG検査となる。船舶安全法に基づき、構造規則、機関規則、設備規程、救命設備規則、消防設備規則、復原性規則などが適用される。

　新しい素材を使う場合には、テストピースと検査成績表を提出する必要があり、時間と経費がかかる。ほかの備品

進水式では、リクルート社の関係者のほか、セーリング界の著名人も多数招待された

進水式後のパーティーは大いに盛り上がり、筆者（右）も含めた何人かが、樽から直接、日本酒を飲むことに

リクルートの大迫修三さんとともに、下田沖を帆走中の〈翔鴎〉艇上にて

などについても同様で、検定品以外のものを使うと、余分な時間と経費がかかることになる。

　ヨットデザイナーには公的に認定された資格はないから、誰でもヨットを設計することはできるが、なかには疑問符を付けたくなるようなフネも生まれた。

　しかし、JG検査を受ける船では、建造前から工場施設、設計などの検査が始まり、建造中はもちろん、試運転まで検査指導を受けるので、そのようなことは起こりにくく、堅牢で健全な船が出来上がる。

〈翔鴎〉のセールプラン
- ●全長：18.50m　●水線長：14.85m
- ●全幅：5.25m　●深さ：2.35m
- ●喫水：2.91m　●排水量：26.36トン
- ●バラスト：9.60トン　●セール面積：145.4m²
- ●主機：いすゞUM6BDI TC-II（210PS）
- ●発電機：ONAN 4.0 HDKC（4kW）
- ●清水タンク容量：1,200L
- ●燃料タンク容量：1,000L
- ●登録長：16.46m
- ●総トン数：19トン

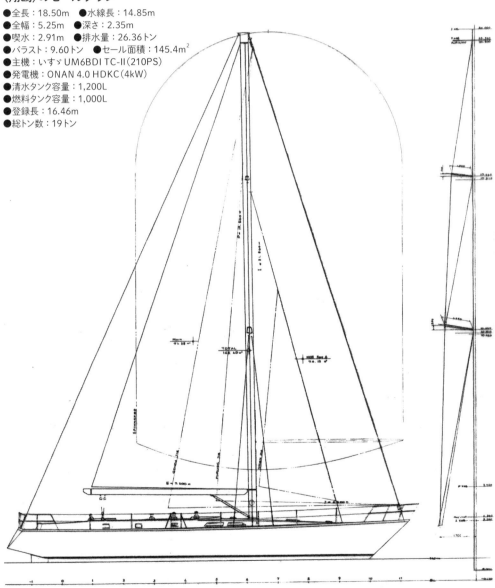

〈翔鴎〉の船体線図

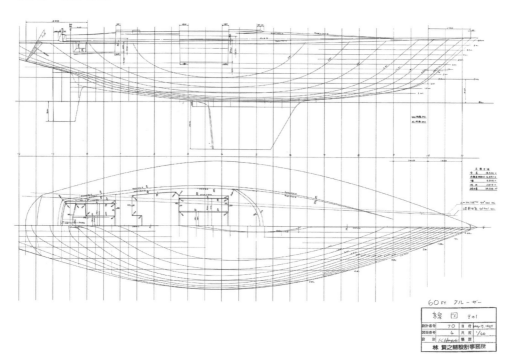

ただし、JG検査の規則と規程は、セーリングヨットをまったく考慮せずに作られたものなのだ。検査官もセーリングを知らない人が多く、規則通りに検査するしかないので、ときどき、トンチンカンなことが起こる。

この艇では、最後にライフラフトの搭載方法が問題になった。いわく、「認定された業者によって、オートリリース式の架台に載せて積み付けなければならない」と言われた。しかしこれを守ると、ある程度傾斜するとラフトはリリースされて海へ転がり落ちてしまうから、セーリングヨットに装着したらラフトはいくつあっても足りない!

また、当時の総トン数算出に関する法律には、帆船のための例外的な基準があり、その中に、ある値を超えて最大幅を増やすと逆に減トンされるという不思議なルールもあったから、総トン数は19トンに収めることができた。

なんだかんだ言いながら、検査を済ませた。あとでわかったのだが、若い担当検査官は、大阪大学名誉教授の野本謙作先生の教え子の一人だった。

盛大な進水式と大宴会

岡崎造船のみなさんが一丸となって働いてくれたおかげで、1985年8月に

〈翔鴎〉の一般配置図

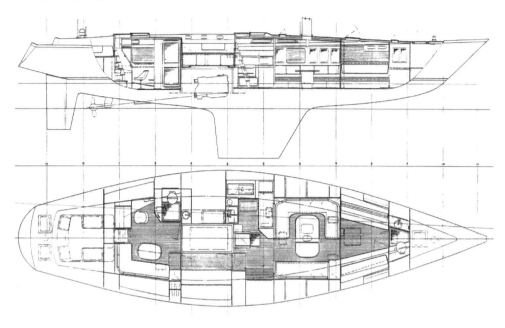

起工式を行い、翌年4月に竣工（しゅんこう）した。純国産のセーリングヨットとしては、当時、最大だったと思う。

　進水式は盛大だった。オーナー代表としてリクルートコスモスの池田友之社長が参加されたのをはじめ、関係者の方々が多数いらっしゃり、お客さまは多士済々。リクルート本社ビルを設計された入江三宅設計事務所の福永 昭さん（戦後のヨット復興期からの大先輩）や堀江謙一さん、〈リブ〉号の小林則子さん、関西のヨット乗りの山本さん、舵社のカメラマン岡本 甫（はじめ）さんも出席していただいた。

　艇は〈翔鴎〉と命名され、祝詞（のりと）とお神酒（みき）をささげたあと、小豆島の琴塚沖でテストセーリングを実施。短時間だったが、みなさん楽しんでくれた。

　日が傾いたころから、クラブハウスで宴会開始。岡崎造船の会長、社長、専務をはじめ、当時、四十数名いた職人さんたちも参加していただいた。

　樽酒（たる）が割られ、海の幸が並び、飲むほどに談笑は盛り上がり、ついには樽から直接飲むことに。自分もうれしくてしょうがなかった。

　また、計画当初からリクルート側の窓口となっていた大迫さんから、金一封と感謝状を頂いたが、さすがクリエーターだけあって、感謝状は皮肉たっぷりな文面のユニークなものだった。

〈翔鷗〉の能崎船長のこと

〈翔鷗〉の進水までの経緯に続いて、その船長を務めた能崎知文さんにも触れておきたい。

能崎さんは20代の終わりごろ、旧国鉄のエリートコースを進んでいたが、同じ職場の友人2人を誘惑（?）して退職し、SK31（設計：渡辺修治、建造：加藤ボート）を購入。〈そらとぶあひる〉と命名して、1978年11月、3人で世界一周航海に出かけた。

当時はまだ海外クルージングに出かける人は少数だったが、若者たちには活気があり、夢の実現に向けて困難を乗り越える勇気があった。自分は、計画準備中に、ほんの少しだけ艇の改造の手伝いをした記憶がある。

世界一周航海の経験を生かし、〈翔鷗〉の進水当初から船長を務めた能崎知文さん

航海中、能崎さんらはさまざまな経験を積みながら、1年10カ月かけて無事に世界一周を成し遂げ、横浜市民ヨットハーバーに帰ってきた。帰国後、仲間の2人は国鉄に復職したが、能崎さんは今でいうフェアトレードのような形態の輸入業を営んでいた。いろいろ新しいものを考案したり、作ったりするのが好きな人で、地震時の転倒防止の突っ張り棒も実用化したそうである。

のちに〈翔鷗〉となる艇の設計期間中に、リクルート社の幹部から、「誰か船長になる人はいませんか」と尋ねられ、真っ先に思い浮かんだのが能崎さんだった。話が進み、ご本人も快諾されて能崎船長が誕生し、リクルート幹部の人たちもとても喜んでくれた。

進水後の〈翔鷗〉はテストセーリングも順調に進み、機走スピードは公試運転で最大10kt強を記録した。プロペラはデンマークのフンデステッド社の3翼可変ピッチ、直径800mmで、積荷状態に合わせて最適ピッチに調整できれば10.2ktが期待できた。

能崎船長は、「ハヤシさん、11kt出たよ」と言っていたが、計器の精度を考慮すると確かではなく、10.6kt（フルード数0.45、フィート・ノットの速長比1.5）には到達したと思われる。

〈翔鷗〉はその後、九州、広島、大阪、名古屋、横浜を巡航。各地で社員を中心に体験乗船会を実施し、1年間で乗船者数がのべ約5,000人になったそうで

ある。所期の目的を達し、成果を挙げることができて、順調な滑り出しだった。

グアムレースに参加

そんな〈翔鴎〉は、進水した年、「1986-87 第3回ジャパン～グアム・ヨットレース」(2,500km、約1,350マイル)に参加することになった。リクルートの社員に、早稲田大学体育会ヨット部OBの長谷川君、横浜国立大学OGの豊田たみさん、東北大学OBの石崎君たちがいて、レース参加を推進したらしい。能崎船長はやや逡巡していたが、自分も参加するよと言ったら決断してくれた。乗艇するのは、東京工業大学のマハラジャ君、フッドセイルメイカース南大阪ロフトに勤務していた岡本君、学習院大学グライ

第3回ジャパン～グアムレースに参加した〈翔鴎〉の艇上の様子。スピンポールが流失し、冷蔵庫が使えなくなったことで、後半はレースモードから一転、船上パーティー的な航海となった

ダー部のOB君、東京大学OBの白井君、美術品修復の技術士君、よく寝ていたロレックス君など、総勢13人になった。

12月28日のスタートは寒い朝で、海上には水蒸気(蒸気霧、気嵐)が上っていた。北西の季節風が吹きだし、スピネーカーを揚げて快調に走り始めたが、夜半から風速が上がってきたので、スピネーカーを降ろした。

翌朝、各部をチェックすると、なんとバウデッキに収納したはずのスピンポールがない！ ラッシングが悪かったのだろう、波に流されてしまったのだ。これではスピネーカーを揚げることができない。それまでの張り詰めたレーシングムードはクルージングムードに変わってしまったが、クルーたちは元気はつらつ、グアム島目指して楽しいセーリングを続行した。

3日目の夜だったか、自分はオフワッチで寝ていたとき、ザザザーと水が流れる音で目が覚めた。フネが走っているから波の音が聞こえるのは当たり前なのだが、いつもと違う。起きて床板をめくってみると、船底でかなりの量の水が船の動揺に

約8日間の航海で、グアム島のアプラハーバーにフィニッシュした〈翔鴎〉。参加全6艇中、2着となった

リクルート社内のヨット経験者らが中心となり、総勢13人で参加したグアムレースは、若さあふれる楽しい航海だった

合わせて動いていた、その音だったのだ。

なめてみると辛い、海水だ。ただちにビルジポンプを作動させ排水したが、どこから浸水したのか、キール付近やマストステップ付近も異常はない。船底に設けられたシーコック（開閉弁）も片っ端から調べたが異常なし。清水タンクからの漏れもない。緊急事態ではないと判断し、夜間の点検作業を中止して、明日にすることにした。

翌日、左舷側に設置した発電機がやや不調ということもあって、能崎船長がその周辺を点検していたとき、ついに浸水原因を発見。3/8インチ径（約10mm）の小さいコックが折れていた。普通の船にはない、可変ピッチプロペラ用の冷却水出口で、静止状態では水線より上にある。ここにプラスチックのコックが使われていたのだ。それが折れたため、スターボードタック（右舷開き）のときに浸水し、ポートタック（左舷開き）のときには浸水しなかったことも理解できた。能崎船長が木栓をコンコンと打ち込んで終了。

この浸水が原因で、結局、発電機が動かなくなり、冷凍庫も使用不能に。大量に積みこんだ肉類が腐らないうちに食べちゃえ！ ということなり、毎日が船上パーティー風になってきた。

緯度が下がって暖かくなると、安定した北東貿易風にも恵まれ、その後は順調な航海となり、1月4日の午後3時ごろ、グアム島のアプラハーバーにフィニッシュすることができた。

参加6艇は全艇無事にフィニッシュした。1着はチタン合金製の56ftレーサーで、レース経験豊富な人たちが乗る〈摩利支天〉。われわれの〈翔鴎〉は遅れること丸1日と6時間余りの2着だった。約8日間の航海の間に記録した最高デイズ・ラン（24時間走行距離）は258マイル（約480km）、平均速度10.75ktだった。これは自分が乗ったヨットでのデイズ・ラン記録になっている。

その後の〈翔鴎〉

グアム島から日本への回航はかなりきつかったらしいが、〈翔鴎〉は無事に帰国し、国内行事を再開した。

ところが、間もなく「リクルート事件」が起きて、〈翔鴎〉もメディアへの露出を控えるようにとのお達しがあり、予定されていた取材もボツ。表立つ活動も控えなければならなかった。海事思想の普及や練習帆船的な活動も視野に入れていただけに、能崎船長も落胆されたと思う。

後年、リクルート社がヨット厚生事業から撤退することになったとき、能崎さんは自ら〈翔鴎〉を買い取ることを決断し、ヨットスクール「海洋計画」を設立。静岡県・伊豆半島の下田港を基地として、「実践ヨット塾」を開講した。このヨット塾は、実体験に基づいた、わかりやすい指導により好評を博し、ビギナーからベテランまで多くの人が受講した。小笠原を含む長距離航海もメニューの一つ

だったし、能崎船長が考案した落水者救助方法（ヒーブツーを使って落水者に近づく方法）もあった。

特徴的なのは、エンジンを使っての操船方法として、離着岸や狭い海面でのマニューバリングを実践すること。彼の指導の下で60ftの〈翔鷗〉を一人で離着岸させることができた。能崎船長は、「能崎ヒッチ」とも呼ぶべきロープの結び方（ロープの端末を引くと結び目が解けるヒッチ）を考案し、離岸のテクニックとして使っていた。

並行して、海洋計画では小型船舶操縦士免許教室も開講し、1,000人以上の方がこの教室を通して免許を取得されたと思う。

〈翔鷗〉が行った仕事に、環境省から

リクルート社が手放すことになった〈翔鷗〉を買い取った能崎さんは、「海洋計画」を設立して「実践ヨット塾」を開講し、多くのセーラーを育成した

山階鳥類研究所のアホウドリ調査のため、鳥島沖に錨泊中の〈翔鷗〉。港がない鳥島では、テンダーで往復して、人員や機材を運んだ

依頼されたアホウドリ保護活動がある。山階鳥類研究所の調査員と機材を伊豆諸島の鳥島へ陸揚げし、調査が終われば撤収する仕事である。島には船を係留する場所がないから、天候を見定めて接近し、インフレータブルボートで運び上げ、〈翔鷗〉はそこから300km離れた八丈島か、400km離れた小笠原へ行って待機し、再び鳥島へ行って撤収するという業務で、毎年継続して実施し、成果を挙げていた。

ある年に海がやや荒れて、鳥島が霧に包まれ、調査員たちが撤収を諦めていたとき、〈翔鷗〉が忽然と現われ撤収完了。調査員たちは感激されたそうである。

2012年10月、この業務遂行中、八丈島へ向かう途中で台風が接近。能崎船長の腕は抜群だったから入港はできたのだが、港内で落水し命を落とされた。残念無念。合掌。

生前、彼が書きためたブログを、塾生の一人である高木 新さんが編集した『カモメの船長さん』が舵社から出版されている。

30ft IORレーサー〈NOVA〉

10万ドルデザイナーの夢が実現

　1978年のクォータートン世界選手権大会以降、レース艇の設計をやめて、クルージングボートの設計に専念していた。1985年末に〈NOVA〉の設計に着手するまでに約50隻を手がけ、山崎ヨットのSTシリーズや三河ヨット研究所のH26、沖縄のチャーター用カタマラン、

〈NOVA〉の線図（正面、側面、平面）
キール形状は、当時流行のミッキーマウス型に近い。キールに発生する揚力分布が楕円形に近いと誘導抵抗が小さくなるという説を採用した

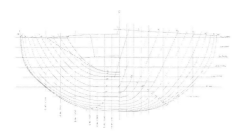

岡崎造船のモーターセーラーシリーズ、60ftの〈翔鴎〉などを設計し、濃密な時間を過ごしていた。世間の経済情況も良好なおかげで、年間売上高は1,500万円を超え、まだ貧しかったころに妻と約束した"10万ドルデザイナー"になる夢を果たすことができた。感謝です。

IORボートの変化と危険性の増大

　そのころ使われていたIOR（International Offshore Rule）によるレーシングボートは、真の外洋レーサーとはいえないタイプに変化していた。
　実際に、ダグ・ピーターソンさん設計のクォータートン艇はレース中に相模湾沖で沈没したし、イギリスで1979年に行われたFastnet Raceでは、ビュー

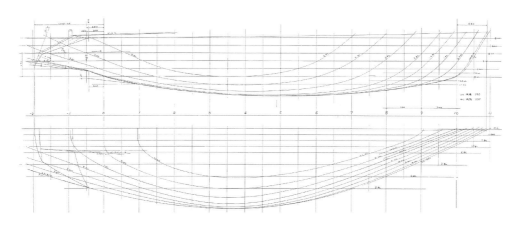

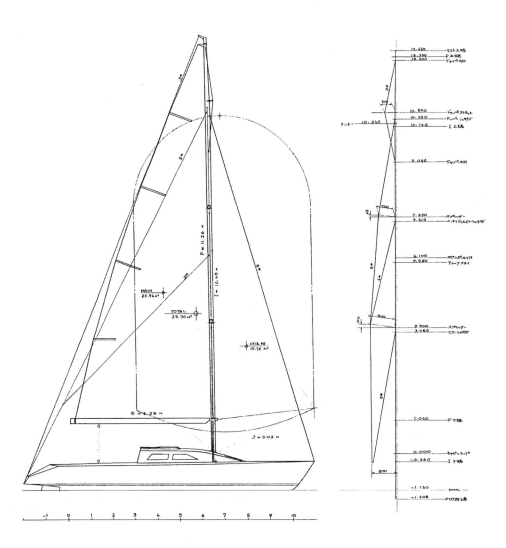

〈NOVA〉の
セールプラン／一般配置図

- ●全長：9.000m　●水線長：7.000m
- ●全幅：3.094m　●水線幅：2.300m
- ●深さ：1.165m　●喫水：1.720m
- ●排水量：2.550トン
- ●バラスト重量：
  1,314kg（out：686kg、in：628kg）
- ●セール面積：39.70m²
- ●エンジン：ヤンマー 2GM（15馬力）
- ●セール面積／
  排水量比（SA^0.5／Δ^0.333）＝4.51
- ●セール面積／
  浸水表面積比（SA／Aws）＝2.44

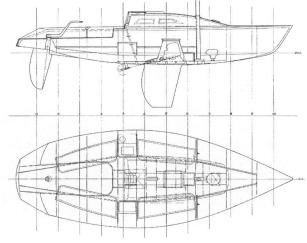

フォート風力10（48〜55kt）の暴風に見舞われ、波高も最大15mに達し、死者15人という惨事が起きた。参加303隻、棄権194隻、船体放棄19隻、沈没5隻、完走した艇は85隻だった。古いタイプのボートは生き残り、IORタイプの艇に被害が多かったのだ。

IORには、CGF（Center of Gravity Factor）という、傾斜テストから算出されるファクターがあり、このため重心の上下位置を意図的に上げて有利なレーティングを得る傾向が見られた。結果的に、復原力消失角（自力で起き上がる角度）が小さくなってしまい、「起き上がり小法師」のように起き上がる昔の外洋艇は姿を消してしまったのである。

IORボートは、ひと昔前のボートと比べると、総重量は30%少なく、セール面積は20%大きく、速いことは速い。主に航空機産業技術の応用なのだが、新しい材料と工法によって軽量化が可能に

なり、性能が大幅に向上したのだ。同時に、建造船価も大幅に上がり、スポンサーが付いた艇やファクトリーチームが多く見られるようになっていった。

また、いいかげんな設計と工法によって軽量化された艇はよく壊れた。チェーンプレートが抜けた、波に当たってフレームが折れた、カーボンラダーシャフトが折れた、上架すると船体が歪んだ、などなど。のちにはキール脱落事故も起こしている。

NORC公式レース
参戦に向けて軽量に

〈NOVA〉のオーナー、植原俊雄さんは、奥さまも歯科医師で、茨城県土浦で開業されていた。山崎ヨット建造のST27〈とも〉を所有され、霞ヶ浦をベースにセーリングを楽しみ、優秀なクルーにも恵まれてレースでも活躍していた。

設計を引き受ける3〜4年前から打診

〈NOVA〉の建造に関わった主要メンバー。左から、植原俊雄オーナー、セイルス・バイ・ワッツ・ジャパンの戸叶幹男さん、私、フルヤ製作所社長の古谷玄洋さん

建造中の〈NOVA〉。フルヤ製作所にて倒立状態の仮型を造り、ディビニセルを用いたサンドイッチ構造を採用した（上）。船内はレース艇ということから、軽量化を最優先し、必要最小限の装備にとどめている（下）

があったのだが、不健全な性格を排除しながら有利なIORレーティングを持つ全体像を模索しても答えは容易に見つからず、設計に着手することを躊躇していた。

　しかし植原さんは、ご自身が40歳になることを機に、霞ヶ浦でのレースを卒業し、NORC（日本外洋帆走協会）の公式レースに参戦したいという強い希望を持っていらしたので、とにかく引き受けることにした。

　手元にタイプシップとなるべき艇はなかったから、内外で活躍しているIORボートのデータを調べてターゲットを絞り込み、微風から中風域（Max.14kt）に狙いを定めて設計を進めた。船型はIORに特有な形（レーティング上有利な形）に

絞られるので、多くの選択肢はなかった。

　レース艇にとって軽量化は至上命令であって、船体、甲板、艤装品など、あらゆるモノの重量をそぎ落とすことになる。計画排水量（総重量）に対して余った重量はすべてバラストとして使われ、それでも不足する復原力をカバーするために、乗員は昼夜を問わず必要なときには風上の舷側にへばりつかなくてはならない。

　船内の快適な居住空間云々は論外で、サバイバルに必要な最小限の設備品のみが用意される。

　軽量な構造体として理想的な形は、卵の殻に代表されるモノコック構造である。静的な水圧のみが加わるならこうした形も可能なのだが、ヨットの場合には、バラストキール付近に加わる動的な力や、マスト基部とマストを支持するリギン（ロッドやワイヤ）による集中荷重があり、波による衝撃荷重もあるから、それぞれの箇所を補強する必要がある。

　船体形状を維持する船殻外板の撓み量を小さくするために、FRPの積層構成はサンドイッチ構造が必須であり、船体全体の撓みを小さくするために、積層に使う繊維の方向性を活用することが必要になる。補強箇所は荷重を計算し、応力の向きを考慮して、必要最小限の

〈NOVA〉のIOR証書

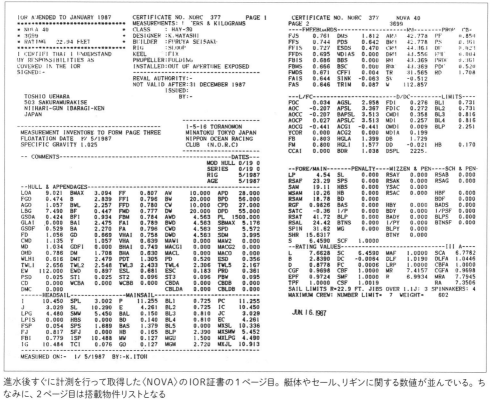

進水後すぐに計測を行って取得した〈NOVA〉のIOR証書の1ページ目。艇体やセール、リギンに関する数値が並んでいる。ちなみに、2ページ目は搭載物件リストとなる

補強にとどめる（文章にすると簡単ですが、やさしくありません）。

当時、最先端の材料や工法を日本に紹介していたミヨシ・コーポレーションの竹内美好さんからも助言をいただき、S-グラス（通常よりも細い繊維で構成され、比強度が高い）の使用も検討した。

サンドイッチ構造を採用し予定以上の軽量化を実現

建造は、神奈川県横須賀市佐原にあったフルヤ製作所にお願いした。社長の古谷玄洋さんはセーリングが大好きな人で、昔から1人乗りのモス級に乗り、自分でフネも造っていた。2016年に葉山で行われたモス級世界選手権にも、ウイング付きの自作艇で参加していた元気なおじさんで、現地では破損した他艇の修理も手伝う心優しい人である。

もちろん、〈NOVA〉を手掛ける前に外洋レーサーを何隻か建造した実績もあり、建造に関しては安っぽい妥協を許さず、あるべき姿を求める正統な過激派だ。

船体は倒立状態の仮型を造り、その上にサンドイッチの心材となるディビニセル（商品名。塩ビ発泡体）を張って滑らかに仕上げる。外側の外板となるUDR（一方向性ロービング）を縦、横、縦に積層して硬化後、サンディングして表面を仕上げる。型から外して正立させ、内側のUDRを真空バッグを使って積層する。

縦通材と隔壁もサンドイッチ構造の

FRPで、約1m間隔でリングフレームを設け、船底部分にはマスト基部とエンジンベッドを兼ねた縦通材をバラスト後端付近まで入れて、さらにバラスト取り付け部には横方向のフロア材を増設した。

甲板は軽い（番手の小さい）ガラスマットとカーボンクロスによるサンドイッチ構造である。船体と甲板の継ぎ目もガラスマットとカーボンクロスを両面から積層して一体化し、接着剤やボルトは使っていない。

エンジンボックスはペーパー・ハニカムのサンドイッチ構造とし、トイレはポータブル式、カセット型こんろを採用するなど、軽量化に努めた。

古谷さんのご尽力により完成した〈NOVA〉は、1987年4月に進水式が行われ、浮上した計測値から計算した排水量は2,446kgで、予定より104kg軽くできたことがわかった。この実測値を使うと排水量長さ比〔LWL / Δ^（1 / 3）〕は 5.19（LWL：水線長、Δ：重量排水量）、バラスト比は53.7%となる。早速、IORの計測を受けて証書が発行され、レーティングは予定よりも少し高くなった。

インショアレースで好成績
鳥羽レースは今も無念

植原先生を筆頭に、セイルス・バイ・ワッツ・ジャパンの戸叶幹男さんをスキッパーとし、クルーに私と酒井直樹、高橋雅行、片山英世のみなさんが集まり、

出陣の用意が整った。相模湾で行われていたレベルアップのための練習レース「STC」にトレーニングを兼ねて参加して、おのおののクルーポジションとチームワークを確認し合い、走りっぷりもよくて期待が持てた。

　最初の公式レースは、5月に開催された「NORC関東支部対抗フリートレース」で、3本のオリンピックコースとショートオフショア（初島レースを兼ねる）、ロング・オフショア（第37回大島レースを兼ねる）で構成されていた。

　私たちは、関西から遠征してきた〈WILL〉（小田良二オーナー。ファー40）、〈青波行〉（原　均オーナー。髙井32）と

レース参戦時の〈NOVA〉。上写真は下先行でトップを走る様子。下写真は下マーク回航直後の1カット

チームを組むことになった。総勢33艇で11チーム（油壺4、シーボニア3、小網代1、葉山1、江の島1、横浜1）。あのころはみなさん元気がよかったです。

レース結果は私たちのチームが2位、個別成績は総合1位が〈WILL〉。〈NOVA〉は7位で、大型艇群が上位を占める中でよく健闘した。初島レース（参加艇46）は総合12位、クラス別1位。大島レースは風が弱く約半数がリタイアしたが、総合4位、クラス別1位だった。

次の目標は、真夏のお祭り「鳥羽パールレース」で、「清水レース」に参加しながら鳥羽に回航した。このとき（第28回）の鳥羽レースは、CR（クルーザー・レーティング）クラスとIORクラスがあり、CRクラスは鳥羽をスタートして直接三崎漁港に、IORクラスは神津島を回り同じく三崎漁港にフィニッシュするコースだった。台風の接近が心配されて参加艇は減ったが、CR31隻、IOR66隻が出場し、台風も南の沖合にそれた。

7月31日の11：00、鳥羽港のヨセマル灯浮標沖をスタート。風は北西の順風で、〈NOVA〉にはおあつらえ向きの風だ。今回は植原先生の奥さまも乗艇され、我々は意気盛んだった。

日が傾くころ、さすがに大型艇は行ってしまったが、私たちの周囲にはワンランク上のレーティングを持つフネばかりが集団をつくっていた。この状態は夜間に神津島を回るまで続いていたが、夜明けごろに風は北に振れて弱くなっていった。

このまま北上して大島の東側に出て三崎を狙うか、タックして大島の西に出るか、コース判断の分かれ目がきた。

相模湾を北上する場合、先輩たちが伝え残した教科書では、「大島の西側では必ずよい潮に恵まれる」とあり、自分自身、何度も経験したことなのだが、風向が変わらなければ距離は約10マイル長くなる。一方、このままポートタックで行

〈NOVA〉のポーラーカーブ

IMSデータが示す〈NOVA〉のポーラーカーブ（帆走性能曲線）。GPH（ジェネラルパーパスハンディキャップ：主に、計測証書のおおまかな比較と、レースフリートの各クラスへの振り分けに使われる）は625.9 sec / mile

Vs：ボートスピード(kt)
Vt：真風速(kt)

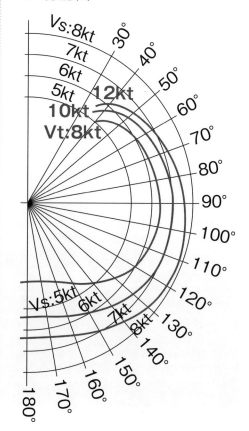

〈NOVA〉のスタビリティーカーブ

スタビリティーカーブ（復原性曲線）。縦軸がGZ（てこの長さ）、横軸が傾斜角。復原力消失角は102度で、復原力曲線の正の
面積P（復原力範囲）と負の面積N（転覆状態で安定する範囲）の比＝P/N比は1.187。レース・カテゴリーはⅢ以下になる

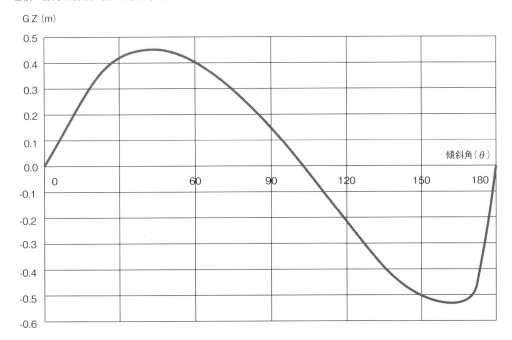

けば大島南端を狙うことができる。これ
は捨て難く、東側へのコースを選択した。

　大島に近づくと、島のブランケットも
あって風はさらに弱くなり、大型艇を含
めて多くの艇がいるわいるわ、超微風に
あっちを向いたり、こっちを向いたりで
苦戦中だった。ここからなんとか抜け出
してフィニッシュすることができたが、着
順27位、修正13位に終わった。

　レース結果について"たられば"が無
意味なことは十分承知だが、もしあのとき
西側へ出ていればどうなったのか、思い
出すと今でも口惜しい。神津島を回った
時点ではかなり後方にいたと思われる、
私たちとほぼ同じレーティングを持つ
〈Horizon-5〉が総合優勝したのだ。お

めでとうございます。

＊

　〈NOVA〉はその後、MHS（Measure-
ment Handicap System。のちに
IMS：International Measurement
Systemと改名）を日本に導入するとき、
計測実習艇として使わせていただいた。
計測したデータを実物の線図と照合す
る必要があったからである。

　同様に、松崎孝男さん所有の〈すいす
い〉（19ft plus：ハルモト19）も、計測
実習艇として使わせていただいた。感謝
です。

　〈NOVA〉は現在も霞ヶ浦で元気にし
ているそうだ。うれしいね。

第3章

ニッポンチャレンジ・アメリカズカップ
1991-1992

ニッポンチャレンジの
技術チーム

ニッポンチャレンジ始動

アメリカズカップの歴史は、勝利と敗北のドラマだ。なにしろ1851年に始まったのだから。

そこには、さまざまなヨットが、さまざまなレーティングルールや造艇規則のもとに誕生し、ヨットデザインが発展してきた変遷を見ることができる。ヨットデザインを志す者にとっては、そこに参加できるかどうかさえわからないが、最終目標

点の一つでもあった。

1987年に日本が初めてアメリカズカップに挑戦するという話が聞こえてきて、まもなく、ヤマハ発動機の蒲谷勝治さんからデザインチームに加わらないかとお誘いがあった。考えるまでもない、まさに夢のような話だった。

シンジケートであるニッポンチャレンジは、情熱家でエスビー食品社長（当時）の山崎達光さん、理論派でバイリンガルの大儀見 薫さん、TVキャスターの木村

ニッポンチャレンジ・アメリカズカップ
1991 の発足を伝える、月刊『KAZI』
1987 年6月号の誌面

太郎さんらが、日本からのアメリカズカップ挑戦の夢を語っていたころ、すでに視察を始めていたヤマハ発動機がここに加わったことで実現した組織である。同社では、小宮 功常務（当時）の指揮下、すでにオートバイで世界制覇を果たしていたが、マリン事業部を持つ会社として、海の分野での象徴となる次のターゲットを狙っていたのである。

ニッポンチャレンジは、会長が山崎さん、副会長がヤマハ発動機社長（当時）の江口秀人さん、実行委員として大儀見さん、木村さん、小宮さん、蒲谷さん、高木伸學さん（法務）、高木孝夫さん（事務局長）らによって構成されていた。のちに、野本謙作さんやロイ・ディクソンさんも加わることになる。

山崎会長と木村さんは、企業を回ってスポンサー集めに奔走した。山崎さんの情熱と話術巧みな木村さんの説得により、スポンサー30社（1業種1企業）、サプライヤー17社、協力企業17社、特別賛助3社1団体という、大きな組織となった。このほか、草の根応援団もあり、若大将こと加山雄三さんが応援団長になってくれた。

ベースキャンプは愛知県蒲郡市に置くことになり、市長さんをはじめ市民のみなさんからも温かく歓迎していただいた。

セーリングチームは、数々のタイトルを持つ小松一憲さんを筆頭に名だたるセーラーが参加。さらに、クルー募集を行って、明確な目的意識を持ち、肉体的

同縮尺による、Jクラス、12mクラス、ソリングクラスの比較図。Jクラスがひときわ大きな艇であることがよくわかる

にも強固な若者たちが選抜された。

当時のアメリカズカップでは12mクラスが使われていたため、ニュージーランドからキウイ・マジックと呼ばれたFRP製の12mクラスをターゲットボートとして購入し、調査・実習対象とした。

また、セーリングチームのコーチとして、クリス・ディクソン、マイク・スパネック、アール・ウィリアムス、ジョン・カトラーらが招聘され、チームは熱気を帯びていった。

12mクラスと戦後のAC

第2次大戦後、アメリカズカップでは、Jクラスに代わって12mクラスが使われた。

12mクラスとは、IYRU（国際ヨット競技連盟。当時）によるレーティング長さが12mになるクラスで、全長が約

20m、排水量約25トン、セール面積約175m²、かなり重い艇である。

一方、ユニバーサル・ルールによるJクラスは、全長約42m、排水量155トン、セール面積約700m²だから、いかに大きいかがわかる。

戦後の疲弊した経済時代の中で、建造費や維持費を考えれば、Jクラスから12mクラスへの変更は当然の成り行きだったと思われる。

Jクラスが活躍していた時代は短かったが、その優美な形と帆走性能は見る者を魅了し、1990年代にレストアされたり、レプリカが新造されたりして、復活を遂げている。オールドソルトにとって

は、最近の空飛ぶアメリカズカップ艇よりも遥かに魅力的だ。

1958年に12mクラスによる初のアメリカズカップ（第18回）が行われ、アメリカ艇〈Columbia〉（Olin Stephens設計）が、イギリス艇〈Sceptre〉（David Void設計）を4-0で一蹴した。

その後イギリス、オーストラリア、フランス、スウェーデン、イタリアなどからの挑戦を受けながら、アメリカはカップを防衛し続けた。

1983年（第26回）、オーストラリア・フリーマントルの不動産王アラン・ボンド率いる〈Australia II〉（Ben Lexcen設計）が、アメリカ艇〈Liberty〉（Johan

ニッポンチャレンジ・アメリカズカップ1991の技術チームの面々。日本初のアメリカズカップ挑戦に向け、ヨットデザイナーをサポートするために、日本造船界の頭脳が結集した。三井造船昭島研究所の水槽にて

Valentin設計）を4-3で破り、遂に初めてカップを奪取した。134年目の快挙だった。

〈Australia Ⅱ〉は初めてウィングキール（キール下端から左右にウィングが延びている形）を採用していた。Ben LexcenがPeter Van Oosanenと出会い、オランダのWageningenの水槽でタンクテストを繰り返した結果から生まれたものだ。ウイングキールが勝因のすべてではないにしても衝撃的だった。

そして、敗れた〈Liberty〉の艇長であるデニス・コナーは大変なブーイングを受け、これまでカップを保持していたニューヨーク・ヨットクラブから締め出されてしまった。

しかし彼は、1987年にサンディエゴヨットクラブから〈Stars & Stripes〉（Britton Chance Jr, Bruce Nelson, David Pedrick共同設計）により挑戦し、オーストラリア艇〈Kookaburra III（John Swarbrick, Ian Murray共同設計）を4-0で破り、"COME BACK"を果たしたのである。カップは再びアメリカに戻ったが、その先はニューヨークYCではなくサンディエゴYCだった。

ヨットデザインと造船

ニッポンチャレンジの技術チームは、これまでにない形となった。設計陣（横山一郎、久保田 彰、私）をサポートするために船型委員会が組織され、世界一を自負する日本造船界の頭脳が集まったのだ。複数の大学の先生方、東京都三鷹市にある旧船舶技術研究所の研究者、石川島播磨重工業（IHI）や三井造船の研究部門の技術者などである。北欧に出張されていた大阪大学名誉教授（当時）の野本謙作さんが帰国されて委員長を務められた。

この船型委員会の最初の会合で自己紹介のあと、具体的な話に入ると、うまく話が通じない。デザイナーが話すヨット用語を造船界の人々は知らないし、彼らが話す造船学の専門用語を私たちが理解できなかったのだ。これは大変だと一から勉強し直す羽目になった。自分は物理出身で造船学は独学だったから教科書程度の知識しかなく、ここで学んだことは消化不良のところもあったが多くは財産となった。

振り返ってみると、ヨットデザインには多分にアートの世界があった。もともと帆船は多くの人に美しいと認識されてきた。自然淘汰されながら生き残ってきた造形物が持つ機能美と、人間が持つ本能的な美へのあこがれが造り出してきたものだと思う。セーリングヨットはその正統な子孫であり、古典的ヨットでさえ美しいと感じさせる何かがある。工学的な知識と経験から得られた知識を元に、自分の直感を信じて形を造ってきた。水面下の形については、自分が水になって船底を流れていく世界だった。

実験データの採集と
国内外での情報収集

手探り状態の水槽試験

チャレンジャーシンジケートの組織ができあがり、技術チームもまとまったところで、いよいよ水槽実験（タンクテスト）の準備が始まった。

このテストに用いるモデルを造るためには船体線図が必要になるが、モデル数を限定するため、重要なポイントを押さえながら、船体要素を変えたものを用意した。

船体は、前後部の幅が狭く、中央部は幅広で深くなっている。各断面の面積を前後方向にプロットした曲線を面積曲線と呼び、この曲線の太り具合を表す係数をプリズマティック係数（Cp値）という。

一般の商船は一定の速度で走るため、その速度に対する最適なCp値が存在するが、セールボートの速度は風次第でさまざまである。そこで、「肩張り」、「肩落ち」などいくつかのモデルを用意し、日下祐三さん（三井造船昭島研究所）の「流線追跡法」、丸尾孟さん（横浜国立大学名誉教授）の「極少造波抵抗理論」が示す形などによって検討された。

また、全体の浮力中心の前後位置なども調査の対象になった。

この水槽実験は、水槽でモデルを曳航して得られたデータから、実艇の推進抵抗値を推定することが大きな目的だ

が、さらにヨットの場合には、ヒール（横傾斜）とリーウェイ（斜航）が加わった状態でのサイドフォースとヨー・モーメント（船首が左右に回るモーメント）も問題になる。これらは相互関係にあるから一筋縄ではいかない。

尺度影響という、模型実験に付き物の問題もある。船体の推進抵抗には、キールなどの翼から発生する誘導抵抗もあるが、これは比較的小さいので無視すると、摩擦抵抗と造波抵抗に分けて考えることができる。摩擦抵抗は速度のおよそ1.9乗に比例して増えていき、造波抵抗は速度が上がるに従って、船首と船尾からの波が干渉し合って山あり谷ありの増え方を示す。表現を変えると、摩擦抵抗はレイノルズ数（粘性流体の流れにおける粘性力と慣性力の比。流れが層流か乱流かを示す）、造波抵抗はフルード数（流体の慣性力と重力の比を表す無次元数。相似形の波ができるスピードと長さの関係を示す）によって変化する。ところが、模型実験でこれらを同時に合致させることはできないのである。

そこで、水槽実験で得られたデータから、フルード数を合わせた実艇の速度の抵抗推定を行うことになる。商船では実験データと実船データが豊富にあり、それらを照合することによって正確な推測が

可能になっていたが、ヨットの実船データは乏しく、いわば手探り状態だった。この実験は、日本で初めて行われたセーリングヨットの水槽実験で、アメリカでは1936年に本格的な実験が行われているから約50年遅れといえる。なにくそ！

摩擦抵抗の低減に向けて

最初のテストは、IHI（石川島播磨重工業）横浜研究所で、12mクラスの1/5モデルを使って行われた。

基本的に、3分力（3次元のX、Y、Z方向の力）と、3モーメント（X、Y、Z軸回りのモーメント）を計測するのだが、検力計もそれに合わせて大きなものだった。この研究所には下面がガラス張りになった回流水槽もあり、流れの状態を下から観測することもできた。

摩擦抵抗を減らすためには、摩擦面積（船の場合は水面下の水に接する面積：浸水表面積）を減らすことが一番有効だが、限度がある。そこで、表面を滑らかにすることも常識だ。

船体と水とが接する部分には、船体表面に沿った境界層と呼ばれる層があり、その中の最下層（船体表面に接する部分）の水は船体表面とほぼ同じ速度で動いている。しかし、境界層は次第に厚みを増し、上層になるに従って船体表面に追従できなくなり、ついに乱れた流れ（乱流）となり、抵抗が急増する。船体の動きがより多くのエネルギーを周囲に与えてしまうのだ。

アメリカ海軍の研究によれば、水中での摩擦抵抗を減らすには、イルカの肌がよいという。肌は柔らかく、表面に発生する微細な水の振動を吸収して境界層

三井造船昭島研究所での水槽実験の様子。水温などの影響を極力抑える必要があり、照明も暗い中で、曳き波が収まるのを待ちながら、何度も曳航テストを行った

を保持するのに役立つ、というのが理由である。

ぬるぬるした中性洗剤でも効果があるが、すぐに流れ去ってしまうから、バウから常時垂れ流さなければならない。船底塗料「うなぎ塗料」もその類いだ。人工的に作られた「リブレット」という微細な溝と起毛でできたものがあり、これを流れに沿って張り付けると似たような効果がある。実際にリブレットの実験も行い、その効果も確かめられたが、その後、これらの使用はレーシングルールにより禁止されてしまった。

また、IHI横浜研究所では、担当の村岡賢二さんとともに、ウイングキールと水面下の可動翼の実験も行った。当時は守秘義務が課せられ、写真撮影も制限されていたから、残念ながら手元には写真が残っていない。

動く実験室でデータ採取

次に、三井造船昭島研究所で行われた実験では、モデルに速度とリーウェイ角を与えて、ヒール（横傾斜）、トリム（縦傾斜）を変えながらのシリーズ実験が行われた。

この場合、モデルは実船と相似した重量と重心位置を持っていなければならない。設備の要件、作成費用と時間などから、縮尺1/8モデルが選ばれ、曳航する点の高さは想定されるセールプランのCE（空力作用点）に対応する点とした。

長さ100m、幅5m、水深2.2mの水槽の両側に水平なレールが敷かれ、その上にモデルを曳航する台車が乗っている。台車は最高速度4m/秒で、その速さ（曳航する速度）を秒速ミリ単位で正確にコントロールできる。動く実験室で、データを計測してコンピューターに取り込み、同時に造波の状態を観測することができる。

ただし、一度曳航すると水槽に波が残るので、次の実験は波が収まるまでできない。担当者の松井亮介さんはデータを整理しながらじっと待っていた。水温も微妙に影響するから、熱源となる照明も最小限に抑えてあり、普通なら暗〜くなりそうだが、いつも明るい人だった。

東大の施設で風洞実験

東京大学・駒場キャンパスの先端技術研究所（当時）に残されていた古い木造の風洞で、セールの実験も行った。この風洞は回流型で、全長33m、全幅16m、高さ7m、測定部直径3m。500馬力のモーターで8枚羽根プロペラを回し、最大風速50m/sが出せるものだった。全体が大きな建物に収まっていて、変電設備があり、始動時には長いレバーを引くとブーンという音とともに動き始めた。

モデルは、閉塞率（風洞の大きさに対するモデルの大きさ）を考慮して、高さ約1.8mの、縮尺1/15とした。マストは木製。知り合いの大工さんに頼み込んで、

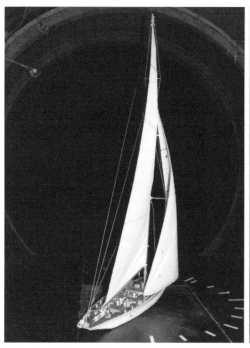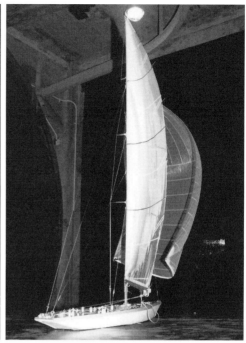

東京大学・駒場キャンパスにあった先端技術研究所の風洞で、1/15モデルによる風洞実験を実施した。上左がクローズホールド、上右はランニングのテストの様子

ほぼ実寸の縮尺通りに出来た。セールはマイラーとナイロンで、キャンバーも予定した通りに入っている。渡部 勲技官に教えていただきながらテストを繰り返し、タフト（気流糸）を付けた針金をかざして、その場の流れを見ることもできた。

　ある日、実験中に、"トンボ博士"として知られる東大の東 昭さんが来場され、「ふむふむ、面白いね。だが、再現性にやや問題がありそうだ」と言って帰られた。

　永海義博さん（ヤマハ発動機）と一緒にデータを採り、レイノルズ数は実艇とは合わないが、基本的な揚力係数、抗力係数、前進成分、横力などを得ることができた。

　すでに発表されている論文や文献の

ここではタフト（気流糸）による流れの可視化を行っている

追実験とも言えるが、それらを実感できる楽しい時間だったし、自前のVPP（速度予測プログラム）を作成する基礎ができた。

　また、セーラーの田中良三さんやロバート・フライさんにセールトリムをお願いしたら、自分たちがトリムしたときよりも大きな値が出てきた。上手なんですね。

ベンガルベイ・ヨットクラブ

1987年にイタリア・サルデーニャ島で12mクラスの世界選手権が行われたとき、私は視察を命ぜられ単身出かけた。大富豪のアガ・カーン4世（Aga Khan IV）が所有するヨットクラブ・コスタ・スメラルダがホストクラブだった。アガ・カーンは挑戦艇〈Azzurra〉を有するシンジケートの理事長でもある。

アメリカ、オーストラリア（2チーム）、ニュージーランド、イギリス、スウェーデン、地元イタリアが顔をそろえ、〈クッカブラ〉（KA-9）を購入した日本のベンガルベイ・ヨットクラブのチームも来ていた。

ベンガルベイ・ヨットクラブは名古屋をベースに、香港など海外でも活躍する不動産業経営者、小林正和さんが立ち上げたクラブで、武田陽信さんがマネジャー、武市 俊さんがデザイナーとして参加していた。

このとき、三重県伊勢市にあったビルダー、Sterling Yachtで建造し、香港で完成させた大きなモータークルーザー〈Bengal I〉を、武市さんが遠路はるばる回航してきたので、まだ潮だらけだったが見せていただいた。船内にエレベーターもある豪華ヨットだったので、「これなら楽勝ですね」と言ったら、武市さんは笑いながら、「林クン、セーリングヨットのほうが、ずーっといいよ」と言われた。快男子だったのになあ。武市さんは後年、海難事故で亡くなられた。

レースは比較的微風が多く、〈Kiwi Magic〉（ニュージーランド）が1位、Colin Beashelが舵を握った〈Bengal

ベンガルベイ・ヨットクラブが建造し、デザイナーの武市 俊さんが香港からイタリアまで回航してきたモータークルーザー〈Bengal I〉。船内にエレベーターを備えるほどの大型艇だった

1987年にイタリア・サルデーニャ島で開催された12mクラスの世界選手権を視察した際、偶然同じホテルだったオーストラリアのジェイムス・ハーディー卿との、観覧船上での思い出のショット。非常に紳士的な方で、さまざまな話を聞かせてくれた

左：アメリカズカップにおける超有名人のデニス・コナー。いつもニコニコ、コマーシャル・スマイルを見せていた
右：こちらは、スウェーデンの〈Sverige〉のデザイナー兼スキッパー、ペレ・ペターソン（Pelle Petterson）。スター級世界選手権で4度の優勝も果たしている

視察の際には、ライバルと想定される各シンジケートの12mクラスの船型、ウイングキール、デッキレイアウトや各艤装、リギンはもちろんのこと、整備用コンテナの内部など、さまざまな写真を撮りまくった

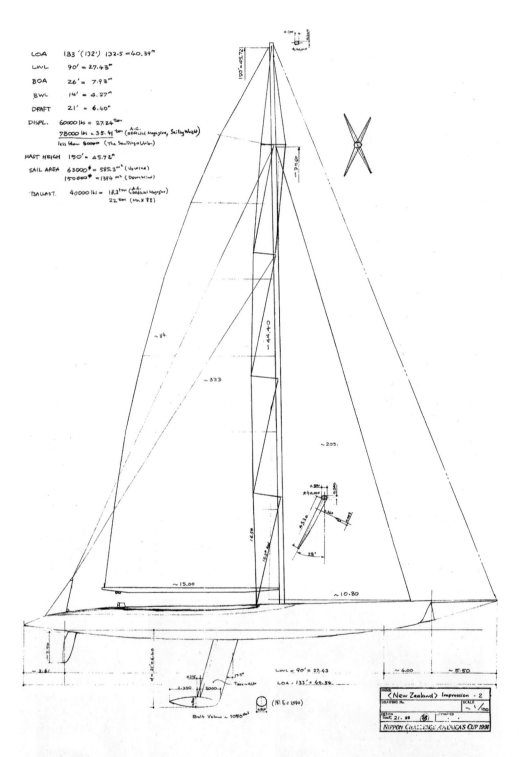

マイケル・フェイのモンスター艇〈New Zealand〉を見学したときに描いた概略図（次ページ上も）。陸上に上架されているときは、デッキまで約8.5mものはしごを上らなくてはならなかった

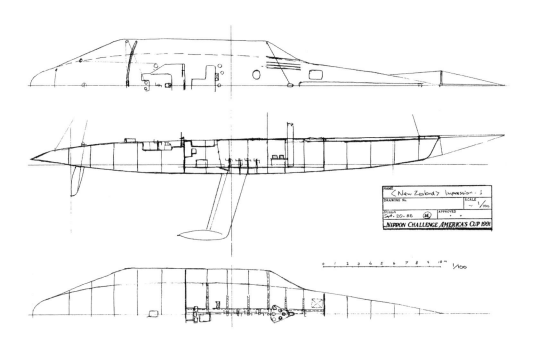

I〉が2位だった（レース中に相手にルール違反があり、抗議を出せば勝てたそうである）。だが、残念なことに、ベンガルベイ・ヨットクラブの挑戦はその後尻すぼみになって、アメリカズカップ予選に参加することはなかった。

ライバル艇の情報収集

自分は、ニッポンチャレンジがコンサルタント契約していたゲーリー・ジョブソン（Gary Jobson）と会うようにと言われていたが、彼は姿を見せなかった。

一方、レース観戦に来ていたオーストラリアのジェイムス・ハーディー卿（Sir James Hardy）とは、偶然同じホテルだった。彼は1970年のアメリカズカップで〈Gretel II〉（ロイヤルシドニーヨットスコードロン）のスキッパーを務めた

人物だ。〈Intrepid〉（ニューヨーク・ヨットクラブ）相手に2勝を挙げ、惜しくも2-3で敗れた。彼は505クラスの世界選手権者でもある人品備わった紳士で、私の下手な英語に付き合ってくれて、いろいろな話を聞かせてくれた。

私の任務である情報収集では、各艇のマスト前後位置、ウイングキールの形状と大きさと角度、マストとブーム、デッキ艤装、リギンの詳細、整備用コンテナ内部などの写真を撮りまくった。

1988年大会による混乱

1988年に開催されたアメリカズカップの第27回大会では、ニュージーランドの銀行家マイケル・フェイ（Michael Fay）が、全長40m超の〈New Zea land〉（ブルース・ファー設計）で挑戦した。これ

を受けてデニス・コナーが所属するサンディエゴ・ヨットクラブ（SDYC）は18mのカタマラン〈Stars & Stripes〉で対抗し、あっさり2-0で勝った。なんともおかしなレースで物議を醸し、法廷闘争に発展した。

　なぜこのようなことが起こったのか?

アメリカズカップには、「Deed of Gift」（贈与証書）と呼ばれる書類がある。初代〈America〉号がカップをニューヨーク・ヨットクラブに寄贈したときに書かれたもので、これが基本的に守られており、国籍条項（乗り手だけでなく、造船、設計、実験研究所、セールメーカーなど

1988年に開催されたアメリカズカップ第27回大会は、全長40m超の〈New Zealand〉（KZ-1）の挑戦に対し、サンディエゴ・ヨットクラブは18mのカタマラン〈Stars & Stripes〉で対抗するという、ミスマッチな内容となった

〈Stars & Stripes〉は、ソリッドの回転マストとソフトメインセールを組み合わせ、その間にスロットを設けるという、非常に複雑な機構だった

〈New Zealand〉のターゲットスピード一覧表。トップスピードは14kt超だが、長さからすれば当たり前で、60ftのカタマランにはかなわない

〈New Zealand〉は、ミジップのやや船首側から船尾側にかけて、大きくオーバーハングしたサイドデッキを備えた、特異な船型を採用していた

含む）、挑戦者になる条件、防衛者が備えるべき条件などが細かく書かれている。冒頭には、[friendly competition between foreign countries]（異国間の友好的な競技）という文もあるのだが、実際にはフレンドリーでもなんでもない、これらを盾にした法廷闘争になってしまったのだ。

マイケル・フェイはSDYCを告訴し、ニューヨークでの裁判に勝ち、カップはニュージーランドへ行くことになった。これに対してSDYCが上告し、長い審議のあと、結局アメリカズカップはSDYCにとどまったのだが、この騒ぎの間、次のレース開催地がどこになるか決まらず、挑戦するシンジケートはニッポンチャレンジを含めて混乱状態になった。

12mクラスの終焉

前述のミスマッチが引き金となって、新しいアメリカズカップ艇を造ろうという機運が高まり、各国のデザイナーたちの意見を集約し、会議も開かれた。議長はビル・フィッカー（Bill Ficker）。彼は1974年に〈Courageous〉のスキッパー候補だったが、オイルショックがあって本業（建築家）に戻った人だ。

ニッポンチャレンジとしては、「制限規格クラス」（最大全長、最大幅、最大喫水、最大セール面積、最小排水量などを決めてその範囲内で自由に設計された艇）を、概略図を付けて提案した。軽いフネのほうがトップスピードも上がり面白いのではないかというのがその趣旨だが、裏に

12mクラス「JA-1」の
セールプラン(初期段階のもの)

●排水量：27.0トン　●セール面積：180.7m^2
●メタセンター高さ：約2.0m
●30°ヒール時の復原モーメント：約26,000kgf・m
●リギン荷重実測値(クローズドホールド、ヒールアングル30°時)
　V1：6,340kgf　V2：5,100kgf　V3：4,800kgf
　D1：6,380kgf　D2：1,710kgf　D3：870kgf
　フォアステイ：5,600kgf　ランニングバックステイ：3,950kgf

ニッポンチャレンジで検討を
重ねていた12mクラス「JA-1」
は、International America'
s Cup Class(IACC)が誕生し
たことにより、"まぼろし"となっ
てしまった

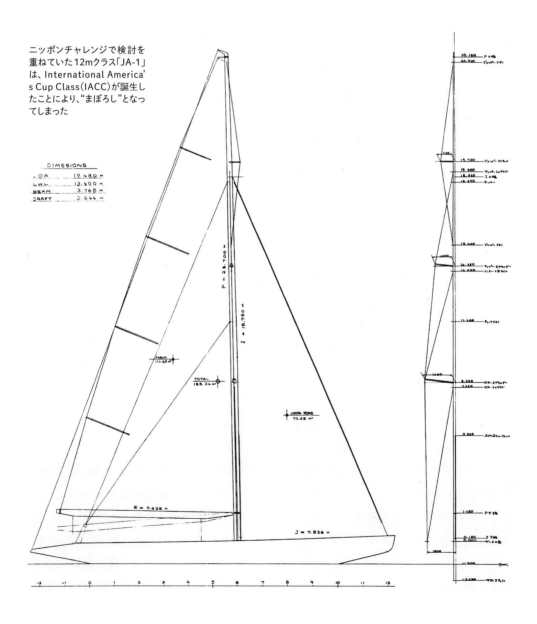

12mクラス「JA-1」の
船体線図とウイングキール（初期段階のもの）

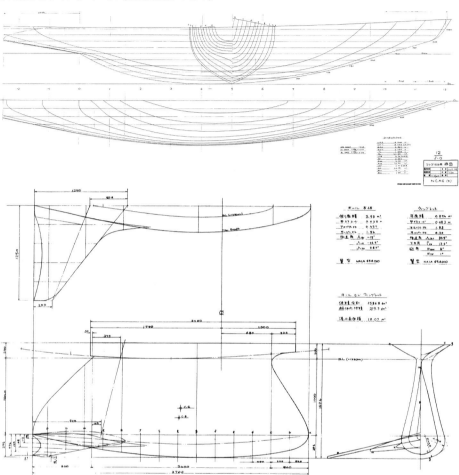

は、日本チームとして扱いやすいだろうというもくろみがあった。この案はかなりいけそうだったのだが、どこからか排水量を計算式に入れたほうがよいという意見が出てきて、結局押し切られてしまい、新しい「International America's Cup Class (IACC)」が生まれた。

　ここに12mクラスは終焉してしまったのである。

　ニッポンチャレンジではそれまで12mクラスを追いかけてきたので、これらを図面に残すことにした。掲載した図面は"まぼろし"の12mクラス、JA-1である。いわば第一段階の図面で、ここからレーティング対策、セールプランをはじめ、研ぎ澄ましていかなければならないところが多々あるものである。

　また、12mクラスのリギンにかかる荷重も実測した。当時はマル秘扱いだったが掲載する。

ニッチャレの当初の目標

　アメリカズカップが12mクラスを採用していた時代には、同クラスの既存艇があったから、ニッポンチャレンジが作成した企画書の目標の一つとして、「既存艇より"10%速いボート"を造れ」というのがあった。これなら「勝てる」のだが、どうやって達成すればよいのか？ ルールでがんじがらめになっているところのどこに穴があるのか？ それは可能なのか？

　設計チームは「できない」とは言いたくないから、0.1%でも速くなる要素を100カ所見つけ出して集成すれば10%になるはずだ、ということにした。

　あらゆる種類の抵抗を少しでも減らし、推進力を少しでも増すことが必要になる。仮に全抵抗を10%減らすことができてもスピードが10%上がるわけではないし、推進力が10%増えてもスピードに換算すれば約1%強のゲインにすぎないのである。

　幸か不幸か12mクラスが採用されなくなったので、結果ははっきりわからないが、ニッポンチャレンジで検討を重ねていた"まぼろし"の12mクラス「JA-1」では、2〜4%程度のスピードアップ（風速や波浪等の条件によって異なる）は実現できたのではないかと思う。積み上げてきたテストとその解析結果がもたらしたものだ。

IACCへの対応

　1988年大会でのミスマッチのあと、IACC（International America's

【1式】 $$\dfrac{L + 1.25 \times S^{0.5} - 9.8 \times DSP^{(1/3)}}{0.388} <= 42.000 \text{ meters}$$

【2式】 $L = LM \times (1 + 0.01 \times (LM - 21.8)^8) + FP + DP + WP + BP$

FP、DP、WP、BPはそれぞれ、フリーボード（乾舷高さ）、ドラフト（喫水）、ウエート（総重量）、ビーム（幅）に対するペナルティー

【3式】 $S = SM \times (1 + 0.001 \times (SM^{0.5} - 16.9)^8)$

$DSP (m^3) = W / 1{,}025$
　　DSP（排水量）は、実艇をスリングワイヤ1本でつり上げて総重量W（kg）を±25kgの精度で実測し、W/1,025によって得る

$SM = MSA + (I \times J) / 2$
　　MSAはリーチローチを含めたメインセールの実面積相当。
　　$(I \times J) / 2$はフォアトライアングルの面積

L（レーテッド・レングス：ルールが定める長さ）　LM（メジャード・レングス：ルールが定める計測上の長さ）
S（セールエリア：ルールが定めるセール面積）　SM（メジャード・セールエリア：ルールが定める計測上のセール面積）

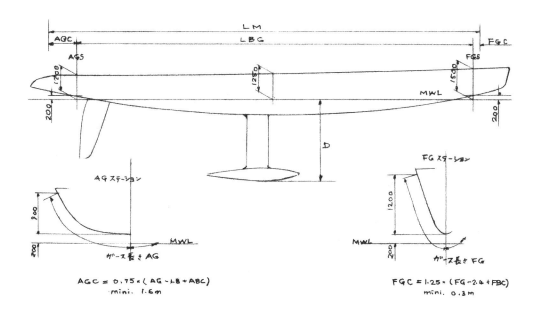

図1

長さの計測。計測時、水線から200mm上の水線に平行な線が船底と交差する位置をガース・ステーションとし、その間の長さをLBGとする。これに前後のオーバーハングに対する修正値FGSとAGSを加えてLMになる。ガースは、ルール上のシアーポイントから船底を通り反対舷のポイントまでの長さ。プロフィールの角度や各断面における側面傾斜角も計算に入ってくる

Cup Class）の新しいルール作りが関係国のデザイナーたちの意見交換から進められ、1989年初めにファイナルドラフト（最終案）が出されて、5月にアメリカズカップ・クラスルール（Version 1.1）が発表された。

全長約24m、幅5.5m未満、喫水4m未満、排水量16〜25トン、セール面積約290m²。艇体にはホロー（くぼみ）も、タンブルホーム（幅が舷端より膨らんだ形）も許されず、シアーライン（前後の舷端を結んだライン）は連続したコンケーブ（凹形）ラインでなければならない。

構造関係では、使用可能な材料と工法、想定される艇体と甲板の最小厚みなども規定されている。

このルールに関する公式は、202ページの通りである。

このうち【2式】から、ペナルティーがないときのLとLMの関係をプロットしたものが206ページ上の図3である。この図から、LMが取り得る値は限定されて、20.2〜22.2mになることがわかる。

同様に【3式】から、SとSMの関係は図4で表され、SMが取り得る値は240〜330m²である。

さらに、【1式】から、許容される総重量Wの範囲の中で、LMとSMの関係をプロットすると図5になる。

この中から、レースが行われる海面の気象条件、波浪条件等に合った最適な組み合わせを選び出さなければならない。

図2

リグとセールの計測。マスト前面正横のシアーラインから500mm上の高さにマスト・デイタム・バンドを設定し、これを基点として計測する。ブームの高さ（BAD）は1.3〜1.5mまでとし、メインセールのラフ長さをPとして、P+BADの値は32.0m以下、I値も限定されている。リギンを含むマスト重量は850kg以上で、重心位置はマスト・デイタム・バンドから10m以上。ジェノア、ジブとステイスルのクリューの前後位置はマスト前面から3m未満、スピネーカーの面積は1.5×SMまで取ることができる

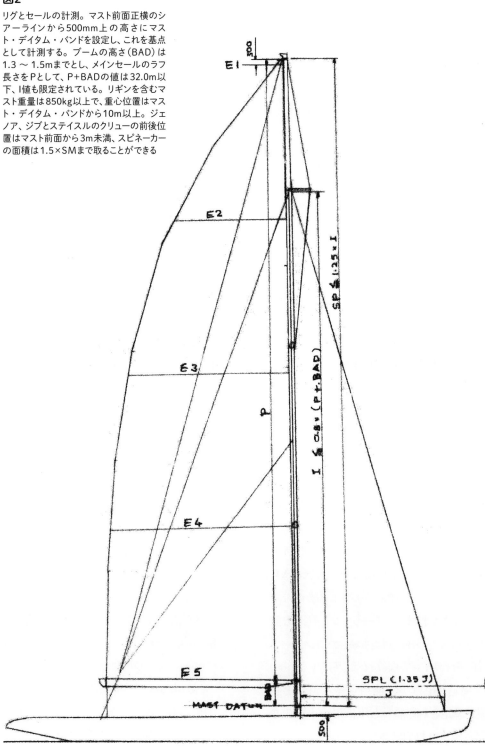

BFA事務所を訪問

ニッポンチャレンジはブルース・ファー＆アソシエイツ（Bruce Farr & Associates, Inc.：BFA）からの売り込みに応じてコンサルタント契約を結び、助言を求めた。同社は当時、12mクラスやマキシクラス、1988年大会の40m超のモンスター艇〈New Zealand〉など、大型艇の分野では第一人者だったからである。

彼らが用意した資料には、ルールの中間値を持つベーシック・デザインがあり、これを基に、長さを一定にしてセール面積と排水量を変化させたときの性能比較、船体の幅と深さの比を変化させたときの性能比較などがあった。

性能比較の根拠となる速度予測プログラム（VPP）は、「MIT Pratt Project」（IMSの元）や、オランダ・デルフト工科大学で行われたセーリングヨットのモデルテスト「Delft Series Test」から導出された抵抗算出式、アメリカのヨットデザイナー、ジョージ・ヘイゼン（George Hazen）が開発した「Fast Yacht」などを参考にしながら、BFAが持っている大型艇のテストデータと比較し、係数を調整したものだった。

このほか、艇体線図についてのルール上の注意事項や、以下のような提案があった――全体構造の方針として、厚いサンドイッチ芯材を用いたモノコック構造より、ルール最小厚みの芯材を使って

フレームを配置したもののほうが軽量化できるであろう。そして外板積層は、ルールが定める最小厚みと面積当たりの最小重量で建造することは難しいと思われる。長さ方向の船体撓み（たわ）は、計算によると15〜18mm、最大で30mm程度になるのではないか、と予想される。撓みを減らすためには、全通するキール部分と舷端部分の補強が有効であり、一般的に使われる縦通材は効果が小さい（伝わる応力が小さい）。

アペンデージ（艇体にあとから付加されるもの）は、可動翼が2カ所許されている。ラダーシャフトの位置は水線後端よりも内側にして、ヒールしたときに水面上に出ないようにする。シャフトの中心線と舵の揚力中心との距離は30〜40mm程度だろう。舵角1°に対してステアリングホイールの動く距離は、当時の一般的なレーシングヨットで通常150mmに設定していたが、12mクラスの場合には84mmにした。

キールには、トリムタブを持つ形を想定している。トリムタブのコード（前後長）は、ルート（付け根）付近で22%、ティップ（先端）で17%とし、スパン（翼長）方向の圧力分布をティップで小さくした。加えて、バルブを含めた断面積図の分布がなだらかになるように注意する。これは、航空機で常識になっている、翼の付け根付近の胴体部の変形と同様である（図7）。

1989年10月に、米アナポリスにある

図3

【2式】から、ペナルティーがないときのL（全長）とLM（ガース・ステーション間距離に
修正を加えた値）の関係をプロットした図。LMが取り得る値は20.2 ～ 22.2mとなる

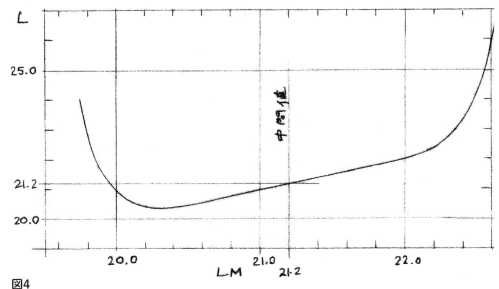

図4

【3式】から、SとSMの関係を表した図。SMが取り得る値は240 ～ 330m^{2}となる

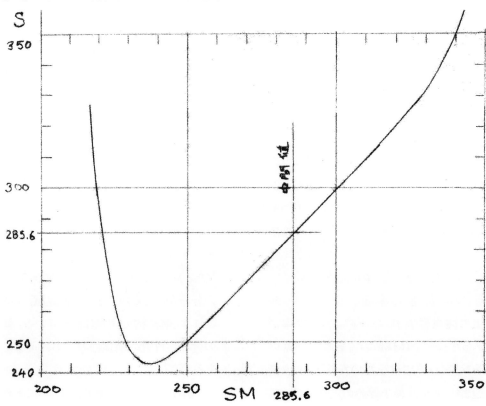

図5
【1式】から、許容される総重量Wの範囲の中で、LMとSMの関係をプロットした図

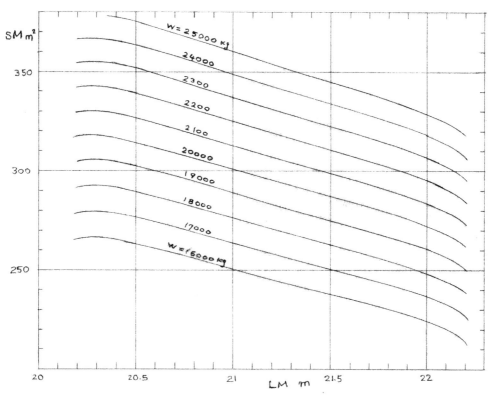

BFA事務所に、ニッポンチャレンジの技術委員長を務めていた野本健作さんと一緒に訪問した。ブルース・ファー、構造担当のラッセル・ボウラー、数値解析のクレー・オリバー（別会社Yacht Research International所属）などが迎えてくれた。ここで、ベーシック・デザインに関するさらに詳細な結果が示され、質疑が行われた。

このときには、まだ次回ACレースの開催地が、ニュージーランドのオークランドになるか、米サンディエゴになるか決まっていなかったので、両地の風速などについて以下のような概略説明を受けた。

【オークランド】

	2月	3月	4月
平均風速	10kt	12.5kt	13kt
下限	5kt	6.5kt	6.5kt
上限	16kt	20kt	21kt

風速（kt）は海面から10mの高さの値で、計測したわけではなく「セーラーの見解」。北東の強風が4、5日続くことがあるが、そのときにレースは行われないだろう。チョッピーな波が起こることが

あるが、大型艇には問題ないだろう。

【サンディエゴ】

統計的に66%の確率で、5.4〜12kt、8.6〜9.3ktを設計の目安にできる。

基本的に西からの海風で、ローマ岬の近く（2マイル）と沖（5マイル）では沖のほうが弱く、波も違ってくる。波長の長いうねりがあって、前回のモンスターボートでは苦労したそうだ。

われわれ設計チームは、リグ担当の村本信男さんの要請もあったので、マストとリギンに加わる荷重見積もりについて、BFAが使っている計算方式を教えてもらった。

基本的に、RM（復原モーメント）をb（シュラウドの取り付け位置の幅）で割ったRM/b値を使い、上部のパネル（スプレッダー間のマストの区分）に対して比率調整を加えて算出する。これはどの教科書も同じ。前後のステイ、ハリヤード、シートの荷重はRM^（2/3）をベースに比率按分する（根拠はよくわからない）。

図6　BFAによるベーシック・デザインの正面線図

●全長（L）：21.20m　●全幅（Beam）：5.50m
●水線長（LWL）：16.77m　●水線幅（BWL）：4.12m
●重量（W）：20,500kg　●喫水（Draft）：4.00m
●ガース・ステーション間の距離（LBG）：19.06m　●セールエリア（S）：301.29m²

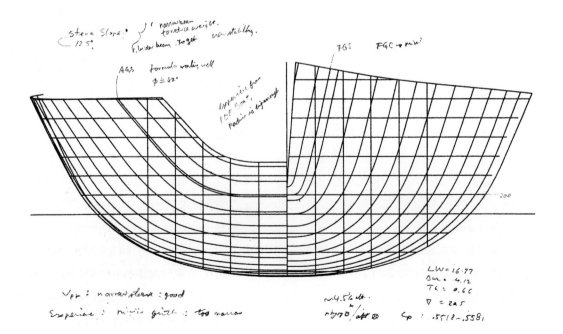

図7

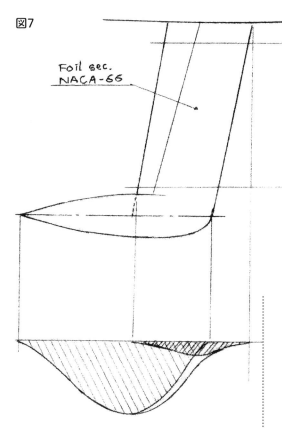

Foil sec.
NACA-66

トリムタブを持つ形を想定したキールの図面。トリムタブの前後長は、艇体との付け根付近を長く、先端（バルブ側）を短くして、翼長方向の圧力分布を先端で小さくした。下の斜線部分は断面積の分布図で、バルブを含めた図の分布がなだらかになるように注意している

　セールに加わるサイドフォース（横力[おう][りょく]）をメイン60%、ジブ40%として上下分布を想定し、各パネルが受け持つ荷重を計算して、対応するダイアゴナル・シュラウドの荷重を決める。リグの形が異なると変化が大きいので、安全率をテキトーに決めて求めている。

　IACCのマストは最小寸法が決められていて、根元付近では150×300mm、この縦横比なら4セットのスプレッダーが適当だろう、肉厚の大きいマストは信頼性が高い、ということだった。

*

　帰国後、ニッポンチャレンジ内で、野本技術委員長が推すアルミ合金マストと、私たちが考えるカーボンファイバー・マストのどちらを選ぶか真面目な議論が行われ、カーボンファイバー（CF）が選択された。当時、世界的にもCFマストはまだごく少数だったし、設計基準となるデータも手元になく、1本目のマストはBFA設計で、ニュージーランドのサザン・スパー（Southern Spars）から購入することになった。

　リグ・デザインに経験則が入ってくる理由は、マストの形状と構造により剛性が変化し、撓み量、ねじれ量も変化する上、セールからの応力分布も一様ではないし、メインセール自身がマストを支持している要素もある。さらにリギンの伸びやそれを支持する船体断面形状の変形もあって、複雑な非線型問題を解くことになり、個々に対応することが非現実的だからである。

1号艇〈ニッポン〉
（JPN-3）進水

セールプラン

　セールプランを描くためには、ルール上の制限がある中で、セール計測時の4要素であるI、J、P、Eの各寸法を、どのような組み合わせにするのが最も効果的なのかを求める必要があり（図8）、セールメーカーとの共同開発が論理的にも絶対に必要だった。

　当時、CFD（Computational Fluid Dynamics：コンピューター数値計算による流体力学）はまだ開発段階にあり、計算結果の信憑性はそれほど高くはなかった。AタイプとBタイプの二つのモデル艇によるタンクテスト・データと、CFDによる計算結果を比べると、2艇の優劣関係は保たれていたが計算値にはバラツキが見られた。

　セール形状については、アップウオッシュやダウンウオッシュ（翼の前後に起こる流れの変化）を見ることができたが、信頼できる定量的な解析ができるまでには至らなかったのである。例えば、CFD計算によるとJ寸法が小さいほうが効率がよいという結果が出てきたが、計算条件が実際のレース条件と合致しているか、マストによる影響が正しく評価されているかなどの疑問があったし、12mクラスでの実艇テストでは微風時

にはJ寸法が大きいほうが速いのだ。

　以前、月刊『KAZI』誌に、「セールはヨットの主機関（メインエンジン）です」という川島マリーンの広告があった。まったくその通りで、同じ面積でも最大の推進力を生み出すセールを作ることが最終目標である。

　ノースセール・ジャパンを立ち上げた川島正通さんは横浜国立大学・造船科OBで、昔、ワンオブアカインド・レースに自設計のシングルハンダーでの参加経験もある。

　現在のセール製作ではコンピューター・カットが当たり前になってしまったが、かつては船大工さんと同じように広い板の間に原図を描いてセールメーキングを行うという、いわば職人さんの世界だった。

　川島さんは、川島マリーンを設立後、ノースセール・ジャパンを立ち上げ、USA本社の力を借りながら、新しいテクノロジーを日本に導入した人である。

　ノースセールでは、「フロー・プログラム」「メンブレイン・プログラム」などが開発され、コンピューター上にセーリング中のセール形状を描き出すことができた。セール・デザインのツールとして大変有用なものだった（図9）。

　ニッポンチャレンジはノースセール・ジャパンからのプレゼンテーションを受

けて、同社とオフィシャル・セールメーカーとして契約を結び動き出した。

同型艇での実艇実験

ノースセール・ジャパンと共同で最初に行ったのは、ヤマハ30STの同型艇2艇による実艇実験で、フルバテン・メインセールとノーマル・メインセールの比較、ジェネカーの開発などがあり、メインセール・トップのエンドプレートの効果確認やセールクロスの開発も視野に入れていた。

フルバテンは望ましいセールの形状を保てる、または制御できる可能性があり、リジッド翼のような利点があるかもしれない。バテンの形状としてT字形を横にしたものを試作して横の長さを変えたり、V字のスリットを入れて曲がり具合を調節したりした。また、材料として形状記憶合金も検討したが、これらは実用化できなかった。

ランニング用のスピネーカーと、リーチング用のジェノアとジブ、両者の利点を取り込んだジェネカーは、1987年にオーストラリア・フリーマントルで行われたアメリカズカップ第26回大会で登場

し、まだ発展途上にあった。

セールクロスのほとんどはポリエステル繊維（商品名：ダクロンやテトロン）で織られていたが、新しい合成繊維も誕生していたから、比強度の高いものを選び、可能性を探る必要があった。

今では普通に見られるアラミド繊維（商品名：ケブラー）やカーボン繊維はその例である。1983年のアメリカズカップ第25回大会（12mクラス）では、縦方向にケブラー繊維、横方向にダクロ

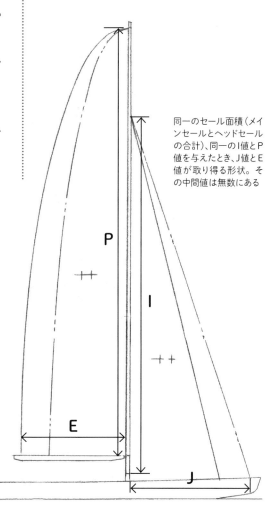

同一のセール面積（メインセールとヘッドセールの合計）、同一のI値とP値を与えたとき、J値とE値が取り得る形状。その中間値は無数にある

図8
Ｉ：マストのデッキレベルからフォアステイの接合部までの垂直距離
Ｐ：ブーム上面からマスト上端のブラックバンドまでの垂直距離
Ｊ：フォアステイ基部からマスト前面までの水平距離
Ｅ：マスト後面からブーム後端のブラックバンドまでの水平距離

ン繊維を使って織った生地をマイラーフィルムでラミネートしたセールが多く見られた。

　同時に、さまざまなカッティング・パターンが考えられ試行されてきた（図10）。セーリング中にジブに加わる引っ張り応力は三角形の三つの頂点に集中するが、それが全体に分散される状態がわかれば、より効果的なパターンと必要な強度を持つクロスの配置が可能になり、軽量化することもできる。

　しかし、同型艇2艇によるテストデータを整理し精査しても、「明らかにこちらがよい」という結果を得ることは困難だった。海面は比較的穏やかだったが、風の条件はいつも変化し、あるときにはA、あるときにはBのほうがよいという、実艇テストの難しさを味わわせてもらった。

　同時に、ジェネカーシーティングの位置や、長いスピンポールを使うときのディップポールジャイブ、

フラクショナルリグにマストヘッドからスピンやジェネカーを揚げたときのマストの挙動（曲がり方など）といった、参考になるところもあった。

セールデザイン

　1987年の第26回大会に参戦した〈Kiwi Magic〉（KZ-7：12mクラス）や、翌年の第27回大会に参戦した〈New Zealand〉（KZ-1：全長40m超。図11）と、ニュージーランドのAC艇

図9
ノース・フロー・プログラムによる出力例。船体の要素、風向・風速、シーティングアングルなどを入力すると、推進力、横傾斜力なども算出する

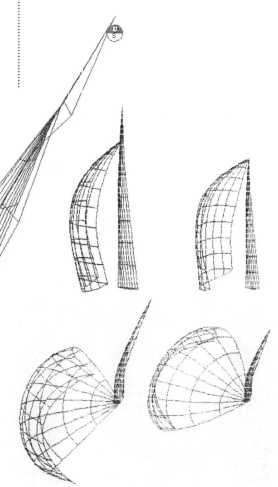

図10　ジェノアのカッティング・パターン例

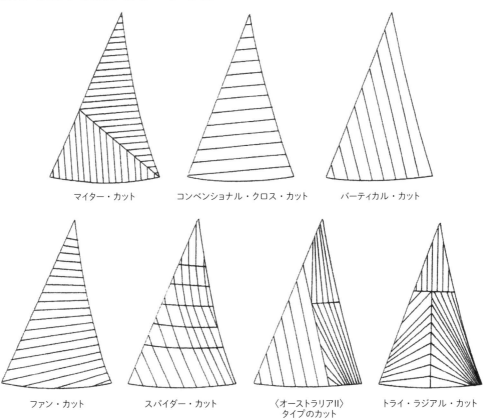

マイター・カット　　　コンベンショナル・クロス・カット　　　バーティカル・カット

ファン・カット　　　スパイダー・カット　　　〈オーストラリアII〉タイプのカット　　　トライ・ラジアル・カット

のセール開発に携わってきたサイモン・ダブニー（Simon Daubney）さんに話を聞く機会があった。彼はノースセール・ニュージーランドに属しており、セーリングコーチとしてニッポンチャレンジに招聘されていた。通訳は、同社に勤務していた小松 良さんにお願いした。

　セールデザインの手順は、フロー・プログラムによってシミュレーションを行い、メンブレイン・プログラムによってストレス解析をしてから（図12）、ドラフトとデプス（ほとんど同義語だが、ドラフトは最大デプスの前後位置や形状も表現

しているそうだ）などの形状を決めて（図13）、パネルとコーナーパッチ、バテンなどを設計する。実艇のマストとリグの要素が異なるとシミュレーション通りにならないが、基本的に風向・風速に対する理想的なシェイプとツイストが得られればよいから、合わなければリカットする。

　IORレーティング艇のメインセールの場合、ガース長さ〔セールをピンと張った状態での前縁から後縁までの長さ。MGM（ミッドガース。中間）、MGU（アッパーガース。3/4の位置）など〕を同一（＝同一面積）にして、ラフのローチ（ふく

213

らみ）を変化させて実験したところ、ラフ・ローチの小さいセールのほうが速かったそうである。

　セールのテストは「速い」セールを見出すための作業だから、風速領域によってテストするセールをリストアップし、予想される天候に対処できるようにする。セール自身のデータを正確に記録して再現性を保ち、作業手順をフローチャートにしておく。最終的にはテスト結果を風向・風速を軸として視覚化し、レース時のセール選択に対応できるようにする（図14）。

　KZ-1の場合は、約200畳というバカでかいメインセールのバテンをカーボンファイバーで作ったら、メインセールを揚げきる前に3本が折れてしまったそうだ！そこでグラスファイバーに変更してたくさん試作したという。

　フルバテンの利用価値は、リーチ・ローチをサポートとすること、リーチに加わるストレスを分散してくれるのでセールを軽く作ることができること、チョッピーな波のある海面でもシェイプを保ってフラッピング（波打つような動き）を防いでくれること、などである。

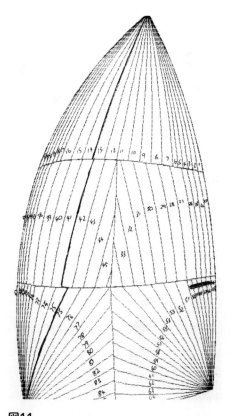

図11
全長40m（140ft）超のモンスター、〈New Zealand〉（KZ-1）のジェネカーのカッティング・パターン

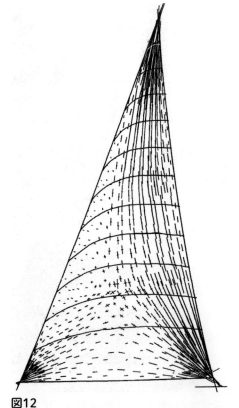

図12
ノース・メンブレイン・プログラムによる出力例。応力の大きさと向きが示されている

図13
ジェノア・ジブの風速による最適デプスをグラフ化したもの

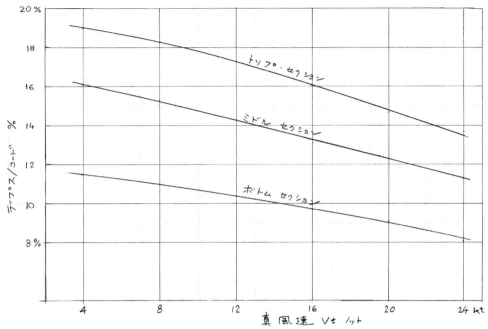

カッティング・パターンによってビルトインされたドラフトやデプスを、バテンによって幅広くコントロールすることはできない。

また、クルージング艇の場合には、フルバテンのほうが、セールを降ろすときにも扱いやすいだろう。

ニュージーランドチームが行った実艇テストの際には、セールシェイプを確認するために2台のカメラを設置して、ドラフトとデプス、ツイスト角を計測し、オンボード・コンピューターで見ることができた。モニターには理想的なシェイプと比較する画面があり、クルーの訓練にも有用だった。また、ダブニーさんによれば、マストのねじれなどがあるので、デッキ

上に参考となる固定点をマークしておくとよい、とのことだった。

＊

私たちも、セール開発に必要なロジックをシステマチックに作り上げるまで到達したかったが、残念ながら予算の関係から、このセール開発プロジェクトは継続することができなかった。のちにセール開発を任されたノースセール・ジャパンの菊池 誠さんが、孤軍奮闘しながら乗り越えていった。

マスト／リギンの形式は、ルールで許容されるマストの断面寸法（デイタムバンド＝計測時の基準位置：300×150mm、Iポイント：260×150mm、トップバンド：150×130mm）と、重量

（840kg以上）、および重心位置（基準点から12.0m以上。全長約34.2mのマスト下端から約14m）をクリアしなければならず、いくつかのモデルを想定して試計算を行ったが、概算重量は約1,250kgとなり、目標値の840kgをはるかにオーバーしていた（図15）。

FEM（Finite Element Method：有限要素法）による構造解析プログラムでの解析も行ったが、データ不足だったため効果的な結果は得られず、不完全燃焼に終わった。

図14
12mクラスで、ジェノア、ジェネカー、スピネーカーの選択に使われたチャート。艇種が変われば違ったものになる

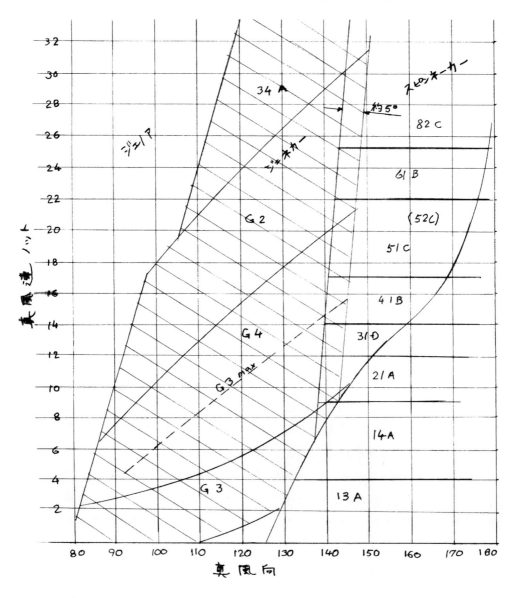

図15
ニッポンチャレンジ開発陣が試計算に使ったリグのモデル

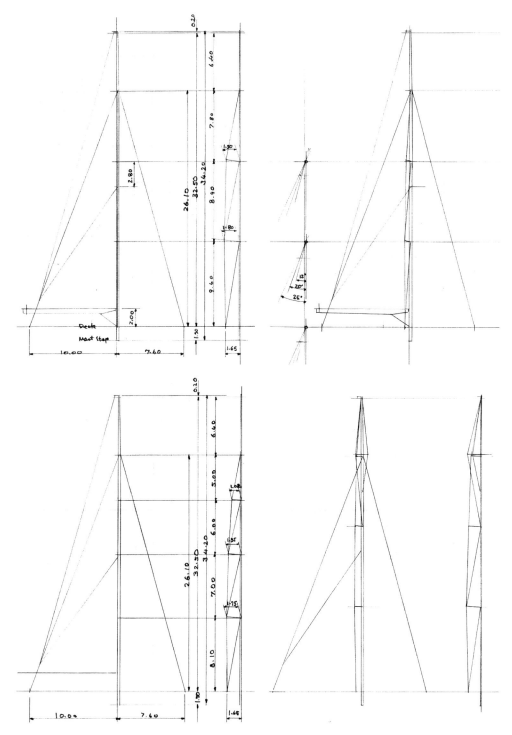

AC艇デザインの流れ

ニッポンチャレンジの技術チームでは、新しいIACCルールが決定したあと、ただちにルールに対応した船型の系統的なモデルが何隻か作成されて、水槽実験が行われていた。

リグ、セールについては、前述の通り中断してしまった。

艤装品は、部品メーカーであるリューマー、ハーケン、ナブテック、リガルナ（Rigarna）などと接触してデータを集め、強度と重量の比較検討を始めていた。想定されるデッキプランを書き、重量集計と重心位置推計を行った。

構造

艇体構造については、ヤマハ発動機の構造解析チーム（内田さん、清野さん、小杉さん、古川さんなど）が12mクラスのときから検討を始め、オフセット・データ（寸法表）から艇体形状とその表面をモデル化し、さらにFEM解析のプログラム「NASTRAN」を使って必要な計算結果を得る、一連の流れを確立していた。

IACCクラスでは、基本的に、艇体および甲板にサンドイッチ構造を想定している。あらかじめ樹脂を含浸させた（プリプレグ）カーボンファイバーを型の上にセットして、熱と圧力を加えて硬化させる工法である（図17）。

航空機産業ではすでに使われていた工法だが、わが国のヨット界では初めて採用する工法だったので、イギリスのStructural Polymer Systems Ltd.（SP Systems）と契約して技術を導入した。彼らはイタリアの挑戦者イルモロ・ディ・ベネチアとも契約していたので、AC艇についてすでに知見を持っていた。この技術を受け入れるヤマハ発動機も十分な基礎があったから、導入はスムーズに行われ、設計チームに所属していたヤマハ発動機の久保田 彰さんが詳細図面を描き続けた。私たちは100%信頼していた。

建造を受け持つヤマハ発動機マリン事業部ではプロジェクトチームをつくり、全体が協力体制をとっていた。静岡県にある同社の新居工場には、斉藤さん、野崎さん、奥崎さん、名人と呼ばれる服部さんなど、一流の職人さんたちがいて、「矢でも鉄砲でも持ってこい。手ぐすね引いて待ってるぞ」という感じの頼もしい人たちだった。

実艇建造に先立ち、相当大きな型を使っての建造手順と作業効率の確認、真空バッグ用ポンプの配置、加熱方法などのテストが行われた。この工法では、モノが大きくなればなるほど、均一に加熱することが難しくなる。どこかの国でマキシクラスの艇を同様の工法で建造中、焼き過ぎてコゲちゃったという話も聞こえてきた。舵板程度の大きさなら、専用のオーブン（オートクレーブ）を作れば、均一な加熱と加圧が可能である。航行機

図16　デザイン・フローチャート

文字通り、艇のデザインの流れを可視化したもので、これと日程表が組み合わさって全体が進行していく。いろいろな部署が独立して作業を進行しているから、日程を守ることは非常に重要である

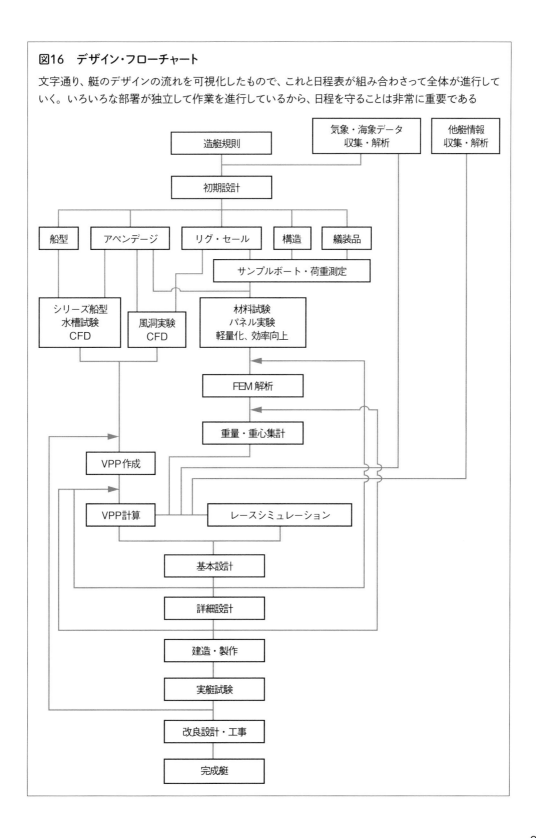

表1　IACCで許可される材料、硬化温度・圧力

	船体部		甲板部	アペンデージ	マスト・ブーム
最大ファイバー弾性率	235GPa		235GPa	235GPa	310GPa
芯材の厚み 芯材の最小密度	29〜51mm 0.057〜0.072		14〜36mm 0.04	―	―
最小外板厚み	船底	外側2.1mm 内側1.3mm	外側1.4mm 内側0.8mm	―	―
	船側	外側1.7mm 内側1.0mm			
最大硬化温度	95℃		95℃	135℃	135℃
最大硬化圧力	0.95 気圧		0.95 気圧	5 気圧	3 気圧

図17　真空バッグ法の概念図

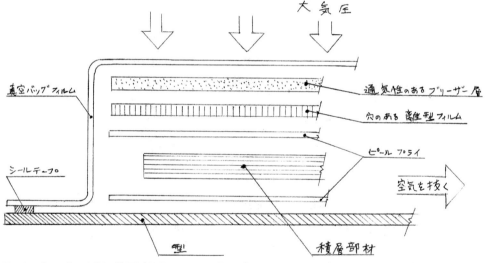

型の上にピールプライを置き、積層部材を置いて、さらにピールプライを置く。その上に離型フィルムを置き、ブリーザー（通気）層をのせて、全体を真空バッグ・フィルムで覆い、シールテープで全周囲を型と気密密着させる。複数の真空ポンプを配置して中の空気を抜くと、大気圧によって1気圧弱の圧力が積層材全体に加わる。同時に、全体を加熱して硬化させたあと、脱型し、ピールプライを剥がす

メーカーでは相当大きなオーブンを持っているそうだ。

　実際の艇体外板の厚みは、内側の層が1.10mm（舷側）、1.42mm（船底）、外側の層が1.76mm（舷側）、2.09mm（船底）、芯材は厚さ30mmのハニカム（アラミド系樹脂を蜂の巣状にした部材）である。

　デッキは凹凸があって単純ではないが、基本的に内側の層が1.10mm、外側の層が1.43mm、芯材は厚さ20mmである。

図18　積層指示書（ハルとデッキの一部分の例）

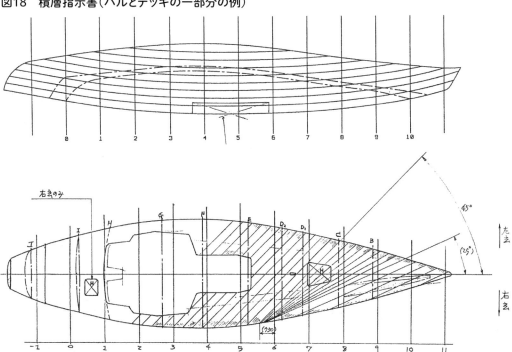

ルールに適合するかどうかは、メジャラーが実艇のハルやデッキから直径50mmのサンプルを切り出して検査する。

アペンデージ

空中のセールに対応する水中の翼として、アペンデージ（キールやラダーなど、艇体に付加されるもの）は、セーリングヨットには不可欠な要素だ。

キールはバラストとして艇全体の重心位置を低くして復原性を保ち、同時にセールに加わる横方向の力に見合うだけの反対向きの横力を発生させて横流れ（リーウェイ）をなるべく小さくし（約3〜5°程度）、風上へのジグザグ帆走を

可能にする。

ラダー（舵板）は方向転換や艇の針路を調整するのに必要だが、これも横力発生に大きく寄与している。

【キールとしてのバルブとストラット】

IACC艇は最大喫水が4mまでペナルティーなしで許されていて、可能な限り重心位置を低くしたいから、必然的にバルブ状の鉛のバラストを持つことになる。重量は約15トン（初期のもの）になり、ストラット（バルブを支持するフィン）との固着部の強度も十分検討する必要がある。

バルブとストラットの前後位置の関係は、東京大学・先端技術研究所の風洞

図19
ストラットとバルブの前後位置

1/4 STD　　1/4 MIDDLE　　1/4 FORE

図20
a：真円断面形バルブと前進角0°のストラット／b：同
じバルブと前進角15°のストラット／c：バルブとスト
ラットが一体となった形（ガーリック・キール）

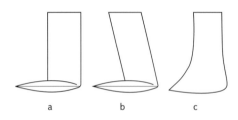

a　　　　　b　　　　　c

で、レイノルズ数（流体の慣性力と粘性力の比を表す無次元数）を変えながら抗力を計測した。結果はバルブ中央部にストラットを付けた形の抗力が小さかった（図19）。

　次に12mクラスの1/7模型に3種類のキールを用意して水槽試験を行い、トリム角（前後傾斜）とリーウェイ角2°（横流れ角）を与え、抗力と揚力を計測した（図20）。抗力は図〔b〕がやや小さく、トリムの影響も小さい。〔a〕と〔c〕はほぼ同程度。揚力は〔c〕のバルブ一体型が最も大きいが、重心位置が高くなる欠点がある。揚抗比で見ると〔c〕〔b〕〔a〕の順になる。

　この実験は東京都三鷹市にある旧船舶技術研究所の曳航水槽で行われたのだが、キールのみの実験を試行したとき、

水面での干渉が問題となり、船型委員会メンバーの先生方の間でカンカンガクガクの議論が始まり、デザイナーは蚊帳の外。見るに見かねて、船技研の山口真裕さんが、自分たちが知りたい部分の実験をこっそり行ってくれて、例えば翼の前縁は水面と直交するよりわずかに角度（前進角または後退角）を持たせたほうがよいと教えてくれた。

　バルブ形状は、細長くすると形状抵抗は減るが、摩擦面積が増えて摩擦抵抗は増える。どのあたりに最適な厚みと長さの比があるのか、船型委員会のメンバーも判断できない。そこで思いついたのが潜水艦だ。潜水艦は水中を航行し、造波抵抗はなく摩擦抵抗と形状抵抗を受ける。データは高度の防衛機密で非公開、最高速度も不明だが、高速護衛艦に相当するスピードを持っていると想像される。

　そんな潜水艦らは最適な厚み長さ比を持っているのではないか。その比は約1：13である。2次元翼型の場合でも、揚抗比（揚力と抗力の比）が最も高い厚み長さ比は1：12.5（8％）付近にある。その理由は抗力が小さいということで、それにより抵抗も小さいという、もっともらしいことがわかった。

　なお、バルブには揚力をあまり期待しない。バルブの断面形は、真円が摩擦面積最小になるが、上下につぶして扁平な楕円形にすると、摩擦面積がやや増すものの重心位置がやや低くなり、ストラット

図21　ソリングクラス（上）と、カナード艇（下）のアペンデージ

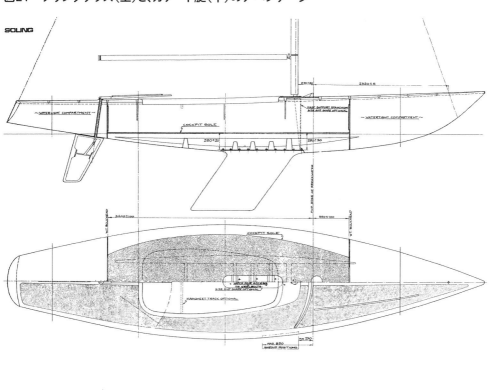

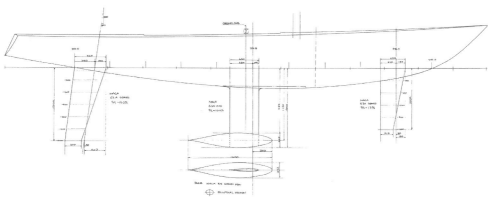

の側面積が増えて揚力の増加を期待できる。

【カナード】

　12mクラス時代に画期的なウイングキールが登場したが、同時期に、まだ成功してはいなかったけれど、カナード（前翼）も登場していた。これを上手に使えば旋回半径を小さくでき、ラフィング・マッチ（風上へ切り上がる戦術）にも有効ではないか、と考えて調べていた。

　実際にはどうなるのか、ソリングクラス

（全長8.2m、排水量1,000kg）にカナードを装着し、実艇テストを行った。総重量と前後上下の重心位置を同等にしたうえで、①カナードを固定してメイン・ラダーのみ可動、②カナードとメイン・ラダーを同時に動かすことが可能（このとき、カナードはメイン・ラダーの舵角の半分の角度でメイン・ラダーと逆向きに切れるようにセットした）の、2タイプを比較した。結果は操縦性がよく、上り角度もスピードもノーマル艇と対等以上だった。

またこのとき、波浪推進を研究していた東海大学の寺尾 裕さんのアイデアから、「おもてフィン」をカナードに付けての実験も行った。寺尾さんは19トン型漁船の船首部に水平方向のフィンを付けて、風速約10m/sの向かい風、波高約1mの中、約4〜5ktで前進できることを実証していた。AC艇では水面下の可動部は2カ所に制限されていて採用されなかったが、のちに堀江謙一さんがこの波浪推進を使って太平洋を横断している。

カナードはその後、AC艇にも装着してテストが繰り返された。

航空機専門家からの指摘

翼の研究は航空機の世界が進んでいる。そこで、当時、ヤマハ発動機・マリン事業本部・本部長だった堀内浩太郎さんに無理にお願いして、航空機の専門家の大森幸衛さんから、以下のような貴重なご意見を拝聴することができた。

図22　NACA 6系・層流翼型表面の速度分布

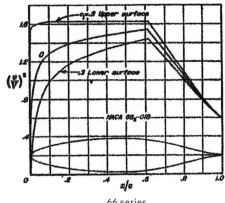

66 series

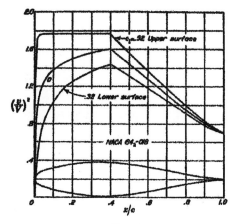

65 series

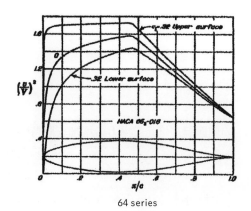

64 series

【Wing Section（翼型）について】

ヨットのキールやラダーの前進速度から、レイノルズ数は10^5〜10^7になり、ある程度、層流域（流線が規則正しい形をした層状を成す流れが起こる流速域）が存在するから、層流翼型を使う意味がある。

なお、ＮＡＣＡシリーズの翼型は、ＮＡＳＡ（米航空宇宙局）の前身であるＮＡＣＡ（米航空諮問委員会）が定義したものだ（図22）。

●ＮＡＣＡ 66 series：航空機ではほとんど使わない。遷音速域（音速と同程度の速度域）になると後縁剥離が大きくなる。

●ＮＡＣＡ 65 series：航空機で使うこともある。

●ＮＡＣＡ 64 series：実際に多くの航空機で使われている。新明和工業製の飛行艇や、戦後初の国産メーカーによる旅客機ＹＳ-11に使われた。

これらＮＡＣＡ 6系層流翼型の抗力は、バケツの底状に小さくなる範囲があるが、設計するときに、この部分を使い切る自信がなく、バケツの底をふさいだ中間値を採用していた。

●Wortmann FX翼型：ＮＡＣＡ 6系層流翼の改善で、さらに抵抗を減らしたもの。グライダー用の低レイノルズ数のきれいな翼面に用いられるが、実用機には使われていない。

【バルブとストラットとの結合部】

航空機では、胴体と翼の結合部を滑らかにするフェアリングはあまり行わない。むしろ、断面積ルール（断面積変化を小さくすることで、音速付近における抗力増大を抑える手法）により調整する。もちろんフェアリングをして悪くなることはない。空気は水と異なり、圧縮、膨張しやすいので、3次元収縮（3次元で圧縮されるような箇所）は抵抗の面からはあまり問題にならないが、3次元拡散（3次元で膨張するような箇所）は避けるべきである（ストラット後端とバルブ上面の交点など）。

【カナード】

重心位置と揚力中心位置との関係から安定性が悪くなるが、コントロールできれば操縦性がよくなる。航空機は電子制御を前提にしているが、ヨットのように低速なら電子制御は必要ないかもしれない。1986年に、初めて無着陸・無給油での世界周航を果たしたディック・ルータンの〈Rutan Voyager〉は、カナードを持つ固定翼機だが、重心が変わらないものであれば前翼から失速するから、安全サイドの設計といえるだろう。

【ラダーの平面形について】

楕円形は誘導抵抗が最小となり、戦前の飛行機の翼として多用されたが、失速が急激に起こり、その対策を十分取ると利点が失われるため、最近は使われない。ルートコード（根元の翼弦）とティップコード（先端の翼弦）の比が0.5の矩形

板は、スパン（翼長）方向の揚力分布が楕円形に近くなる。揚力係数がCl=0.27程度なら失速は起こりにくいと思われる（図23）。

【ラダーのルートコードを減らすこと】

　飛行機の胴体に尾翼を付ける際、ルートコードを減らすことはない。スパン方向の揚力分布を悪くし抵抗が増えるからだ。ただし、長い胴体の後部にあるため、境界層（流体の粘性の影響を受ける部分。層流境界層と乱流境界層に分類できる）が厚くなって剥離することもあり、せっかくルートコードが大きく、面積が大きいところで流速が減り、予定した揚力が得られないことがある。ヨット

の場合、ヒールしてラダー上端が水面から出てしまうことがあるようなら、ルートコードは小さくてもよいのかもしれない。

【翼端の形】

　ティップの形状については昔から定説がなく、半円状にしたり、角だけ落としたりと、多少実験してもあまり差異は出てこない。主として、感覚的なものが多いと思われる。

＊

　アペンデージの開発はこのあとも最後の最後まで続けられたのだが、それについては別項で述べることにしよう。

図23　ラダーの形状

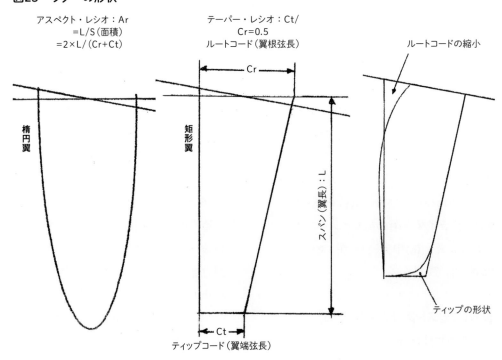

アスペクト・レシオ：Ar
=L/S（面積）
=2×L/(Cr+Ct)

テーパー・レシオ：Ct/Cr=0.5
ルートコード（翼根弦長）

ルートコードの縮小

楕円翼

矩形翼

Cr

スパン（翼長）：L

ティップの形状

ティップコード（翼端弦長）

Ct

気象調査を実施

ニッポンチャレンジ技術性能解析チーム（永海義博さん、鹿取正信さん、東島和幸さんなど）は、12mクラス開発時から集めてきた各種の実験データを駆使して、AC艇独自の速度予測プログラム（VPP）を作り上げた。このVPPを使って、同一レーティングで異なる諸元（長さ、排水量、セール面積など）を持つ艇の帆走スピードを比較することができる。問題は、開催地がニュージーランドのオークランドになるか、アメリカのサンディエゴになるか、1989年の時点でまだ決まっていないこと、さらに挑戦者決定シリーズを勝ち抜かなければならず、これが長期（約4カ月）にわたるので、風の予想が難しいことだった。

気象海洋コンサルタントの馬場邦彦さんに依頼して得た、10月から翌年4月までのオークランドにおける予備調査結果は、60ページに及ぶ詳細なものだが、簡素化して風速風向データを見ると、月によって変動はあるものの、15〜18ktの風が吹く頻度が最も高く（30%）、12〜14kt（18%）、9〜11kt（17%）となっている。南西風または北東風が多く、予想されるレース海面の周辺地形から、南西風の場合、海面は比較的穏やかだが、北東風の場合、波高約1.2m、波長23mと推定される（図24）。

一方、サンディエゴ沖の1〜4月における海上風速頻度を、1984年から

図24
オークランドの風向風速予備調査の結果

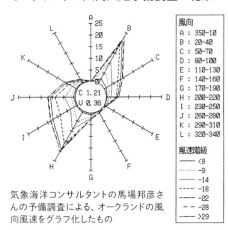

気象海洋コンサルタントの馬場邦彦さんの予備調査による、オークランドの風向風速をグラフ化したもの

1988年までの5年間分、公表されているデータからグラフ化したのが図25である。ここでは10〜12ktの頻度が高いことがわかる。馬場さんによる調査結果も同じような傾向を示していた。

ニッポンチャレンジの1号艇の進水日程から見ても、開催地決定を待っていたのでは設計・建造が間に合わなくなるので、やや低めの風速である10kt付近をターゲットと決めて、VPP計算により最適と思われる組み合わせが決定された。低めの風速を選んだ理由は、インショアレーサーにとって、軽風時のパワー不足は取り返しがつかない結果を生むおそれがあるからである。

ルールの中で少しでも疑問が生じた箇所は、IACC Technical Directorのケン・マカルパインさんにファクスで問い合わせた。各国からの質問も続出し、いくつかのパブリック・インタープリテーションも発行された。

図25 サンディエゴの風向風速

公表データに基づき、1984 〜 1988年におけるサンディエゴ沖の1〜4月の海上風の頻度をグラフ化したもの。縦軸が出現頻度、横軸が風速（kt）で、左の列が11:00 〜 14:00、右の列が13:00 〜 16:00

時刻 11:00 〜 14:00　　　　　時刻 13:00 〜 16:00

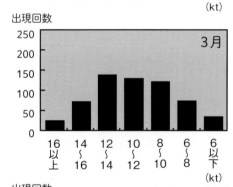
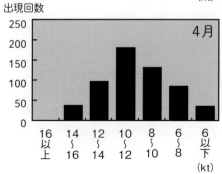

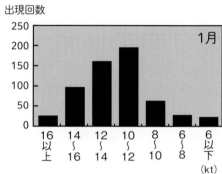
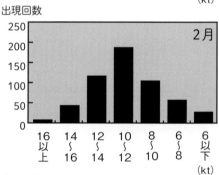
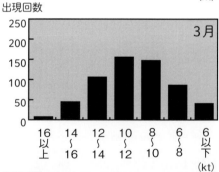
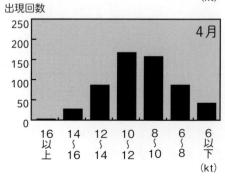

重量と重心位置の積算見積もり

　重量は単純明快なものだが、お金の計算に似ていて、ちょっと油断するとたちまち予算（重量）オーバーするし、少しだけ変えたつもりなのに大きな変更をもたらすから、油断のできない生き物のようなものである。

　艇体、甲板とそれぞれの構造部材、艤装品、リグ、計器類、安全備品など、一つひとつの重量と重心位置を計算し、または実測して積算していく地道な作業を繰り返し行うことになる。この作業が終わると、キールバラストの重量と、望ましい重心位置が求められる。

　AC艇の場合、ワイヤで1本づりにして総重量を実測する。計測証書が有効な重量の変化に対する許容量は±25kgで、総重量に対して0.1％以内である。見積もり計算でこの範囲に収めることは不可能だから、マージンをとり、進水後

ニッポンチャレンジ1号艇〈ニッポン〉の概要（図26〜30、表2）

図26　面積曲線
面積曲線は艇体の水線下の断面積を前後方向にプロットした曲線で、デザイナーにとっては非常に重要な検討事項となる

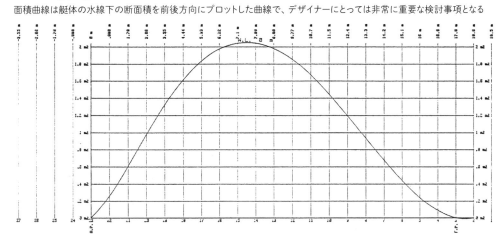

図27　船体線図

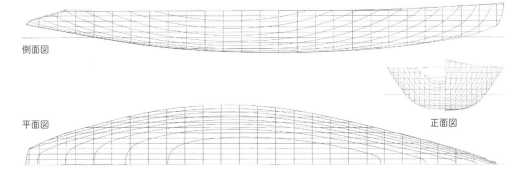

側面図

平面図

正面図

図28　セールプラン

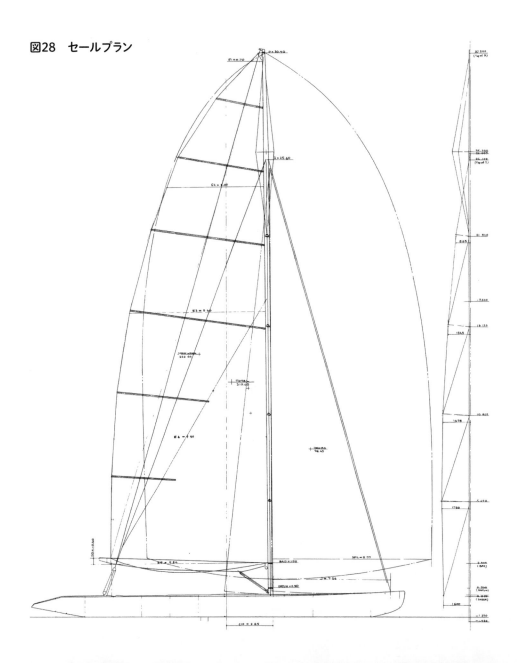

のトリム（前後傾斜）修正用にインサイド
バラストも用意する。

　1号艇のアペンデージ（船底付加物）
としては、図31に示す2種が選ばれた。

　これらの下端のバルブを支えるスト
ラットは、オフィシャルサプライヤーの神

戸製鋼所によって製造された。担当者
（阿部さん、藤原さん、三原さんなど）は、
強度上の問題を詳細に検討し、設計変
更を加えながら、「aタイプ」は艇体と固
着するフランジ部と一体で鍛造により形
が造られ、大事な65系層流翼型のスト

図29 デッキプラン

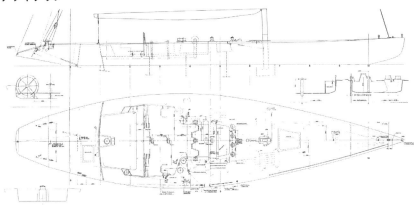

図30 全体構造

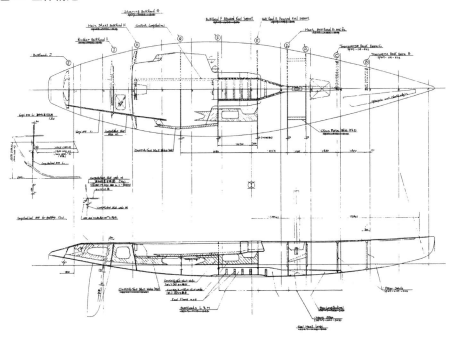

表2 決定された要目と諸係数

全長	23.130m		プリズマ係数	Cp	0.57
水線長	17.760m		ブロック係数	Cb	0.42
全幅	5.500m		浮心前後位置	LCB	4.43% aft
水線幅	3.845m		浮面心位置	LCF	6.10% aft
艇体喫水	0.709m		排水量長さ比	$L/\Delta^{(1/3)}$	6.29
喫水	4.000m		バラスト比	$Ballast/\Delta$	75.36%
排水量	23.090t		帆装係数	$SA^{(1/2)}/\Delta^{(1/3)}$	6.27
バラスト重量	17.40t		面積比	SA/Wet. S	4.21
セール面積	314.0m²				

図31　二つのアペンデージ案

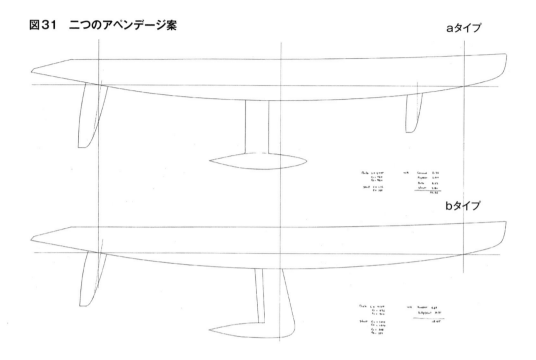

神戸製鋼所で製造された、「aタイプ」のキールストラット切削の様子。最初は左のように粗削りし、徐々に切削機の加工精度を上げて、平滑な状態に仕上げていった

ラット部はNCエンドミル（数値制御切削機）により削り出した。「bタイプ」は鋼板溶接構造で設計を始めたが、3次元で変化する形状に手こずり、鋳鋼製に変更して完成した。並々ならぬ努力に感謝です。

バルブ部の鉛鋳造物は、浜松にある鈴春工業で鋳造された。15トン近い鋳造物を扱うことができる工場は、現在、国内では絶滅危惧種に属していると思われる。

AC挑戦艇が続々進水

1989年9月、ニッポンチャレンジ1号艇の起工式が行われ、建造が本格化した。関係者に記念品の"ゴールデンハンマー"が用意され、自分も頂戴した。真鍮

製の金づちで、柄の後端にネジが切って
あり、中からマイナスドライバーが出てき
た。うれしかったなぁ。これで、ヨット先進
国の先端技術に追いつくことができたの
かな、という思いもあった。

1990年3月初旬に、フランスのAC
1号艇〈F-1〉（図32）が進水したという
ニュースが流れてきた。

2週間後、イタリアのシンジケートから
進水式への招待状が届き、デザインチー
ムの久保田 彰さんが、樽酒（たる）を持って参
上した。この進水式で、イタリア艇は〈イ
ルモロ・ディ・ベネツィア〉（図33）と命
名され、ベネチアのゴンドラ300隻が参
加し、盛大な式典が行われた。久保田さ
んがシンジケート会長のラウル・ガル
ディーニさんにお祝いを述べたところ、
樽酒のお礼をされたそうだ。もちろん、
情報収集も怠りなく、帰路にフランス
チームにも出向き、プレスリリースでは
得られない情報を持ち帰ってきた。

同年4月22日、ニッポンチャレンジの
1号艇である〈ニッポン〉が、愛知県の
蒲郡ベースキャンプで進水した。式典に
は三笠宮信子妃殿下がご臨席になり、
挑戦クラブであるニッポン・オーシャン・
レーシング・クラブ（NORC：日本外洋
帆走協会）の方々、スポンサー企業とサ
プライヤー企業のみなさま、草の根応援
団、地元のみなさんも多数参加し、盛大
に挙行された。トランサムに入れられた艇
名の「日本」の文字は、海部俊樹内閣総
理大臣（当時）が揮毫（きごう）されたものである。

その前後に公表された各チームの艇
のデータと、推定したデータを使って、わ
れわれの艇と比較したものが、図34で
ある。

そして、〈ニッポン〉進水の4日後の4
月26日、SDYC（サンディエゴ・ヨットク
ラブ）と、MBBC（マーキュリーベイ・
ボーティングクラブ）との間の、2年8カ
月にわたる法廷闘争が決着。第28回ア
メリカズカップの開催地はサンディエゴ

ニッポンチャレンジ1号艇の起工式での記念写真。左か
ら、ヤマハ発動機の小宮 功・常務取締役（当時）、エス
ビー食品の黒木昭光・専務理事（当時）、筆者、ニュー
ジーランド人のアール・ウィリアム。関係者には右
のゴールデンハンマーが渡された

愛知県蒲郡市のベースキャンプで挙行されたニッポン
チャレンジの1号艇〈ニッポン〉の進水式の様子。来賓、
報道関係者、寄付者、一般市民、地元セーラーなど、約
5,500人が集まった、盛大なセレモニーとなった（月刊
『KAZI』1990年6月号より）

他チームのAC艇のセールプラン

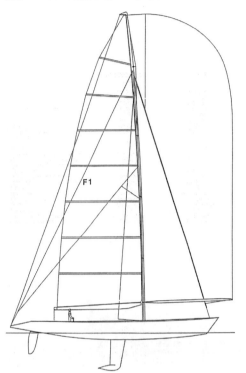

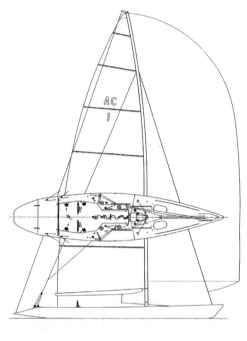

図32 フランスの〈F-1〉

新しいルールに基づくIACCとして進水第1号となった、フランス〈F-1〉のセールプラン

図33 イタリアの〈イルモロ・ディ・ベネツィア〉

派手な進水式典を挙行して注目を集めた、イタリア〈イルモロ・ディ・ベネツィア〉のセールプラン

図34 IACCのレーティングによるL、S、Wのコンター（contour）曲線

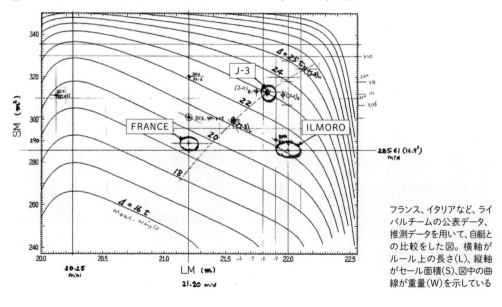

フランス、イタリアなど、ライバルチームの公表データ、推測データを用いて、自艇との比較をした図。横軸がルール上の長さ（L）、縦軸がセール面積（S）、図中の曲線が重量（W）を示している

に決定し、1992年1月から挑戦者決定シリーズが開始、本戦は5月初旬となる見通しがついた。この時点での挑戦者は11カ国、14シンジケート（日本、オーストラリア、イギリスが各2、フランス、イタリア、カナダ、デンマーク、スウェーデン、スコットランド、スペイン、ドイツが各1）だった。

ニッポンチャレンジの応援団長を務めてくれた加山雄三さんと妻の静枝と一緒に

ニッポンチャレンジのボードメンバーだった大儀見 薫さん（左写真）と、木村太郎さん（右写真）

ニッポンチャレンジの1号艇〈ニッポン〉の進水式の後日、関係者一堂が乗り込んで記念撮影を行った

2号艇〈ニッポン〉（JPN-6）

セーリングチームについて

ニッポンチャレンジのセーリングチームは、1988年4月、愛知県蒲郡市にベースキャンプが設置されたのち、クルー（乗員）募集が行われ、全国から有能な若者が選抜され、トレーニングを重ねてきた。

もとより、日本を代表するセーラーも数多く参加していた。中でも、オリンピッククラスや外洋レースでも名を馳せていた小松一憲さんは艇長候補の最有力者だったが、突然解雇されてしまった。詳しい理由は知らないが、実行委員会のメンバーで技術委員長の野本謙作さんが決めたことらしい。私にとってはかなりショックだった。

ニッポンチャレンジは、12mクラス艇をニュージーランドから購入したこともあり、アメリカズカップの経験がある優秀なニュージーランドのセーラーを招聘してレベルアップを図っていた。その中から正式にチームに参加したのが、クリス・ディクソンさん、アール・ウィリアムさん、マイク・スパネックさん、ジョン・カトラーさんたちだった。

さらに、セーリングコーチとして、クリスさんの父君のロイ・ディクソンさんが参加した。ロイさんはセーリングを熟知し、コーチとして優秀だったが、専門は土木技師で「船型委員会」とは無縁の人だった。

下：ニッポンチャレンジの特別コーチとして強い発言力を持っていた、ロイ・ディクソンのインタビュー記事（月刊『KAZI』1990年3月号）

上：蒲郡市のベースキャンプ内に設けられたトレーニングセンターで、フィジカルトレーニングを行うニッポンチャレンジのクルーやスタッフたち（月刊『KAZI』1989年3月号）

やがて、セーリングチームはこれらの
ニュージーランド国籍の人たちが主導す
る形となっていった。腕と経験が支配す
る世界だから当然といえば当然の成り
行きだったと思われる。彼らは2年以上
日本に住み、ルールが要求する国籍条
項をクリアした。

2号艇の建造が決定

ニッポンチャレンジのAC1号艇〈ニッ
ポン〉（JPN-3）の建造が進んでいたこ
ろ、ロイさんも実行委員会（ボード・メン
バー）に加わった。実行委員会は会長を
補佐し、財務、総務、広報、セーリング
チーム、技術チーム、セールメーカー
チーム、メンテナンス・ショアチームなど、
すべての部門を掌握し、次々に出てくる
懸案の可否を決定する機関である。

1号艇の進水が間近なころ、2号艇を
建造することが決まり、技術チームは
1号艇の動作、デッキ上の操作、帆走性
能などを確認した上で、2号艇の設計を
始める予定だった。

しかし、実行委員会が下したのは、同型
艇を建造し、2ボートテストを行うという、
腑に落ちない決定だった。これでは性能
向上を目指した改造はできない。なんの
ための2ボートテストなのか。セールの改
良やクルーの鍛錬と選別には役立つだ
ろうが、それらは高価なAC艇でなくても
できることだ。

全体スケジュールから見ると、確かに

ニッポンチャレンジのAC1号艇（JPN-03）の計測に来日
したケン・マカルパイン氏歓迎のうたげ

時間的には切迫していたが、1号艇という
ベースがあるから、改造設計を行う時間
はなんとか入れ込むことができたのでは
ないかと思う。組織で動いているからや
むを得ないが、今まで大きな組織の中で
勤務した経験がない“一匹子羊”の自分
の詰めの甘さと非力さを痛感した。残念。

その後、野本先生は技術委員長の立
場は変わらなかったが、実行委員を辞任
された。

1号艇（JPN-3）はケン・マカルパイン
さんが来日して計測を実施、正式なレー
ティング証書が発行された。証書に記載
された最終値は41.935（m）、64mm
の余裕があった。

実艇でのデータを解析

AC艇による本格的なセーリングが始
まり、そのポテンシャルを最大に引き出
すためのトレーニングが開始された。

性能解析チームもオンボードコン
ピューターを使ってデータを集め、伴走
するテンダーにもPCを載せて、無線で

データを送ることも試みていた。風向風速計、スピードメーター、ヒール計、舵角計、コンパス、GPSなどからのデータを時系列を合わせて取り込み、解析する作業である。蒲郡の海は周囲が陸地に囲まれて波は小さく、その点では都合がよいのだが、風が不安定なので、好条件下でデータを取るのに相当な時間が必要だった。

正確なデータを得ようとすると、計測機器そのものの精度も気になる。スピードメーターの水槽実験や風向風速計の風洞実験も行って、必要な精度を持っていることを確かめた。

風向風速計はマストヘッドに取り付けられていて、水面上約35mにあり、そこで得られる風速値は、デッキ上（水面から約1.6m）の風速値とは異なる。ウインド・シアーまたはウインド・グラディエントと呼ばれる現象で、高さによる風速の変化と風向の変化（捩れ）も起こっていることがある（図35）。

また、セールに風が当たれば流れの向きが変わるが、セールに風が当たる前から流れの向きが変化し（アップウォッシュと呼ばれる現象）、風向計および風速計の示度にバラツキを与える。それが顕著だったのはスピネーカーを揚げたときだった。この影響を小さくするために、なるべく高く（マストトップから約1.6m）に風向風速計を設置した。あまり高くすると支持パイプの剛性が問題になる。ヒールとピッチ（横傾斜と縦傾斜）の影

1990年5月4日の中日新聞紙面より。このインタビュー記事は共同通信により配信され、多くの新聞に掲載された

響もあるが、それらは計算処理によって修正した。

さらに、帆走中はマストにも捩れが生じるので、その修正が必要になる。実際、実艇テストによるデータ採取とその事後処理は、外的条件も加わり、かなり複雑なのだ。

微妙なのはリーウェイ角（横流れ角）の計測だった。精度の高いDGPS（ディファレンシャルGPS）を船首と船尾に設置して計測すれば可能ではないか、など検討したが、潮流や海面表層流の影響もあり、中止した。そこで、船底前部に設置したカナードの回転を自由にして計測したところ、クローズホールドでは3.8〜4.2°という結果を得た。

艇体各所には歪み計を取り付けて、セーリング中に受ける応力の測定を行

い、有限要素法（FEM）の計算結果と比較した。また、静止状態でランニング・バックステイに張力を加え、艇体の撓みを測定した（図36）。

　実艇による曳航実験も行った。テンダーから150mの曳航索を伸ばし、テンダーが造る波の影響を受けないようにして、1/3,000の精度の2トン・ロードセル（荷重を電気信号に変換する装置）を介して曳航した。この実測抵抗値から風圧抵抗値を計算して差し引き、水槽実験データから実船換算した抵抗値と比較した。艇速は曳航されるAC艇のスピードメーターによるものである。これにより、水槽実験のデータが十分な精度を持っていることが確認できた（図37）。

　なお、テンダーは全長15.5m、排水量12トン、420馬力エンジン2基掛けである。

図35　高さによる風速の違い
※水面上10mにおける風速10ktのとき（Kerwinの式による）

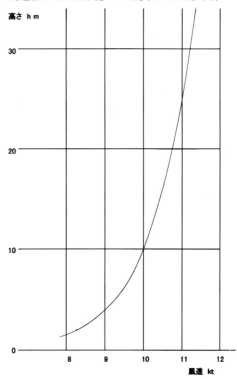

水面上1.5mでは約8kt、水面上30mでは11ktを超えていることがわかる

図36　撓み試験
バックステイの張力を増していったときの、艇体の前後方向の撓み

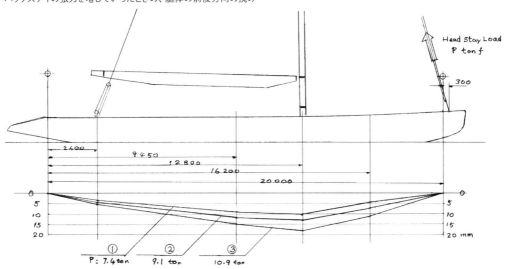

239

2ボートテストの開始

1990年8月末に2号艇が進水し、ロイ・ディクソンさん主導による同型艇2艇による2ボートテストが始まった。ロイさんは「two identical boats（二つの同じボート）」を要求したから、実測重量も同一にする作業があり、なんだか後ろ向きの仕事をしているような気分になった思い出がある。

異なるアペンデージ（232ページの図31）を付けた2艇のテスト・セーリングを行ったところ、10〜12kt以下の風では「bタイプ」が優勢だったが、キールの形状から軽量化が難しく、重心位置も低くできないことから、「aタイプ」を選択し、

図37
曳航実験による正立時（ヒール角：0）の実測値と抵抗曲線

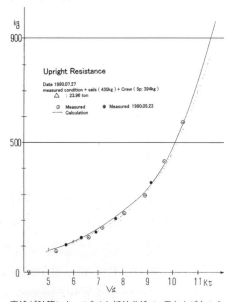

実線が計算によって求めた抵抗曲線で、黒および白の点が実測値

さらに先鋭化していくことになった。

セールトレーニングが進むにつれて、採集したデータ量も増えてきて、速度予測プログラム（VPP）による計算値と比較することもできた（図38）。VPP自体も改良が重ねられ、実測データにはバラツキがあるものの、ほぼ正確に帆走性能を示していて、セーリングチームもそれを実感し、納得してくれた。

このころ（1991年の春）には、次のアメリカズカップで使われるレースコースも発表されていた（図39）。このコースを基に、少しずつ要素を変えた艇を走らせて、VPPによって所要時間を計算し比較検討することができる。ただし、当然、風速によって異なる結果が出てくるから一筋縄ではいかない。ラインスピード（一定方向へのスピード）は、重めの艇がよいのだが、この計算ではタッキング（方向転換）後の立ち上がり時間などの要素は入ってこないから、ラインスピードを最重要視するのも多少リスクがある。

技術チームとしては、三河湾を出て、波のある海面でテストセーリングをしてみたかったのだが、実現することはなかった。

図38
VPPによる計算値例の
ポーラーカーブ表示

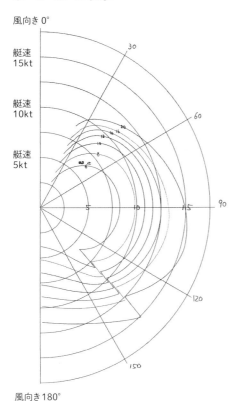

図39
第28回アメリカズカップのレースコース

スタートライン→Ⓐ→④→①→②→③→④→①→フィニッシュラインの順に回る。すべてのマークは時計回りでコース全長22.6NM（ノーティカルマイル）
○真上りコース：9.7NM（42.9%）
○真ランニングコース：6.7NM（29.7%）
○クォータリーコース：3.6NM（15.9%）

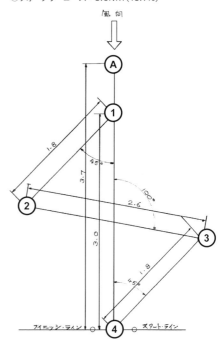

表3　ニッポンチャレンジAC1号艇（JPN-3）重量配分および重心位置（1991.03.22の実測値）

	項目	重量 (kg)	重心前後位置 Sta.5より (m)	重心上下位置 DWLより (m)
1	船体、甲板、隔壁、ブラケットなど	3,622.0	-0.07	0.58
2	キール、バルブ、ストラット、ボルトなど	15,962.0	-1.02	-3.24
3	操舵システム	243.2	-3.00	0.00
4	マスト単体	677.8	2.70	17.43
5	ブーム、スピンポール	184.6	0.31	2.42
6	静索	442.0	2.05	13.09
7	動索（1）マストに付属するもの	75.0	2.70	14.56
8	動索（2）（1）以外のもの	105.3	0.40	1.62
9	艤装金具（1）ウインチシステム	508.4	-2.99	1.10
10	艤装金具（2）ブロック、トラックなど	271.9	0.56	1.10
11	艤装金具（3）その他	298.7	0.76	0.67
12	油圧システム	167.5	-1.96	1.46
13	電装システム、バッテリー、計器類など	296.8	-2.80	0.93
14	内部造作	129.7	0.30	-0.18
15	安全備品、アンカー、ライフジャケット等	105.1	-2.27	-0.42
	合計	23090.0	-0.72	-1.25

※Sta.5：ステーションナンバー5＝艇全長の中央　DWL：計画喫水線

マストの製作

　ヨットデザイナーの武市 俊さんと村本信男さんは、T&Mマリンエンジニアーズを立ち上げて、ヨットの設計のみならず、重要な部品であるアルミマストやリギン金具などの製作プロモーションを行っていた。中央産業（株）が製作・販売していたROMウインチやアルミハッチなどもその成果物だったといえるだろうが、残念ながら国内の需要は多くなく、消滅してしまった。

　T&Mはマストやリギンを作り続け、技術とノウハウは現トータルプラント（株）に引き継がれている。お二人とも横山（晃）設計事務所のOBで、私の兄弟子

になる。村本さんにはニッポンチャレンジの設計チームにリグ担当者として参加していただいた。

　T&Mでは、それまでの経験から、国外のスパーメーカー、Proctor（プロクター：英）、Sparcraft（スパークラフト：米）などや、リギンメーカーのRiggarna（リガーナ：英）、油圧機器のNavtec（ナブテック：米）などと取引があったから、ワイヤロープはもちろん、ニッケル・コバルトのロッドとその端末金具などの、強度や寸法の詳細と価格の資料を短時間で集めることができた。

　繊維ロープについても、スペクトラ、ダイニーマ、ケブラー、テクミロン（商品名）など、比強度（単位重量あたりの強

ニュージーランド製のJPN-3のマスト

マストヘッド部

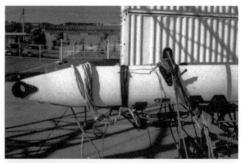

下端とグースネック部

フォアステイ取り付け部

スプレッダー先端部

度）の高いものが出そろい、それぞれの
特徴を生かして使い分けることにした。

　ニッポンチャレンジのAC1号艇
（JPN-3）と2号艇（JPN-6）のマスト
は、BFA（ブルース・ファー事務所）設
計で、ニュージーランドのSouthern
Pacific Boatyard Spar Division
（サザン・パシフィック・ボートヤード・ス
パー・ディビジョン。現・Southern
Spars：サザンスパー）で造られたもの
だが、村本さんの現地調査を踏まえて決
定され、製造開始から約10週間で到着、
無事に進水式に間に合った。

　しかし、計測重量は1,160kgで、アメ
リカズカップ・ルールのミニマム値であ
る850kgより重く、また、同ルールの国

籍条項からいっても、マスト本体は国産
化しなければならなかった。

カーボンマストを製造

　当時、カーボンファイバーを製造して
いる会社はいくつかあり、相談している

図40
スタンディングリギン荷重実測値
風上航および風下航の最大値

V 1	23.8 ton
D 1	5.8
V 2	19.8
D 2	4.2
V 3	18.6
D 3	2.7
V 4	17.0
Diamond	8.9
Fore Stay	11.3 ton
Back Stay	1.6
Runner	5.8
Check Stay	1.1
Jumper Stay	5.0

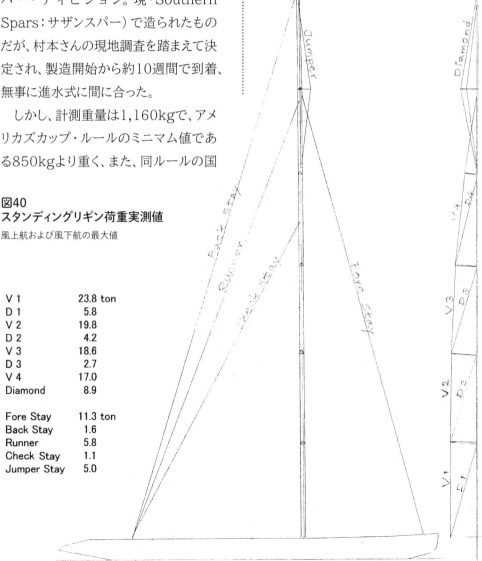

図41 ランニングリギン荷重実測値

セーリング中に計測した値をプロットしたもの。スピンシートの荷重はバラツキがある

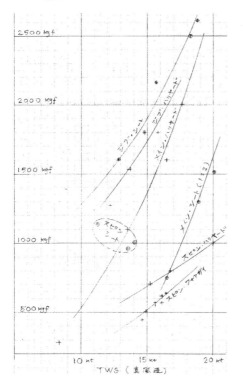

うちに、三菱レイヨン（現・三菱ケミカル）が全面的に協力してくれることになった。系列の三菱重工業ではすでに自衛隊の飛行機を製造していたし、ボーイング社の部品製造には同社のカーボン繊維が使われており、材料と工法に精通し、確かな技術を持っているグループなので好都合だった。その後、技術陣の方々（中川さん、岡さん、児玉さん、前田さん、五味さん、木場さん）との打ち合わせを行ううちに、さまざまな工法が考えられることがわかった。

中空の長尺ものとしては、ヘリコプターのローターブレードがあり、ブラダー法（内圧成形法）により製作している。雌型に積層材を置き、内面にシリコンゴムの膜（ブラダー）を挿入し、内部から熱膨張により圧力を加える方法である。圧力は3気圧、加熱温度は130℃程度でよく、ルールの許容範囲にあり、魅力的だった。

オートクレーブ（圧力と温度を制御できる圧力窯）は、長さ6mのものが三菱レイヨン豊橋工場で稼働していたが、それ以上長くなると炉内の圧力と温度の均一性を保つことが難しくなる。なお、3気圧（ルール最大）程度の加圧では、本来のオートクレーブとはいえず、通常は9気圧程度加圧するそうだ。

パイプや釣り竿にも利用されるフィラメント・ワインディング法（シートラップ成形）は、繊維含有率を80%程度まで上げることができるし、強度要求に対して繊維の方向も自由に選べるから高強度製品を作ることができる。しかし、長さは10mくらいまでが可能であろうとのことだった。

そして、実際に製造する方法と手順を検討した結果、6mのオートクレーブを使い、順次接合していく方法が有望だったのだが、接合に要する時間と重量増加を嫌い、縦割り一体型（2分割）を作り、真空バッグを使って加熱（135℃）することになった。三菱レイヨンはこのために、長さ37m、幅5.4mのプレハブ工場を造ってくれた。

図42　国産カーボンマストの断面図

前後に2分割して製作したものを接合する。肉厚は左右で10mm、前後で20mm。カーボンファイバー繊維の方向は0度（上下方向）、＋45°、0°、−45°、0°の組み合わせで、90°方向はなく、ささくれるのを防ぐため内側と外側に合計厚み約1mmのクロスが使われている

●積層材の引っ張り強度：196kg/mm
●積層材の圧縮強度：152kg/mm
●積層材のヤング率（縦弾性係数）：15,200 kg/mm

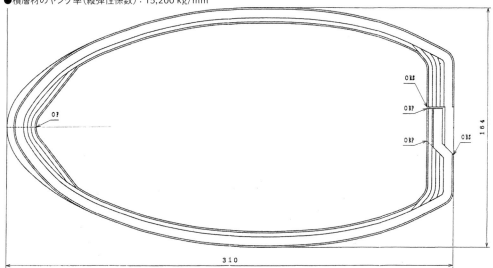

設計の基本は座屈対策

　村本さんは本業が忙しくなり、ロイ・ディクソンさんからは100％のコミットメントを要求されたこともあって、T&Mに在籍したことのある高橋太郎さん（当時、MDS：マリンデザインシステム所属）がリグ設計チームに加わった。

　設計を進めるために、マストに加わる荷重を正しく推定する必要がある。リギンにストレインゲージ（歪み計）を張り付けてセーリングし、荷重を実測した。

　また別の機会には、マストの設計と直接的な関係はないが、ハリヤードやシートの荷重も実測した。

　同時にニュージーランド製のJPN-3のマスト実物を正確に寸法取りし、各部の肉厚やリギン取り付け部などの補強が必要な箇所などを詳細に調べた。

　高橋さんは三井造船昭島研究所の煙風洞を使って、マスト形状の定性的な実験を行い、最終形状を求めた。

　マストは基本的に、圧縮荷重による「長柱の座屈」という力学理論に従って設計される。圧縮応力が材料の許容範囲にあっても、「座屈」により折れてしまう現象である。実際のマストは、前後左右をリギンで支持され、下端はピン固定で、デッキレベルでの支持はある程度自由度のある拘束になる。リギンに加わる荷重はセーリング状態によって変化し、曲げや捩れを起こすから、静的な計算で

は、条件付きの答えが与えた条件の数だけ出てくる。実際の挙動を含む解答を得ようとすると、FEM解析や非線形解析を行う必要がある。

三菱レイヨンの児玉さんの主導によりこれらの解析が実行され、マストステップでの圧縮荷重70tに対し、座屈モードと撓み量の計算、必要な剛性を持つ積層構成と積層厚み、重量計算などが進められ、実物大断面のテストピースによる確認を経て、製造が開始された。

完成したマストは、金具とリギンの軽量化もあり、ルール・リミットの850kgよりも軽く、補正ウエート56kgが必要だっ

た。ニュージーランド製のものと比較すると、全体で約300kgの軽量化が実現した。虎の子のマストの完成だ。

深夜の人力マスト輸送

次の問題は輸送だった。マストは長さが35mもあり、以前から懸念されてきたことなのだが、木曽の御嶽山の筏のように川を利用する案（浅瀬があって不可）、ヘリコプターでつり上げる案（市街地では不許可）などはいずれもダメで、結局、地元警察の許可をもらい、隊列の前後に警戒車を配置して、深夜から早朝にかけて台車に載せ、5kmの道のりを人力で港まで運び、船積みしてアメリカへ送った。

アメリカ到着後は、テンダードライバーの高田幸満さんが奮闘して、ベースキャンプに無事送り届けた。

その後、三菱レイヨンは、本戦用を含めて合計5本のマストを製造してくれた。

ニュージーランド製のマスト（左）。スプレッダーの特殊な形状にも注目。右は、このマストをセットしたニッポンチャレンジの1号艇（JPN-3）の詳細をレポートした月刊『KAZI』1990年7月号の記事

3号艇〈ニッポン〉（JPN-26）

サンディエゴ・ベースキャンプ

　1991年1月、JPN-3とJPN-6を　船積みし、日本からサンディエゴへ送り出した。2月に壮行会が開催、3月には現地にニッポンチャレンジのベースキャンプ（以下、BC）が開設され、総勢約60人が派遣された。

　BCはサンディエゴの北側にあるミッション・ベイにあり、フランス、スウェーデン、スピリット・オブ・オーストラリアのキャンプと隣接していた。ほかのチャレンジャー（イタリア、ニュージーランド、スペイン、チャレンジ・オーストラリア）のBCは、サンディエゴ・ベイにあった。ディフェンダー候補のアメリカ・キューブとチーム・デニス・コナーは、両者ともサンディエゴ・ヨットクラブに所属していた。同クラブは1886年に創立され、ニューヨーク・ヨットクラブ（1844年創立）よりは新しいが、メンバーからたくさんのオリンピックメダリストや世界選手権出場者を輩出した名門クラブである。知れば知るほど格差を感じてしまう。なにくそ。

　私たちの宿舎はブエナヴィスタと呼ばれる一画にあり、ご老人が多く居住する静かなところで、1軒を2、3人でシェアしていた。別棟の食堂もあり、シダックスの高橋さんというシェフが日本料理などを用意してくれた。宿舎へのメンバーの割り振りなどの細かな設定を、総務担当の小野澤秀典さん（当時・ヤマハ発動機）が魔法使いのようにこなしていた。仲間内では、彼の丸い童顔と大きなおなかから「ドラえもん」と愛称で呼んでいた。

　事務局は、真木　茂さん、ニッポンチャレンジ会長の山崎達光さんと学生時代からお仲間である武村洋一さん（いずれも当時・エスビー食品）、名畑哲郎さん（当時・ヤマハ発動機）らが、財務をはじめ、地味だが大切な裏方仕事を黙々と実行していた。

　広報関係では、バイリンガルの三浦恵

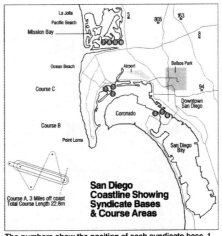

The numbers show the position of each syndicate base. 1. America[3], 2. Il Moro, 3. Challenge Australia, 4. New Zealand, 5. Espana, 6. Team Dennis Conner, 7. Ville de Paris, 8. Spirit of Australia, 9. Nippon, 10. Sweden

サンディエゴに設けられた各シンジケートのベースキャンプと、ローマ岬沖のレース海面

美里さんを筆頭に、数名の女性スタッフが活躍していた。

太陽工業提供の大きなテントのセールロフトも蒲郡BCから移築し、リーダーの菊池　誠さん（ノースセール・ジャパン）が数名の外国人スタッフを率いて奮闘していた。明るく元気な浅沼千里さん、通称チカちゃんもいたなあ。このころ作られたメインセールの重量は100kg台で、初めに作られたものより50kg軽かった。最終的には80kg台になっていたと思う。

ショアチームは、輸送されてきた艇の整備に忙しい毎日だった。蒲郡BCでは、作業が終わったあと、しばしば一緒に飲みに出かけたが、ここではハッピーアワーをちょっと楽しむ程度だった。

また、サンディエゴのBC内には、われわれ技術チームが居る場所がなく、急きょ、コンテナを改造した技術棟が設置された。

セーリングチームがサンディエゴの海で帆走を開始すると、風が弱くても波長の長いうねりがあり、スキッパーの南波誠さんからはピッチングが気になるという報告を聞いた。普通のフネに比べて細身とはいっても、船首付近の船底は丸みがあり、気になっていたところだ。そこで、カナード（前舵）に水平方向の“ひれ”を付けてみたら結果は良好。ピッチングを多少抑え気味にして、スピードも悪くない。国産“虎の子マスト”をセットして、軽量化された分の重量をバラストに追加

IACCワールドに合わせて行われた、サンディエゴ湾でのデモセーリングの様子。右端が日本艇（米『Yachting』誌より転載）

『ニッポンチャレンジ America's Cup 1992 オフィシャルレコード』
（右上。小学館 刊）より。（上）IACCワールドでの〈ニッポン〉のディスマストシーン。
虎の子の国産カーボンマストの喪失は、現場に大きなショックを与えた。（右下）大型テン
トを用いたセールロフトで作業中のチカちゃんこと浅沼千里さん

し、スタビリティーも上昇した。

　こうして、5月に行われるIACCワール
ド（インターナショナル・アメリカズカップ
クラス世界選手権）へ向けてチューニン
グが開始され、蒲郡での2ボートテスト
以来、保留されてきたアペンデージの改
良実験もやっと再開されることになった。

　レース中に"敵"までの距離を実測す
る、手持ちのレーザー距離計があった。
サンディエゴの飛行場は港の近くにあり、
飛行機が上空の至近距離を通過するの
で測ってみたら、機体はよい反射材なの
だろう、350mと出た。今、同じことをし
たら逮捕されるかもしれない。AC艇の
反射率はあまりよくなさそうだが、実際
に有効だったのだろうか。

　スパイ事件もあった。ニッポンチャレン
ジの係留場所の海面に泡が出ているの

を、テンダードライバーの高田さんが発
見し、ダイバーを捕まえた。上架中、喫水
線から下の部分は多くのシンジケートが
スカートで隠していて直接見えない。こ
れを偵察に来たのである。映像を取り上
げて無罪放免になった。

　上空には毎日のようにヘリコプターが
飛び回り、BC周辺を撮影していた。

IACCワールドで
ディスマスト

　5月のIACCワールドは、風上・風下
コースのプレワールドから始まり、小手
調べ、お披露目のデモセーリングも行わ
れた。

　次に、本戦とほぼ同じレースコースで
のフリートレース（参加艇が全艇一緒に

走るレース）が5回あり、上位4艇が本戦と同じレースコースを1対1で戦うマッチレースを行い、勝敗を決めることになる。参加艇は、右表の7シンジケート9艇だ。

このフリートレースの初日に、〈ニッポン〉は風上マーク回航直前、艇を風下に向け始めたときに、グースネック（ブームがマストに取り付けられているところ）の上から約1mのところでマストが折れてしまった。残念無念。虎の子マストを失い大ショック。セーリングチームも意気消沈。

スペアマストは300kg重く、レースを続行するためには、計測証書を有効とするために総重量を合わせなければならないから、バラストを300kg取り外すことになり、ショアチームは徹夜でマストのセッティングを行って、翌日の第2レースに間に合わせた。しかしこれでは、バラストから300kgを取って、それをマストの中間に取り付けて走るのと同じ状態になる。そんな状態では、いくら名手クリス・

IACCワールド参加艇

アメリカ・キューブ・ファウンデーション
〈アメリカ3〉（USA-2）、〈ジェイホーク〉（USA-9）

チーム・デニス・コナー
〈スターズ&ストライプス〉（USA-11）

イル・モロ・ディ・ヴェネチア・チャレンジ
〈イル・モロ・ディ・ヴェネチア〉（ITA-1、ITA-15）

ニュージーランド・チャレンジ
〈ニュージーランド〉（NZL-12）

ラ・ディ・フランセーズ
〈ヴィル・ドゥ・パリ〉（FRA-8）

デサフィオ・エスパーナ・コパ・アメリカ
〈エスパーナ'92 クイント・センテナリオ〉（ESP-10）

ニッポンチャレンジ
〈ニッポン〉（JPN-6）

ディクソンといえども、やる気が出ない。結果は8位。残りのレースをどうするか、消化するだけなのか……。

だが、ブリーフィングのあと、できるところまで努力しようと全員奮起し、第3レースは3位。第4レースは微風によりレース自体が中止。第5レースでは、〈アメリカ³〉（アメリカキューブ）、〈ニュージーランド〉と大接戦の結果4位。総合5位で準決勝戦の出場資格は得られなかったが、チーム・デニス・コナーが棄権したため、準決勝に進出できた。

その後、〈イル・モロ〉と〈ニュージーランド〉に敗れ、最終結果は4位だった。

折れたマストは、レース時にはロープを付けて海中へ投棄し、翌日に回収して原因を究明。三菱レイヨンの中川さんも駆けつけてくれた。もともとこのマストはぜい肉をそぎ落とした、必要な強度ギリギリの設計だったから、想定外ともいえるブームからのショック的な横力（よこりょく）が加わり、限界を超えてしまったのだ。すでに設計が完了していた2本目と3本目のマストに修正を加えて、ただちに製作が開始された。

技術委員長の交代

IACC（インターナショナル・アメリカズカップ・クラス）ワールド終了後、セーリングチームから、「3号艇が欲しい」という強い要望が出てきた。技術チームは以前より、それが当然の成り行きだと考えていた。

東京でニッポンチャレンジ実行委員会が開かれ、3号艇建造が正式に決定された。

野本謙作技術委員長は、風速がやや高い領域でスピードが勝る艇を描いていたが、乗り手のクリス・ディクソンを中心とした軽量艇を望む実行委員もいて、喧々諤々の騒動となった。参加している各人がそれぞれ、一時このチャレンジに人生をかけていたので議論は終わりそうもなかったが、山崎達光会長が立ち上がり、「3号艇は軽量タイプで行く。明日から勝利に向かって行動せよ！」と決断された。

野本技術委員長の弱みは、ご本人が、神経をすり減らして戦うヨットレースを実体験したことがなかったことだと思う。微妙な意見の食い違いもそこから生じ、不信感にまで広がってしまったのだろう。「重くて走らない艇」というレッテルを貼られてしまったのだが、「重い」ことはIACCルール内で有利な選択であり、間違っていたわけではないのだ。

野本さんが技術委員長を辞任されることになり、自分も"殉死"しますと申し上げたら、「君はまだ若いから続けなさい」と慰留され、続行することにしたが、戦意、モラールモチベーションが著しく低下し、快復するまでに相当な時間がかかってしまった。

技術委員長の後任には蒲谷勝治さん（当時・ヤマハ発動機マリン本部）が就任された。

重量は生き物

技術チームが把握していた改良すべき点は、船首のエントリー角を小さく鋭くすること、全幅を狭くすること、最適なアペンデージ（船底付加物。キールやラダーなど）を探し出すこと、あらゆる箇所の軽量化を図ること、セール形状を数値化すること、などだった。これらは2号艇で試行されるべき事項だったともいえるのだが、挑戦者を決めるルイ・ヴィトン・カップの予選開始まで7カ月半、とにかく限られた時間内に突き進む以外になかった。

船型は、基本的な部分を踏襲しながら、風速域をやや低めに設定し、各所を先鋭化した。1、2号艇の全幅はルール最大値の5.5mを採用していた。クルーのバランシングによる復原モーメントを期待したからである。しかし実際には、16人のクルーのうち、10人がバランスを取ったとしても傾斜角は1.4度程度で、あまり意味がない。幅を減らせば艇体重量が減り、デッキの重量も減り、重心位置が低くなるし、傾斜時の風圧抵抗も減ると、プラス要素ばかりだ。大胆に幅を減らせば面白かったかもしれないが、副作用を案じて0.2m程度の減少に抑えられた。

軽量化作戦は、すでにルールリミット値（840kg）になっているマスト、リギンを除き、あらゆる分野について実行された。艇体構造から約500kg削減。デッキ艤装ではステンレス製品をチタン合金製に変更。リューマーのウインチシステム

をウィニングという製品に変更し、約280kg削減した。しかしこのウインチシステムはいわば未完成品に近く、しばしば故障し、メンテナンスを担当するショアチーム泣かせだった。

　セールも、クロスの開発を含めて軽量化が進められた。ライト・ジェノアジブ：53kg、ヘビー・ジェノア：82kg、ジブ：76kg、スピン：36kgなどの記録があるが、実際には何十枚も作られ、計測証書には記載がなく、最後の正確な記録が手元にない。

　一番大きい軽量化はキール・ストラットである。神戸製鋼に造っていただいた鍛造によるスチール製のものをCF（カーボンファイバー）製に変更した。CFをさらに補強するため、神戸製鋼製の極細スチール繊維「サイファー」を使用し、約2,600kg削減。このCFストラットは中空なので、そこに鉛の玉を詰め込んで重量の微調整をすることができた。

　軽量化作戦は各部門で同時進行していたから、正しく集計するために各部門の責任者に、「重量は生き物です」と伝えて記録を取ってもらった。計画排水量と総重量が合致しなければならないから、これら削減した重量は、ほぼ全部、バラストとしてバルブキールにつぎ込まれた。

アペンデージの改良

　艇体形状とセールプランの方向性が決まると、残されたところはアペンデージである。これらは密接な関係にあり、一体となってフネになり、それぞれが機能を十分に発揮するか否かが勝敗の分かれ目になる。IACCワールドが終了したころには、各シンジケートでいろいろな形のアペンデージが採用されていることが暴露されていた。我々がカナード（前舵）を使っていたこともバレていたし、ニュージーランドのタンデムキールや、オーストラリアのちょっと変わったものなど、試行錯誤の形が見られた。

　サンディエゴ沖には、ジャイアントケルプと呼ばれる、大きくて長い海藻が生えており、キールやラダーに巻き付くことがあって、潜って取らないと除去できないため、これを嫌い、藻が流れ去るようにしている。ニッポンチャレンジでは、キール前端に上下に動く鎌を備えたことがある。

　いったん中止されていたアペンデージの研究開発が、実行委員会から許可されて再開することになり、すでに行った水槽実験の結果を踏まえて風洞を使い、可能性を探って最適化を試みた。

　自動車メーカー・マツダのR&Dセンター横浜を訪問し、風洞実験をお願いした。ここは実車の1/5モデルを使って空力特性を測定し、走行中の運動バランスも推定できる装置、3軸（x, y, z軸）方向の力と3軸周りのモーメントが計測できる台車を持っている。

　あとでわかったのだが、責任者の橋口真宣さんは、実験中にモデルが壊れて、完成して間もない風洞にダメージを与え

図43　ニュージーランド艇（上）とオーストラリア艇（下）のアペンデージ

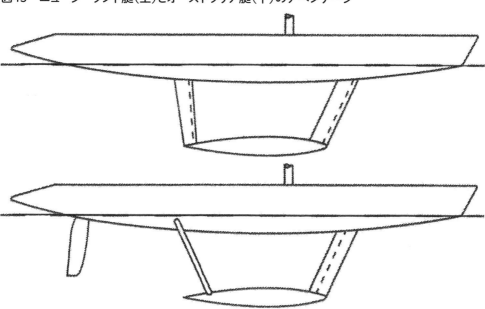

たら大変だと心配したらしい。だが、相談しているうちに、実験モデルが流線形物体で壊れそうもないこと、車では消そうとしても消えない剥離渦の世界とは異なる実験となりそうだということで、「やりましょう」とご快諾をいただいた。さらに、マツダ空力実研の若い研究者たち（角田さん、神本さん）が、親身になって手伝ってくれた。感謝です。

　風洞は幅1.5m、高さ1mで、矩形断面のノズル出口があり、主流の乱れ度0.5%、風速の一様性0.5%、回流型にすると最大風速220km/h（約60m/s）が得られる。車なら十分なのだが、水と空気は密度が約800：1、動粘性係数（粘性係数／密度）が約1：15と違うから、水中での実物と空気中での1/5モデルのレイノルズ数を一致させるためには、

15×5=75倍の風速が必要になる。つまり、水中での実物が10kt（約5m/s）で走行中の状態をつくり出すためには、5×75=375m/sの風速が必要となり、実現不可能なので、あらかじめモデルに乱流を促進するスタッド（くぎ）やカーボランダム（サンドペーパー）を付けて、レイノルズ数が合ったような疑似状態をつくることになる。

　この実験を行うとき、水槽実験でお世話になった松井亮介さん（三井造船昭島研究所）にスーパーバイザーをお願いし、データ整理もお願いしたのだが、自分がどこにどのようなスタッドを付ければよいか迷っていたら、あーもこーもなく、あっさりとサンドペーパーを貼り付けてしまった。ウーム、さすがですね。

風洞実験で流れを可視化

アペンデージの問題は、いかに高い揚抗比（揚力と抗力の比）を実現させるかという問題といえる。揚力を大きくすると抗力も大きくなる。

航空機では離着陸のとき、翼面積を増やし、キャンバーを増して揚力を増大させる。当然、抗力も増大しているが、エンジン出力を大きくして抗力に対抗し、速度が落ちても安全に浮上している。

セーリングヨットでは、出力（前進力）を勝手にコントロールすることができないから、抗力の増大によってスピードが落ちてしまい、リーウェイ（横流れ）が増え、抵抗が増え……と、悪循環に落ち込んでしまう。

揚力は、翼の形状（寸法、面積、アスペクト比、翼厚比、後退角など）が与えられると、計算値が実験値とほぼ合致する。

一方の抗力は、付属するバルブそのものと翼面（ストラット）との干渉などがあって、単純に計算できない。バルブ表面の流れを改善すれば抗力の減少を期待できるので、3分力、3モーメントを計測しつつ、流れの可視化を行い、改良点を探すことにした。

流れの可視化には、煙を流す方法、タフト（小さい吹き流し）を表面に貼る方法などもあるが、油膜法を採用した。モデルに着色した流動パラフィンを塗布して風を流すことによって、流れに沿って残された軌跡（限界流線という）を観

測する方法である。現在では、コンピューターによるCFD（Computational Fluid Dynamics：数値流体力学）の解析方法も確立している。

まず標準的なモデル（下の①〜③）で

標準的なバルブの風洞実験
①〜③のストラットは同一。バルブの体積は同一。浸水表面積は③＞②＞①。各写真とも左が船首側

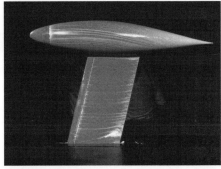

①真円断面バルブ（短）

②真円断面バルブ（長）

③正楕円断面バルブ

実験を行い、次のテストモデルは②タイプのストラット前後にフェアリングを付けたもの（右の④）と、確認の意味からタンデムキール（右の⑤）を選んだ。フェアリングの効果は流線を見ると明らかで、わずかながら抗力の減少が観測された。一方で、タンデムキールに明らかな利点は見られなかった。

また、この計測を行っていた1991年6〜7月ごろ、オーストラリアのジョン・スワーブリックさんからアプローチがあった。彼は12mクラス時代のAC艇〈Australia I〉の設計に1977年から関わり、1987年の〈Kookaburra I〜III〉ではイアン・マーレイさんとともにチーフデザイナーを務めた人で、「ぜひ、自分が考えるキールをテストしてくれないか。二つのモデルを想定している」という話だった。面白そうなのでOKすると、縮尺1/5の原図を送ってきた。

彼はキールに関して"層流信者"だったが、風洞実験で他のモデルと同等の

標準型バルブのアレンジ
両写真とも右が船首側

④フェアリングを付けたもの

⑤タンデムキール

条件にするため乱流促進を行った。JS（ジョン・スワーブリック）モデルは、模擬ヒール状態でウイングの効果が見られるが、抗力も大きく、不採用となった。なお、

バルブとストラットの接点に「首飾り渦」の発生が見られ、その影響がストラットの後方（写真右側）にも伸びていることがわかる

リーウェイ角4度における流線比較（左から①、②、③型。下が船首側）。各モデルとも左側が負圧側。計測値〔Cl（揚力係数）、Cd（抗力係数）など〕から②型を標準型として選び、その後の実験を進めた

JSモデルのテスト

⑥JSモデル-1（右が船首側）

⑦JSモデル-2（左が船首側）
モデルの横に見える顔が、ジョン・スワーブリックさん

そのほかの変形バルブ／ストラット　⑧のみ右が船首側

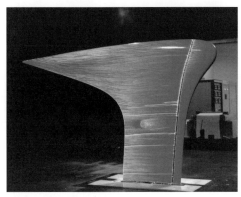

⑧ガーリックキール
流線は滑らかで抗力が小さいことが確認できた

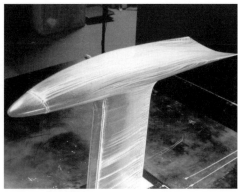

⑨スケートボードタイプ
平らになった後部の両側から剥離渦が発生している。表面
積が大きくなるため、抗力も大きい

⑩2本足タンデムキール
ジャイアントケルプ防御およびストラットの強度支援を狙った
もの

⑪3本足タンデムキール
最後部（写真右端）のストラットはトリム可能で、揚力増大を
期待したもの。残念ながら抗力も大。テストを凝視するのは
東島和幸さん（当時：ヤマハ発動機）

ウイングのコード長（翼弦長）が短く、乱流促進を付けていないが、層流剥離が観測された。

彼は同時に、スポーツボートを拡大したような艇体線図と効能書きを送ってきたので、こちらの水槽実験も別途実施したが、8kt以下の風域で良好、それ以上では復原性不足でダメ。浸水表面積が小さいタイプの船型だったから、当然の結果だった。

その後は、水槽実験で良好な揚抗比を出したガーリックキール（正面から見たときの形から名付けられた）と、バルブ後部を平らに延ばしたスケートボードタイプ、2本足と3本足のタンデムキールをテストした。

これらの実験結果から、それぞれ長短がある中で、最も高い揚抗比が得られたガーリックキールを選択することになった。初期段階では重心上下位置を十分に低くできないことから、不採用とされてきたが、艇全体の軽量化が進み、そのぶんバラスト重量が増えて必要な復原モーメントを確保できるから、このタイプでも十分と考えられたのであるが……。

3号艇の建造と
セール形状の計測

アペンデージの風洞実験と並行して、3号艇の設計が急ピッチで進み、ヤマハ発動機の新居工場では艇体の建造が開始されていた。サンディエゴのベースキャンプでは、JPN-3とJPN-6によるテストが繰り返され、キール・ストラットのタイプによる速度の評価、リーウェイや舵角の計測とヘルムバランスの問題が調査対象になっていた。

リーウェイ角βは、

$$\beta = k \left(\phi / Vs2 \right)$$

で表される〔φ：ヒール角、Vs：艇速（kt）〕。係数kの値はテストデータから16.3程度だった。

同時にセールプランの中でJ（フォアステイ基部からマスト前面までの水平距離）寸法の変化に伴う速度の変化なども検討されていた。

かつて、望ましいセール形状を得るために、1号艇（JPN-3）で実際のセール形状を計測して解析しようとしたことがある。セールにテープを貼り付けてCCDカメラで写真を撮り、データ化する。これは浜松ホトニクスの協力を得て実行した。

ちなみに同社は、後年ノーベル賞を受賞した小柴昌俊さんがニュートリノを検出するために使った、微弱な光に反応する光電管のメーカーだった。

セール形状のデータは採れたが、そこから先に進まず、テストは中断されていた。だが、風速域に合致したセール形状と、それらの組み合わせの選択を含めて、合理的な判断基準があってしかるべきなのだ。セールデザイナーは鋭い感覚の持ち主であるが、フィーリングに頼るだけでは、さまざまに変化する外的条件に対応しきれないのではないだろうか。

完成した3号艇は
軽風に強い

　ニッポンチャレンジの3号艇は、工期約2カ月余りという短期間で1991年の11月に完成し、船積みされて12月中旬にサンディエゴに到着した。デッキ艤装は現地で行い、ヤマハの職人さんたちが応援に駆けつけ、ショアチームはもちろん、セーリングチームも手伝ってくれた。アメリカズカップ予選のルイ・ヴィトンカップは1992年1月25日に始まるので時間の余裕はなく、クリスマス休暇や新年休暇もそこそこに、全員が頑張って完成させた。

　その後、計測も無事に終了し、セールナンバーJPN-26が付いた。JPN-6が進水してから18艇が各国で建造されていたことになる（13号艇は欠番）。

　テストセーリングでは、セーリングチームの感触もよく、改良設計が成功したかに見えた。JPN-6でも風速14kt以上あれば他艇に引けを取らなかったのだが、JPN-26は適応風速を9～10kt程度に設定したから、総重量があまり変わらなくても、「重くて走らない艇」から脱皮することができたのだ。実際に、クローズホールドでのJPN-6との走り比べで、風速15kt以下では常に優位を保つことができた。

アペンデージを交換

　0.5％のスピード差があると、計算上、レースの所要時間で約45秒の差になる。

　しかし、0.5％のスピード差をオンボード・コンピューターにより正確に把握することは難しく、チューンアップ中、鋭敏なセーラーの感覚によるフィードバックが重要になる。スキッパーのクリス・ディクソンや、アフターガードのジョン・カトラー（オリンピック・フィン級の銅メダリスト）などによるレポートである。

3人のメジャラー。右端は、ニッポンチャレンジの海外部長を務めた花岡一夫さん（当時、ヤマハ発動機）

ニッポンチャレンジ1号艇のJPN-3（写真左）では、データ採集のため、セーリング中のセール形状を撮影した。しかし、データは採れたものの、その後の分析や数値化は中断したままとなってしまった

図44　JPN-26とJPN-6の風上航での比較

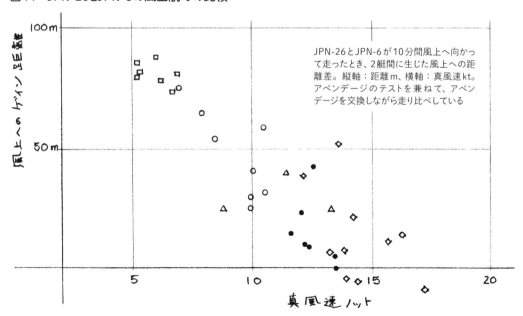

JPN-26とJPN-6が10分間風上へ向かって走ったとき、2艇間に生じた風上への距離差。縦軸：距離m、横軸：真風速kt。アペンデージのテストを兼ねて、アペンデージを交換しながら走り比べている

図45　ストラットとバルブの組み合わせ

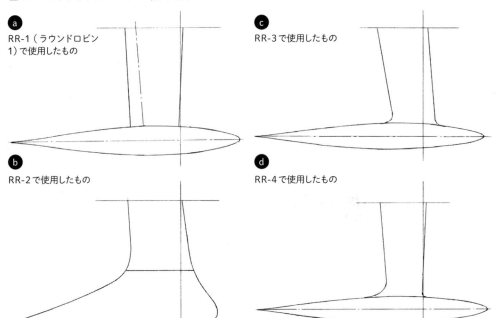

ⓐ RR-1（ラウンドロビン1）で使用したもの

ⓑ RR-2で使用したもの

ⓒ RR-3で使用したもの

ⓓ RR-4で使用したもの

バラストのバルブ交換作業。コンテナの上に立って指揮をとるのはショアチームの奥崎 司さん、後ろ姿が蒲谷勝治さん（いずれも、当時、ヤマハ発動機）

　実際に、約3時間のレースで、風向・風速の変化、コース取りなど、さまざまな要素があるが、30秒差程度で勝敗が決まることも多い。

　IACCルールにセールの枚数制限はないから、予想される風速域に合わせてその日に使うセールを選択し、それを積み込むことは当然行われていた（1993年のルール改正では枚数制限が加わった）。

　私たちが取った戦術の一つは、セールと同じようにアペンデージも風速域に合わせて選択することだった。もちろん、キールを交換すれば再計測が必要になる。複数のラダーやカナードはあらかじめ計測を受けて、当初のものと同等と認められると〔重量差12.5kg以内、体積13dm³（立法デシメートル。1dm＝10cm）以内〕、届けを出せば交換OKである。

　私たちが用意したアペンデージは、バラストキールが4種類、ラダーが5種類、カナードが5種類あった。いずれも、水面下の翼面として、アスペクト比が高く、揚力を減らさずに摩擦面積を減少させたものになっている。

図46　最終的なラダーの形状

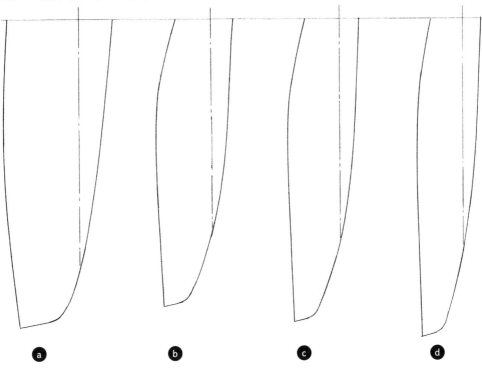

a：JPN-3の初期のラダー　　　　　　　　　b、c、d：レースで使われたラダー

図47　最終的なカナードの形状

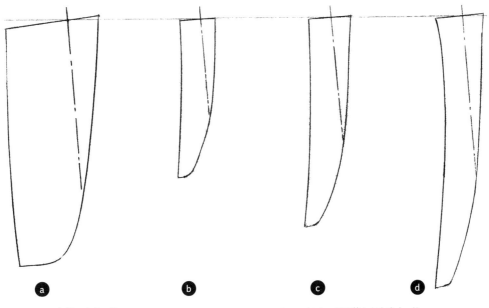

a：JPN-3の初期のカナード　　　　　　　　b、c、d：レースで使われたカナード

ルイ・ヴィトン・カップ 1992

ルイ・ヴィトン・カップ 開幕

1992年のルイ・ヴィトン・カップ（LVC）は、ラウンドロビン（RR）と呼ばれる挑戦者（7カ国8チーム。表4）による総当たり戦を3ラウンド（RR-1、

RR-2、RR-3）行うこととなった。得点はRR-1の勝利数×1、RR-2の勝利数×4、RR-3の勝利数×8が与えられ、得点合計の上位4艇が準決勝戦へ進む。そして決勝戦でのLVC勝者がアメリカズカップの挑戦者になることができる。

1ラウンドはレイデイ（レースがない

表4　第28回アメリカズカップ挑戦艇一覧　海外艇の総予算は当時のレート（US $1＝¥150）で換算

艇名	日本	Challenge Australia	Tre Kronor	New Zealand
セールナンバー	JPN-26	AUS-17	SWE-19	NZL-20
艇長	Chris Dickson	Philip Thompson	Gunnar Krantz	Rod Davis
設計者	横山、久保田、林	Peter van Oossanen	Peter Norlin	Bruce Farr & Partners
建造者	ヤマハ発動機	John MaConaghy	Killian Bushe	Cookson/ Marten Marine
マスト、リギン	三菱レイヨン、Riggarna	Sparcraft/Navtec	Sparcraft/Riggarna	Southern Spar/ Riggarna
セール	Diamond / North	North Sails	Diamond	North Sails NZ
ウインチ、デッキ艤装	Winning/Harken	Barient/Harken	Barient/Harken	Lewmar/Harken
計器類	B&G/Ockam	B&G	B&G	B&G
建造隻数	3	1	1	4
概略総予算	60億円	15億円	15億円	32.5億円

艇名	Spirit of Australia	Espana 92 Quinto Centenario	Il Moro di Venezia	Ville de Paris
セールナンバー	AUS-21	ESP-22	ITA-25	FRA-27
艇長	Peter Gilmour	Pedro Campos	Paul Cayard	Marc Pajot
設計者	Ian Murray Assoc.	Spanish Challenge D.G	German Frers	Philippe Briand
建造者	John MaConaghy	Astilleros Espanoles	Tencara	Pinta
マスト、リギン	MaConaghy/Riggarna	Aeronauticas/ Riggarna	Sparcraft/Riggarna	ACX Maredhal/ Navtec
セール	North Sails	North/Diamond/Toni	North Sails	North/Elvstrom
ウインチ、デッキ艤装	Lewmar/Harken	Lewmar/Spirit	Barient/Harken	Lewmar/Frederiksen
計器類	Ockam	B&G	B&G	Unisys
建造隻数	1	2	5	3
概略総予算	16.5億円	45億円	64.5億円	45億円

日）を含めて約10日間、1日に4レースを行い、7日間戦うと総当たり戦が終了し、1ラウンドが終了する。RR-1からRR-3まで各ラウンド間には12日間の休みがある。この休み期間内にキールを交換するとなると、普通なら20日程度必要になるが、計測と試走もやらなければならず、作業時間は6日程度となり、ショアチームは連日、時間に追われる作業を、徹夜も辞さず、目を真っ赤にしながら実行してくれた。

RR-1でトップに
RR-2では3位に

あたふたと時が過ぎて、いよいよRR-1が始まった。全体を通して風は弱く、6〜10kt程度だった。ITA-25戦ではラッキーな勝ちを拾い、最終戦のNZL-20ではラダートラブルによりリタイアして敗れたが、JPN-26は6勝1敗でNZL-20と並んでトップ、ITA-25とFRA-27はともに5勝2敗。

RR-2が始まる前に、アペンデージを揚抗比の高いガーリック・キールに交換し、RR-1では使わなかったカナードを採用した。1戦目の相手はFRA-27、これを無難にこなした。

2戦目はSWE-19、スピードの差は明らかだったので、リザーブ・クルーが乗り、カナードを取り外してテストセーリング・モード。上り角がやや悪くなり、カナードの有用性が再認識されたようだった。

3戦目はまだ1勝もしていないAUS-17（Challenge Australia）。ここでもスピードの差は明らかだったのだが、ハプニングが起きた。ジャイアントケルプ（海藻）をキールに引っ掛けたのだ。艇速は10ktから5〜6ktに落ちてしまい、クルー2人が冷たい海に潜った。ケルプをデッキ上のクルーに手渡して引き揚げ、デッキは海藻だらけになったそうだ。艇を止めて約5分間、除去作業をしている間にAUS-17に抜かれたが、次にAUS-17がセールを海に落とし、その回収作業中に抜き返すことができた。

NZL-20とITA-25に敗れ、RR-2は5勝2敗で3位。

RR-2が終わったあとで、サンディエゴ市長、挑戦者記録委員会、および、ルイ・ヴィトン社長の招待による挑戦者歓迎会が、アメリカ海軍空母〈キティホーク〉艦上で開かれた。招待状をいただいたのでいそいそと出かけた。同艦は建造後30年たつ歴戦の勇士であり、国力というのか、すごさを感じた。セーリングを単なる遊びではなく、海の仲間として受け入れる歴史と懐の深さ。もちろん、経済効果も考えた上のことだろうが……。

RR-3で
アペンデージを再交換

RR-3は、再びアペンデージを交換。デッキ上では、セーリングチームの要請により、マスト前にハッチを新設して、

表5 IACCのクローズホールド（風上への帆走）における推進抵抗の内訳（単位：kgf）

作成：永海義博さん

艇速（kt）		8		9		10	
艇体	造波抵抗	63	22.7%	105	27.7%	232	40.5%
	摩擦抵抗	106	38.2%	132	34.9%	161	28.1%
	リーウェイに伴う抵抗増加分	10.3	3.7%	13	3.4%	16	2.8%
バルブ	形状抵抗と摩擦抵抗	24.5	8.8%	30.4	8.0%	36.9	6.5%
ストラット	形状抵抗と摩擦抵抗	18.9	6.8%	23.4	6.2%	28.3	4.9%
ラダー	摩擦抵抗	11.6	4.2%	14.7	3.9%	17.4	3.0%
カナード	摩擦抵抗	4.3	1.5%	5.3	1.4%	6.5	1.1%
揚力発生に伴う誘導抵抗		24.4	8.8%	30.9	8.2%	38.1	6.7%
リギンによる風圧抵抗		14.5	5.2%	23.9	6.3%	35.7	6.2%
合計		277.5		378.6		571.9	

表中の値は、静的バランスが保たれた状態で走行中の計算値。波によるピッチング（縦揺れ）やヨーイング（船首回頭）などによる動的要素は含まれていない。タッキング（方向転換）やマーク回航後の加速性能も計算外である。
風圧計算は、艇速8、9、10ktに対して、風速7m/s、9m/s、11m/sとして計算している。
全抵抗が1kgf小さくなると、風上へのコースを80分走行したとき、計算上、6秒短縮できることになる。

図48 RR-3でのアペンデージ構成

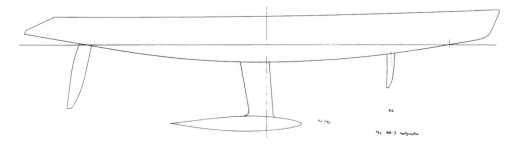

デッキ下との連携を容易にしながら、マスト付近の作業性を向上させている。また、ウインチをできる範囲で艇の中央に寄せて、少しでもピッチング・モーメントの減少を図った。

大きな改良点としては、フォアステイを引き込み、マストレーキ（マストの前後傾斜）を可変にして、風下航でのスピードアップができたことだった。

1戦目の相手であるAUS-21（Spirit of Australia）もレース前に大改造をしたので注目されたが、問題なく勝利。

2戦目はITA-25。この日は風向風速とも定まらず、風向変化の読み比べ。最初、日本は読み勝ったのだが、風速が予想を上回り、ジェネカーとスピンを破ったため急速に接近されたがリードを保った。最後にITA-25によい風が吹き、あわやと思われたが、フィニッシュは5秒差で勝った。

3戦目はFRA-27。スタートに13秒遅れたが、なんとか挽回し、逃げ切り勝利。

4戦目のESP-22（Espana 92）は、

余裕を持って勝利。

5戦目のSWE-19（Tre Kronor）では、17番目のクルーとして山崎会長が乗艇し勝利。

6戦目のNZL-20、まだ勝利していない相手だ。スタート時の風速は約10ktで、スタートはイーブン、第1マークへの上りのスピードもイーブン、わずかな風の振れにタッキングを繰り返したあと、第1マーク回航は15秒先行。その後もNZL-20を抑えて、1分2秒差で勝った。

7戦目のAUS-17にも勝利し、RR-3を7勝0敗で終え、通算トップになり準決勝戦へ進んだ。このニュースが日本に伝わると、蒲郡の関係者は少し慌てたらしい。このまま快進撃を続けてアメリカズカップを獲得したら、蒲郡で次回アメリカズカップを開催する可能性があるからだ。杞憂に終わったけれど……。

ニッポンチャレンジのセミファイナルの戦歴

セミファイナル（準決勝）に残ったのは、ニッポンチャレンジ（JPN-26）、ニュージーランド・チャレンジ（NZL-20）、イル・モロ・ディ・ベネチア（ITA-25）、ヴィル・ド・パリ（FRA-27）。セミファイナルは、ほかの3艇と3回ずつ9回戦う総当たり戦。

1月末にRR-1が開始されてから約3カ月が過ぎて、全般に風力が上がってきていた。クリス・ディクソン艇長は、ITA-25とFRA-27に競り勝てば決勝戦へ進めると考えていたらしい。再びキールを交換し、マストも交換して、いざ出陣。

○1戦目　NZL戦

スタート10分前のマニューバリング（相手艇よりよい位置でスタートするための動き。この間もレース規則が適用される）を行っているとき、観覧艇に横腹を接触した。名手クリスとしては珍しく、母国相手に過剰に反応していたのかもしれない。風は6〜10ktとNZL向きで、スタートでは先行したものの、JPNに不運な風向の変化もあり、敗れた。

○2戦目　ITA戦

朝から土砂降りの雨、風は20ktに達するとの予報が出て、マストを従来のものに変更し、メインセールも強風用をセット、ラダーとカナードも大きいタイプに変更した。ところが予想が大外れ。終始5〜10ktの風で、ITAのほうが艇速もあり、敗れた。

○3戦目　FRA戦

風速13kt前後、スタート前のマニューバリング中、FRAがミスを犯してペナルティーを与えられたため、JPNは有利にレースを進めた。第1マークで約1分弱のリード、その後もリードを守って第4マークを回り、風は18ktくらいに上がってきた。ところが、最もスピードが出る第5マークへの途中、大きくヒールした直後にラダーが折れてしまいレースを棄権、

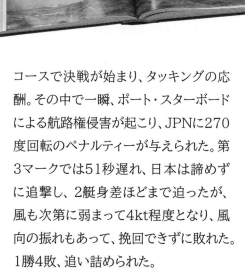

ラウンドロビン開幕直後、快進撃を続けたニッポンチャレンジの様子を報じる月刊『KAZI』1992年3〜5月号の誌面

3連敗となった。ショア・チームは徹夜で修復、ご苦労さまです。

○4戦目　FRA戦

スタート6分前、またもやFRAがミス、今度はJPNの船尾に衝突し、船尾の一部がもぎ取られた。舵を取っていたクリス艇長はふっ飛ばされたらしい。同時に、フランス艇の水面上の船首に、走ると海水が入るほど大きな穴があいた。こんな相手では勝負にならず勝った。

○5戦目　NZL戦

風速9kt、スタートはわずかに先行したが、第1マークでは37秒離され、第2マークでは8秒差に詰めた。次の上り

コースで決戦が始まり、タッキングの応酬。その中で一瞬、ポート・スターボードによる航路権侵害が起こり、JPNに270度回転のペナルティーが与えられた。第3マークでは51秒遅れ、日本は諦めずに追撃し、2艇身差ほどまで迫ったが、風も次第に弱まって4kt程度となり、風向の振れもあって、挽回できずに敗れた。1勝4敗、追い詰められた。

○6戦目　ITA戦

風速12kt、波高約1.2mのややラフな状態。スタート6分前、スタートライン付近にやって来た大きな観覧船が起こしたうねりにたたかれた衝撃で、ブームが折れてしまった。誰もがリタイアすると

セミファイナルの6戦目、対イタリア戦で、ブームが折れたにもかかわらず、果敢にレースを続行したニッポンチャレンジ（右の艇）と、その際の様子を伝える月刊『KAZI』1992年6月号の誌面（右）

思ったらしい。スタートは2秒遅れたが、クリス艇長はレース続行を決めた。10.5mのカーボンファイバー製のブームは、マストから約1.9mの一番太いところで折れ曲がり、ささくれて、針のようにとがっていて危険な状態。やがて完全に折れたので、メインセールからブームを取り外して海に放棄。ルール違反だが、ITAは見ぬふりをして抗議を出さなかった。武士の情けか。レースを諦めず、フリーのコースでは時間差を詰める場面もあり、完走。ITAが全力疾走しなかったのかもしれないが、1分53秒差で敗れた。〈日本〉が完走したことに対して、観覧船からフォグホーンが鳴り、歓声と拍手が起こった。参加

艇やレースコミティー、マスコミからも、乗組員全員が示したシーマンシップ（運用術）に対して称賛の声が上がった。

○7戦目　NZL戦

　風速9〜12kt。スタートはイーブン、第1上マークは17秒差でリード、第2下マークは21秒差でリード。だが、次の第3上マークへの途中で逆転され20秒差、第4マークで11秒差に迫ったが、その後、

photo by Kaoru Soehata

セミファイナルで敗退したニッポンチャレンジは、最終戦のレース終了後、「SAYONARA / SEE YOU AGAIN!」と書いたスピンを揚げて、サンディエゴの海を帆走した

NZLのカバーから逃れることができず、31秒差で敗退。これで決勝戦へ進むことができなくなった。クリス艇長は全力を出し切った様子だった。

○8戦目　ITA戦

風速8～11kt。スタートはITAに13秒先行され、第1上マークでは29秒差。だが、第2下マークで逆転し55秒差をつけ、その後もリードを許さず、1分53秒差の勝利。

○9戦目　FRA戦

風は弱く4～8kt、FRA向きの風だった。スタートから先行され、第1、第2、第3マークとリードを広げられ1分40秒差。少し風速が上がり、第4、第5、第6と差を詰め、第7上マークでは15秒差に迫ったが、再び風が落ちてフィニッシュは24秒差で敗退。「SAYONARA」の文字を入れたスピネーカーを張って終わった。

NCACの戦績

1992年に開催されたアメリカズカップ第28回大会のルイ・ヴィトン・カップ（挑戦艇選抜シリーズ）における、セミファイナル（準決勝）終了までの戦績は、ニッポンチャレンジ（NCAC）が20勝10敗。NZL（ニュージーランド・チャレンジ）が25勝3敗、ITA（イル・モロ・ディ・ベネチア）が21勝9敗、FRA（ル・ディ・フランセ）が18勝12敗。ニッポンチャレンジはよく戦ったが、セミファイナルの結果は4位だった。

私たちは"キーポン（キウイ＆ニッポン）・チャレンジ"と揶揄されたこともあったが、ここまで来ることができたのは、やはりキウイ（ニュージーランド人メンバー）たちがいたからこそだったと思う。

クリス・ディクソンは完璧主義者的だったから、ある場合には"若様ご乱心"

とも言われたが、そこまで執着心を持って戦うことが必要だったのだ。

ときには組織の"ひずみ"も感じたが、自分の夢だったアメリカズカップは終わった。

アメリカズカップで12mクラスが使われていた1960年代の終わりごろ、先輩のヨットデザイナー・武市 俊さんとアメリカの『Yachting』誌を見ていたら、アメリカズカップの記事があり、タンクテストの費用が約5万ドルと書かれていて、「いいなあ。設計料はどのくらいになるんでしょうね？」「あっはっは！」と話をしていた。私たちは決して裕福ではなかったけれど、将来の夢を持ち、楽しい時代だった。その夢が約25年後に実現し、無我夢中で挑戦したが、敗れた。

ルイ・ヴィトン・カップ終了後、4月6日付の『ロサンゼルス・タイムズ』に、ニッポンチャレンジについて、"Broken

ニッポンチャレンジのルイ・ヴィトン・
カップ・セミファイナル敗退と、次回大会への
即時参加表明を伝える、月刊『KAZI』1992年6月号の誌面

表6 IACC艇が用いられたアメリカズカップ本戦5大会の結果

開催年	勝者	スコア	挑戦者／敗者
28回（1992年）	America³（USA-23）	4対1	Il Moro di Venezia（ITA-25）
29回（1995年）	Team New Zealand（NZL-32）	5対0	Young America（USA-36）
30回（2000年）	Team New Zealand（NZL-60）	5対0	Prada Challenge（ITA-45）
31回（2003年）	Alinghi（SUI-64）	5対0	Emirates Team NZ（NZL-82）
32回（2007年）	Alinghi（SUI-100）	5対2	Emirates Team NZ（NZL-92）

mast, broken rudder, broken boom, broken dream. ……"という記事があった。

後日談

　IACC艇によるアメリカズカップは、第28回大会（1992年）から32回大会（2007年）まで開催された。ニッポン

日本からのアメリカズカップ挑戦を実現させた、ニッポンチャレンジのチェアマン、山崎達光さん。第28回大会終了後はすぐに次回大会へのエントリーを表明し、第30回大会までの計3大会でシンジケートを率いた

チャレンジは3回挑戦して合計7隻を建造し、いずれも挑戦艇選抜シリーズのルイ・ヴィトン・カップで準決勝へ進みながら敗退した。アメリカズカップ本戦の勝者は表6の通り。

　当時のアメリカズカップで必ず名前が出てきたデニス・コナーさんは、第28回大会に資金不足から〈スターズ＆ストライプス〉（USA-11）1艇のみで防衛艇選抜戦に臨み、〈アメリカ³〉に敗れている。

　第29回大会では、チーム・ニュージーランドが遂にカップを獲得し、翌第30回大会で2連覇を達成。このときの立役者、ラッセル・クーツさんは、スポンサーの関係から、海のない国スイスのシンジケートへ移籍し、第31回大会ではチーム・アリンギを率いてカップを獲得した。

　第28〜32回に使用されたIACC艇には通しのセールナンバーが与えられ、その数は101（13番は欠番）に達した。中には木造コールドモールド工法で建造されたスロベニアの艇もあったそうだが、国内事情（？）から行方不明となり、レースには参加していない。

　ロシア艇も1992年、艇体がサンディエゴに空輸されてきたが、完成しなかった。

最後の101号艇はドイツ艇で、2007年の第32回大会に間に合わなかった。

国別で見ると、USA（アメリカ）のセールナンバーを持つ艇が24隻、以下同様に、ITA（イタリア）16隻、NZL（ニュージーランド）13隻、FRA（フランス）10隻、JPN（日本）7隻、ESP（スペイン）7隻、AUS（オーストラリア）5隻、SWE（スウェーデン）4隻、SUI（スイス）4隻、GER（ドイツ）4隻（1隻のみレースに参加）、GBR（イギリス）2隻、RUS（ロシア）1隻、RSA（南アフリカ）1隻、CHN（中国）1隻、SLO（スロベニア）1隻となっている。

2007年にアメリカズカップを防衛したチーム・アリンギ関係者から出された動議によって、その次の回（2010年）から艇種が変更されてマルチハルになり、IACC艇は表舞台から消えた。15〜16年の短命なレースボートだったといえる。

いろいろな理由はあるだろうが、端的にいえば、コストパフォーマンスが悪かったのだ。レーティング・ルールの中で排水量が占めるファクターが大きすぎて、ルール上の最大排水量（約25トン）に近い艇が多く、トップスピードも限定的だった。

また、ルールが作られたときには、Jクラスのミニ版のような、デフォルメされない伝統的な美しさを持つ艇がイメージされていたが、ルールに規定されない部分での競争が始まり、結果的に異なる形のインショアレーサーに成長した。軽量化

第28回大会が開催された1992年には、アメリカズカップをテーマとした一般書が複数出版された。ニッポンチャレンジの活躍は、それまでセーリングになじみのなかった人々にも大きな影響を与えたといえる

を進めて限界を超えてしまい、強度不足から艇体が折れて沈没した艇（ワン・オーストラリアのAUS-35）があったことも影響を与えただろう。

ニッポンチャレンジの船型委員会は、1992年のアメリカズカップが終わって解散した。その年の7月には報告会として、CAE（Computer Aided Engineering：コンピューター援用工学）をテーマにシンポジウムが開催された。

委員会のみなさんは一緒に戦った同志として別れ難く、金沢工業大学教授（当時）の増山 豊さんを座長として、「セーリングヨット研究会」（http://syra.aero.kyushu-u.ac.jp）を立ち上げ、毎年3回の会合を開催し、現在も継続している。残念なことに、増山さんは数年前に病魔に侵され、2018年4月に逝去された（享年72）。

また、野本謙作先生は、2002年に

ニッポンチャレンジの船型委員会でIACC開発に挑んだ
野本謙作さん

事故で亡くなられ（享年77）、私が最も
尊敬していたボートデザイナーである堀
内浩太郎さんも2016年に天寿を全うし
他界された（享年90）。合掌。

　残念と言えば、南波 誠さんだ。彼は
ニッポンチャレンジ・セーリングチームの
重要メンバーとして1992年のアメリカ
ズカップに参加し、1995年には艇長と
して参加した。ヌボーッとした感じでユー
モアがあり、得意とは思えない英語を駆
使して、各国のチームやプレスからも好
感を持たれた人だった。

　1997年に大阪港築港100周年を記
念する「SAIL OSAKA '97　香港-大
阪帆船レース」（大型帆船と外洋ヨット
を含むレース）が開催された。第1レー
スが香港から沖縄、第2レースが鹿児島

から大阪で、沖縄から鹿児島までは
"クルーズ・イン・カンパニー"という趣
向だった。自分はインスペクション（検
査）担当委員だったので、香港と沖縄へ
出向き、安全備品などの確認を行った。
インドネシア海軍の帆船では、緊急時に
使う信号炎が火薬として船首の武器庫
に格納されていた。

　このレースには、ブルーウオーター派
のクルージングセーラーも参加していて、
外洋レースに適用されるORC特別規定
を知らない人も多く、丁寧に説明しなけ
ればならなかった。

　南波さんは外洋レーサーで参加して
いた。もちろん、艇に問題はなかったが、
ご本人に鹿児島で会ったとき、「仕事で
昨日アメリカから帰ってきたんです」と、
やや疲れた顔で話をしていた。それが生
前の彼に会った最後となった。

　南波さんは、鹿児島をスタートして大
阪へ向かう途中、4月23日、室戸岬沖
で不規則波に襲われ落水し、懸命な捜
索にもかかわらず行方不明となってし
まった。ビールのコマーシャルにも出演
し、プロセーラーの道を開拓しつつあっ
たのに、残念でならない。享年46という
若さだった。合掌。

　ニッポンチャレンジのチェアマン、山崎
達光さんは2020年12月に亡くなられ
てしまった。数々のヨットレースに参加し、
ついにアメリカズカップにも挑戦するな
ど、セーリングに対する情熱を最後まで
失わない人だった。豊かな環境に恵まれ

た"人たらし"な人で、その人脈はスポーツ界、芸能界、政財界、皇族関係にも及んでいた。

　マリン業界トップのヤマハ発動機と組んで行ったニッポンチャレンジはまさに一大事業であり、未知の領域に踏み込み、そのときどきの決断をくだされたことと思う。自分の夢だったアメリカズカップに技術チームの一員として参加できたことは私にとって至福の経験であり、山崎さんは生涯忘れえぬ恩人の一人である。

＊

　現在、JPN-3は蒲郡港に、JPN-6は蒲郡駅前に、JPN-26は蒲郡のラグナマリーナに展示保管されている。みんな里帰りしたんだね。

日本人初のプロセーラーとして多くの注目を集め始めていた南波 誠さんは、「SAIL OSAKA '97　香港-大阪帆船レース」の一環で、鹿児島から大阪に向かう途中、室戸岬沖で落水し、行方不明となってしまった

第28回大会のために建造されたニッポンチャレンジの3艇は、ベースキャンプがあった愛知県蒲郡市へと里帰りを果たし、保存展示されている。写真は蒲郡駅前に置かれたJPN-6

第4章

1990年代 - 2020年代

34ftファストクルーザー
〈第一花丸〉

メルボルン／大阪
参加艇の設計依頼

1992年のアメリカズカップも終わり、バブルもはじけ、新艇の設計契約を予定していた人たちも建造計画を延期し、まるで仕事がなくなった。オヤオヤと思っていたら、やや遅れたものの話が進んだのが、42ftカッター〈HINANO〉だった。

オーナーの久我耕一さんは商業写真家で、奥さまの通世さんが画家というご夫妻。2人は同じ北九州の出身で幼馴染らしく、偶然（？）、都内で出会って赤い糸で結ばれたそうだ。めでたしめでたし。

さて、この〈HINANO〉の話が進み始めたとき、「メルボルン／大阪ダブルハンドヨットレース1995」に参加したいという人が現れ、レース日程に合わせるため、〈HINANO〉を後回しにさせていただき、34ftのファストクルーザーの設計を開始することになった。

こちらのオーナーの福田祐一郎さんも

リドガード・ボートビルダーの前に置かれていた〈Heather〉と福田さんご夫妻

写真家を目指していたが、好きではなかった家業の測量会社を継ぐことになり、社長業を黙々とこなしている人だった。すでに26ftのリベッチオ（ニュージャパンヨット製）を所有され、三浦半島・諸磯の油壺京急マリーナをベースにセーリング経験を積み、奥さまの笙子さんと2人で小笠原航海も成就していた。次の自分の艇の明確なイメージを書いたメモを持参されたので、仕事は順調に進んだ。

福田さんのセーリング仲間に、香港のニールプライド・セイルに所属するSimon Picheringさんがいて、造船所として、ニュージーランドのリドガード・ボートビルダーを推薦してきた。ワンオフ艇の建造コストを考えると、国内より割安でできるという理由だった（当時の為替レートは1NZ$が60円台）。

ジョン・リドガードの名前は昔から知っていたし、反対する理由はなく、そこで建造することになり、図面その他の書類はすべて英語表記にした。

リドガード一家は
セーラーぞろい

ジョン・リドガードさんは、セーラーであり、ビルダーであり、デザイナーでもあった。1970年代の初めごろ、ワントナー〈Runaway〉を設計・建造し、ドイツにチャーターされてワールド2位になっている。

1973年に、愛知県の桶狭間近くに

ジョン・リドガードさんと、奥様のヘザーさん。ログを尋ねたところ、ジョンさんが40万マイル、ヘザーさんが35万マイルと、桁違いのセーリング経験に驚いた

あった丸善スプレンダー商会が、彼のクォータートナーをスプレンダー25として国内で建造・販売し、日本にも知られるようになった。

1987年に大阪港開港120年記念として開催された第1回メルボルン／大阪ダブルハンドヨットレースに44ftの〈Reward〉で奥さまのヘザーさんと参加され、クルーザー部門で見事優勝した。このときすでに仕事は引退していて、〈Reward〉はその"ご褒美"だった。彼らはその後、アラスカを経由して帰国している。

「City of Sails」の別称があるオークランドから北西に約10マイル、ワイテマタ湾の対岸のウエストパーク・マリーナに造船所があった。ジョンさんのご子息のダッシーさんが社長を引き継いでいたが、彼もまたセーラー、ビルダー、デザイナーだった。マリーナのマネジャーもいとこのリドガードさん、セールメーカーのホージー・リドガードさんも親戚にあた

るそうだ。

ヤードの前に〈Heather〉という艇名の、23ftくらいのクラシックな木造船が上架されていた。その昔、ジョンさんがフィアンセのために造ったフネで、最近レストアしたそうだ。艇名は彼女の名前だった。いいなあ。

彼らと親しくなって、午後のレース見学と手伝いをしながら、奥さまのヘザーさんに今までの航海した合計距離（ログ）を尋ねたら、35万マイルくらいと言う。聞き間違えたかなと思って確かめたら、「そうよ、ジョンは40万マイルくらいかしら」という返事。自分のログは3万5,000マイルくらい。すごい人たちなんだな。文化の違いといえばそれまでかもしれないけれど……。

エポキシ使用の工法を採用

艇はワンオフ（1隻のみの建造）なので、「デュラコア」（商品名）というバルサ材の両面に薄い板を張った角材を、ストリップ・プランキングと同様に型に合わせて張り、表面からFRPを積層して研磨し、裏返し（正立状態）にして、内面からもFRPを積層するサンドイッチ構造を採用した。接着と積層には、すべてエポキシ樹脂が用いられた。

デッキは合板で簡易メス型を作り、FRPのサンドイッチ構造を予定していた。しかし、ビルダーからの提案は、マリングレード合板でデッキを造り、そこにフォームの芯材を接着し、表面にFRPを積層して、合板とFRPによるサンドイッチ構造とするものだった。彼らはこの工法による実績があり、自信を持っていた。

実際にこの工法によりデッキが造られ、結果として、型代の節約、船内側の表面の仕上げなどのコスト削減にもつながった。これは、合板が良質なことと、エポキシ樹脂を使うことで成り立つ工法だと思う。

バラストは、アメリカズカップの研究・開発過程で生まれたバルブキールを採用した。鋳鉄製のフランジのあるストラットと、鉛鋳物のバルブを組み合わせたもので、低い重心位置と効率のよいキールが出来た。これらも造船所の裏手で鋳造された。

滞在中の交流と初レース参加

ある日、福田さんの友人で、ニュージーランドに在住していた某実業家の家に招かれて、ごちそうになったことがある。広い庭のテラスの一隅に食卓がセットされ、料理を堪能したのだが、笙子さんが室内へ行く途中、プールの横にあったプラスチックのふたがされたジャクージにドボーン！ おかしいやら、かわいそうやら……。別の日には、もう一つ、"キスマーク事件"も起きたが、これはヒミツにしておこう。

奥さまの名誉のためにいうと、とても明るく才能豊かな方で、絵も描くし、オペラも歌うし、書道は毎日新聞主催の毎日書道展に入選する腕前です。

建造中の仕事の合間には、旧知のヨットデザイナーでISAFの副会長も務めたハル・ワグスタッフさん宅に伺ったり、サザン・スパーズの工場にスティーブ・ウィルソンさんを訪ねたりした。

愛知県蒲郡市にあったニッポンチャレンジのベースキャンプに来ていた、"スモーキー"にも偶然出会った。彼はそのころ、たばこを吸っていたのでスモーキーと呼ばれていたが、本名は知らない。

さて、建造は順調に進み、進水の準備が始まった。艇名は〈第一花丸〉。書体は笙子さんが腕をふるい書き上げたもの。キウイたちは、漢字で書かれたこの艇名を、わざと上下逆に張り付けて楽しんでいた。

進水式には〈美如佳〉の湯川義明さん、福田さんの会社の友人、ワグさん一家も出席し、自分の妻も招待していただいた。艇は無事進水し、予定重量をオーバーしたが、イーブントリム（水線に平行）で浮いてくれた。

テストセーリングを終えて私たちが帰国後、福田さんご夫妻、ダッシーさん、〈第一花丸〉を建造した棟梁格の職人さんが、4人でオークランドから出航、オーストラリア・シドニーへ向かった。途中でスターンのハッチに海水が入ったりしたが、無事に到着。

この年は、シドニー〜ホバート ヨットレースが50回になる記念の年だったので、〈第一花丸〉も参加することになった。レース終盤まで好位置につけていたが、フォアステイ切断のトラブルに見舞われ、ハリヤードで仮止めしてレースを続行。結果は中の下に終わった。タラレバだが、上位入賞の可能性があっただけに惜しまれる。

レース準備でメルボルンへ回航

このレースを終えたのち、〈第一花丸〉はタスマニア島のホバートからメルボルンへ回航し、当初の目的である、メルボルン／大阪ダブルハンドヨットレースの準備に入った。

このレースは、メルボルン市内から約15km南にある、サンドリンガム・ヨットクラブがホストクラブである。現地側のレース委員長は日本の音響メーカーの代理店を経営する親日家のレス・ブラックさん、安全委員長はヘンダーソン（通称ヘンドー）さん、それにボランティアのおばさんたちがいて、居心地のよい場所だった。

大阪からは、日本人女性スタッフとして、通訳兼任の山岡真澄さん、小森邦子さん、山本佳子さんらが応援に来ていた。小森さんは当時、シドニー在住で、ヨット好きのご主人とともに、名門クルージング・ヨットクラブ・オブ・オーストラリア

〈第一花丸〉の線図

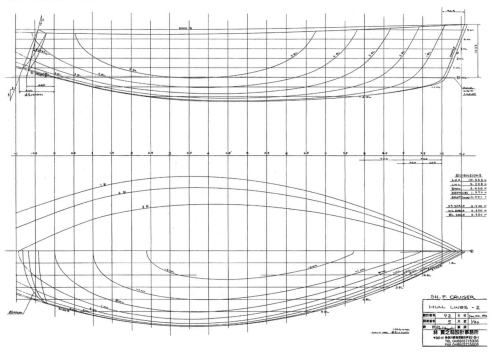

- ●全長：10.40m
- ●水線長：9.20m
- ●全幅：3.48m
- ●深さ：1.57m
- ●喫水：2.28m
- ●排水量：6.83トン
- ●バラスト重量：2.82トン
- ●セール面積：54.38m²
- ●補機：ヤンマー 3GMF-30
- ●清水タンク容量：240L
- ●燃料タンク容量：200L

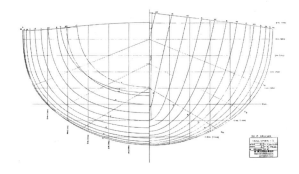

20度ヒールした際のウオーターライン

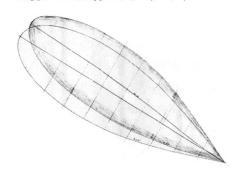

（CYCA）の会員でもあった。帰国途中、CYCAに立ち寄り、ごちそうになりました。感謝。

　面白かったのは、ヨット乗りの小林裕子嬢で、イベントスペースにあったグラインダー（本来はロープを素早く引き込むための手回し式のハンドル）を見るや、ジャケットをぱっと脱ぎ捨て、タイトス

〈第一花丸〉のセールプラン／一般配置図

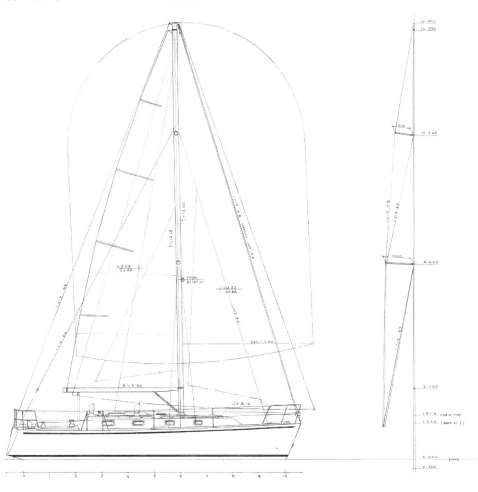

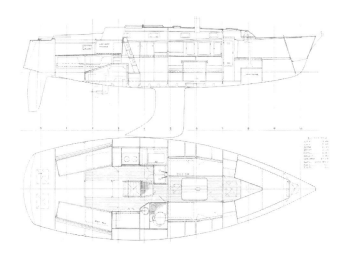

〈招福〉（36ftスループ）の
セールプラン／一般配置図

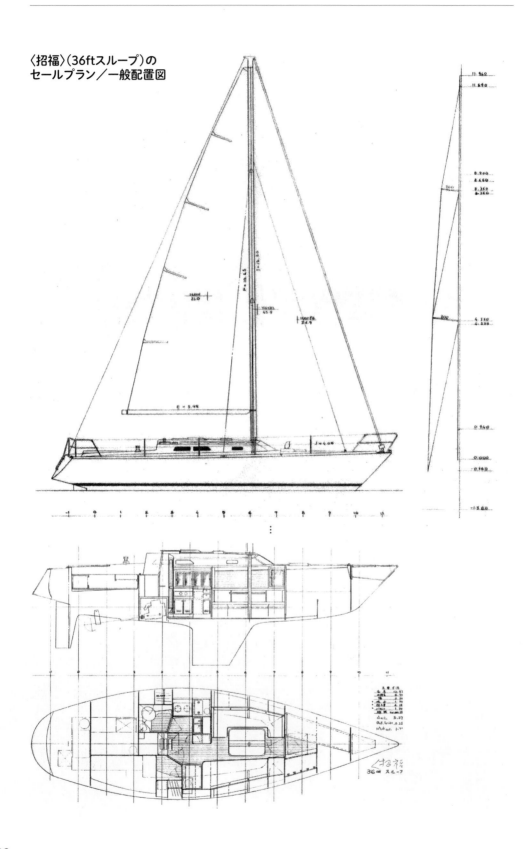

〈第一花丸〉は、予定重量を若干オーバーしたものの、無事に完成。日本からもゲストを呼び、進水式を行った

カートにハイヒール姿で猛烈な勢いでハンドルを回し、見事に鐘を鳴らした。またあるときは、駐車場の出口のバーをリンボーダンスでくぐり抜け、管理人の兄ちゃんが喜んで、駐車料がタダになった。彼女も今はラグビー少年2児の母だ。

メルボルン／大阪でクラス優勝

　メルボルン／大阪ダブルハンドヨットレースは、1987年に大阪港開港120周年の記念事業として大阪市が主催し、ヤマハ発動機がメインスポンサーになり、当時の日本外洋帆走協会（NORC）が実行委員会の主体となって開催された。

メルボルン／大阪ダブルハンドヨットレースでの、〈第一花丸〉のセーリングシーン。同レースでは、最小のCクラスに出場し、44日間かけてクラス優勝を果たした

　第1回の正式名称は「YAMAHA OSAKA CUP メルボルン／大阪ダブルハンドヨットレース1987」となっている。4年ごとに開催されることが決まり、自分は1995年の第3回から委員会のメンバーに指名されて、4回（1999年）と5回（2003年）でインスペクション（レース前の安全検査）を担当した。

　レースカテゴリーはオフショアレーシングカウンシル（ORC：Offshore Racing Council）の特別規定が定めるカテゴリー0を採用していた。

　カテゴリー0は、世界一周レースのような最も厳しい条件下でのレースを想定しており、多少の緩和策が導入されたが、乗員に対する医薬品の知識と応急手当て法や、実際に海中からライフラフトに乗り移るなどのサバイバルトレーニングが実施された。

　また、海外と日本の法律の違い（例えば、ライフラフトの有効期限、麻酔薬の取り扱いなど）から、日本からの参加艇は準備に苦労したと思う。

　〈第一花丸〉は、参加資格である10m以上16m未満の中で最小のクラスC、クルーザー部門に属していた。

　レースは4カ国28艇（リタイア2艇を含む）が参加し、ファーストホーム艇は約26日。〈第一花丸〉は44日かかったが、福田さんご夫妻の努力が実り、幸運にもクラス優勝することができた。

　ちなみに、日本からの参加艇は6艇あり、関西の笹岡耕平さんが所有する〈招福〉も参加し、レーサークラスCに出場して7位でフィニッシュした。〈招福〉は1982年に進水した36ftスループで、オーソドックスな細身の船体を持つ、ショートハンド向けに設計した艇だ。神奈川県横須賀市で、ブルーウォーターの木村勝正さんが建造し、初代オーナーは静岡県沼津市の歯科医師だった。

　その後、〈第一花丸〉は、国内のレースや台湾友好レースなどに参加した。強風の上りコースでは良好な復原性能に支えられ他艇に後れをとることはなかったが、インショア・レースには不向きだった。同じサイズのレーサーと比べると2倍近く重く、タッキングマッチを強いられると差を付けられたのである。

　オーナーの福田さんは熱心に改造に取り掛かり、セール面積を大きくし、舵面積を大きくし、微風性能を改善する努力を惜しまなかった。結果として強風寄りのオールラウンド艇として完成したといえる。夏の鳥羽レースでもクラス優勝してくれたし、のちのKENNOSUKE CUPでは常勝。オーナーが橘 温さんに代わったあとも3連勝を果たした。"花丸"をたくさんもらったボートだった。

42ftカッター〈HINANO〉

世界を旅した夫妻の
明確で健全な新艇構想

　メルボルン／大阪ダブルハンドヨットレース1995に出場した〈第一花丸〉に続き、〈HINANO〉の設計に取りかかった。

　注文主の久我耕一さんは、かつて有名だった「レッツゴーセーリングクラブ」（学生運動の闘士だった唐牛健太郎さんたちが作ったクラブ）でセーリングを始めた人だった。その何年かあとに、ヤマハ34ケッチの中古艇を購入し、八丈島への航海など積極的にセーリングしていたから、新艇の構想もかなり明確なものだった。遠洋での長距離航海ができること、少人数でも操船できること、大勢の仲間とワイワイやっても狭くないことなど、健全な外洋クルーザーの見本になるようなコンセプトだった。

　また、太平洋に点在するラグーン（環礁湖）にも入りたいので、喫水はなるべく浅いこと、そして少し特殊な要望は、プロの写真家として大型のカメラと付属品、フィルムなどを収納する完全水密のロッカーが必要で、奥さまの通世さんはややフネに弱いのでオーナーズルームに簡易トイレが欲しいというものだった。

　タヒチに「HINANO」という銘柄の

ビールがあり、かわいい娘さんの絵が描かれていて、これが艇名の由来となっている。

　久我さん夫妻はそれまで、取材旅行で世界中（約90カ国）を訪れ、数々の人たちと風景を写し取ってきた。サハラ砂漠をワーゲンのワンボックスカーで縦断したり、紅海付近では兵士に銃口を向けられたりというサバイバルも経験してきた。

　耕一さんは個展を開かずに、写真をエージェントに預けて、使われた分の報酬を得ていたが、日常で目にするパンフレットやCDジャケットなどに幅広く採用されていた。

　通世さんは、子供向けの童話絵本を描くほか、リトグラフ（版画の一形式）を表現方法として、現在でも隔年に銀座で個展を開いている。

　彼らの別荘が山梨県の小淵沢にある。整地から始めて、すべて自作したそうだ。意図して電気を引かず、ランプ生活を楽しむ方針を守っている。庭にはクルミやイチョウの木があり、毎年、銀杏を収穫して送ってくれる。私も何度かその別荘を訪問して酒を飲み、お茶をたてたり、五右衛門風呂に入ったり、楽しませていただいた。

〈HINANO〉の建造は、その前に設計した〈第一花丸〉と同じく、ニュージーランドのリドガード・ボートビルダーに発注し、エポキシ樹脂を使った工法を採用した。なお、〈HINANO〉の艇名の元となったのは、タヒチの地ビール「HINANO」

盛大な進水式を挙行
慣らしでプロペラ脱落！

造船所は〈第一花丸〉と同じ、ニュージーランドのリドガード・ボートビルダーにお願いし、同様の工法で建造された。2艇目だったこともあってスムーズに進み、無事完成。内装のトリム材には、カウ

リ（日本のヒノキのような材質）を使ってくれた。良好な船材で、巨木に成長するが、原木はほとんど残っておらず、保護されている。

当初より日本へ回航する予定だったので、臨時航行許可を得るため、JG検査官に出張をお願いし、現地までご足労いただいた。私たちが用意した宿泊場所は「モーテル・アカプルコ」。ここはヨットマンがよく利用するところなのだが、検査官の鈴木さんの奥さまはその名前から少し心配されたそうだ。

鈴木さんはお役人さまらしからぬ気さくな方で、検査も順調に進み、最後に臨時航行許可証にサインをもらうことに

〈HINANO〉の線図

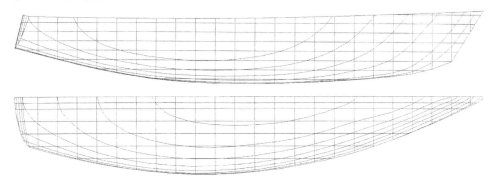

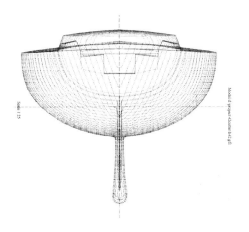

Model of project 42cutter br4-g4

Scale 1:25

なった。普通はしかるべきところに一席
設けて許可証をいただく段取りらしいの
だが、私たちは造船所の片隅のドラム缶
の上にベニヤ板を乗せてお願いした。
鈴木さんは、「えっ、ここで?」という表
情をされたが、気持ちよくサインしてい
ただくことができた。めでたしめでたし。

　進水式は盛大だった。おそろいのハッ
ピを作って、〈HINANO〉のメンバーと
造船所の人たちにも配り、全員集合。
〈HINANO〉メンバーの峰島新太さん
が持参した粋な大漁旗がひらめき、みん
なハッピ、ハッピーだった。自分もいい気
持ちになって「大漁唄い込み」をうなっ

たら、ニュージーランドの人たちに笑わ
れちゃった。

　ニュージーランドの職人さんたちは、
アプレンティス(訓練生)として造船所に
勤め、腕を磨いて一人前になる。子供の
ころからセーリングを始めた人が多く、
ひと通り理解しているから、詳細部の指
定を省いても正しく造ってくれるのだが、
人によってはややラフなところがあって
ボロが出てくる。

　〈HINANO〉では圧力配管の継ぎ手
の締め方があまく、温水が噴出したこと
があった。

　びっくり仰天したのは、オークランド
近傍での慣らし運転中に、入り江に入っ
てアンカリングしようとしていたときだ。
エンジンをかけてシフトを前進に入れて
も反応がない。エンジンボックスを開け
てみると、プロペラシャフトは回転してい
る。ところが、プロペラそのものが脱落し
ていたのだ! 携帯電話で社長のダッ
シーさんに連絡がつき、ボートを回して
もらって大事には至らなかった。わざわ
ざドイツから輸入した3翼フェザリングの

〈HINANO〉のセールプラン／一般配置図

- ●全長：12.88m　●水線長：10.80m
- ●全幅：4.17m　●深さ：1.75m
- ●喫水：2.00m　●排水量：9.80トン
- ●バラスト重量：4.30トン
- ●セール面積：75.97m²
- ●補機：ヤンマー3JH（27kW）
- ●燃料タンク容量：400L
- ●清水タンク容量：300L
- ●機走スピード：Max7.7kt

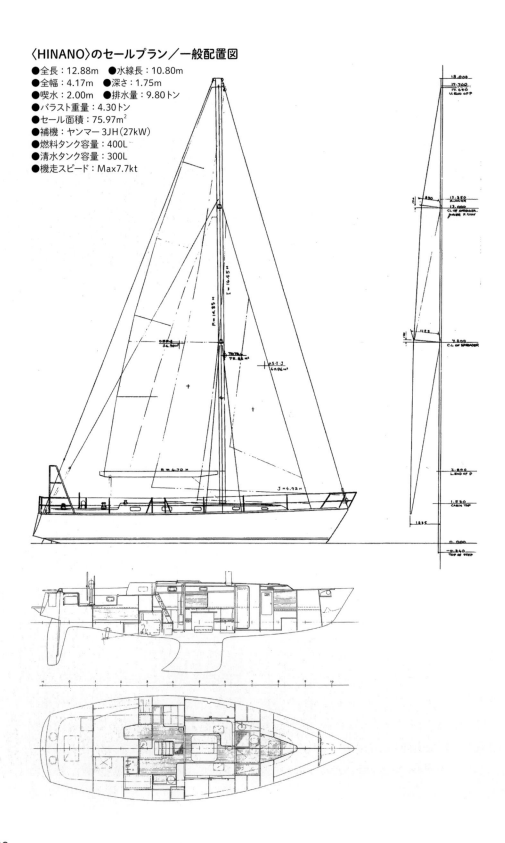

優れものだったのに……。

グアムレースに出場するも無念のリタイア

1996年の3月4日に進水してから約1カ月半のシェイクダウンを終えて、いよいよ日本へ向けて出航することになった。オークランドから4月20日に出航、ベイ・オブ・アイランズなどに立ち寄り、ニューカレドニアに28日入港。バヌアツ、ソロモン、ミクロネシアを経由して、グアムに6月21日入港。小笠原へは7月2日に入港し、入国手続きを済ませ、油壺に7月20日到着。ちょうど3カ月の旅だった。全航程は約5,600マイルで、実際に海の上を走っていた時間は約半分くらいである。

その航程の中で一番楽な、"天国に一番近い島"などがあるニューカレドニアでの3日間のセーリングに、妻と二人で参加させていただいた。

ウベア環礁に錨泊したとき、底の白い砂から太陽光が反射して、白い船体とマストが青みがかって見え、飛んでいる鳥の白い腹も青かった。泳いだり、夜の虹を見たり、新鮮な魚介類の料理を食べたり、とても楽しい思い出だ。感謝。

その後、〈HINANO〉は千葉県の富浦港を母港として、八丈島や沖縄へのクルージングを行っていたが、毎年1回開かれるKENNOSUKE CUPに参加して、「勝てない常連」にもなっていた。

そんな〈HINANO〉がグアムレース（1999〜2000年）に参加することになり、久我さん夫妻を筆頭に総勢8人のチームができた。約半数の人が外洋航海は未経験だったが、ちょっと長いクルージングを楽しもうという気分だった。

ワッチは3人1組で、自分を含む年寄りのブルーチーム（清水勝彦、九里保彦、筆者）と、トウが立った若手のレッドチーム（徳本義男、藤嶋忠光、柳井章人）が2交代で受け持った。艇長の久我さんはナビゲーターとしてワッチに入らずに待機。通世さんは食事当番を引き受け、あらかじめ手作りの野菜類を冷凍保存して用意し、全航程を通しておいしい料理を作ってくれた。

12月26日正午にスタートしたレースは全般に風が弱く、穏やかな航海が続いた。

南下するに従ってだんだん暖かくなり、クルーの徳本さんの格好が暑苦しく見えたので「着替えたら？」と言ったら、キャビンの中へ入り、出てきたときには、ただ服を脱いだだけで下着姿になっていた。オヤオヤ。優しい奥さまに着替えを詰めてもらったので、どこに何があるかわからないという。衛星電話で問い合わせて、やっと見つかった。それ以来、ヒゲヅラの徳本さんは"かわいいヨッチャン"と呼ばれた。

新年を南硫黄島の東北東20マイルで迎え、天気晴朗なれど波はなく、風が次第に落ち、夜半にはまったくの無風となってしまった。海面は真っ平ら。満天の星が海面に映り、まるで宇宙空間にい

日本からも仲間を呼び、造船所のスタッフにもそろいのハッピを配って、盛大な進水式を執り行った。前列に〈HINANO〉のメンバー、後列左端にジョン・リドガードさん、社長のダッシーさんと奥さまのシャロンさんの姿も見える

『BOATING New Zealand』という
ニュージーランドのヨット誌が〈HINANO〉を取材してくれた

るようだった。

その後も平穏な航海が続くのだが、レッドチームのメンバーは正月休み明けに仕事が待っており、帰りの航空券も確保してあるので、間に合うかどうかが心配になってきた。風の神様に祈りをささげて北東貿易風を期待したが、吹いてはくれなかった。艇長の久我さんはついに苦渋の決断をし、残航約200マイルのところでリタイアを決定(1月3日だったと思う)。そして、エンジン始動。すると、1~2時間したら北東風が吹き始めた! そういうもんですね。

再び帆走を開始し、1月5日の21時23分にグアム・アプラハーバーに到着した。日本から現地入りしたコミティーの面々は、散々待たされたのでグアムで遊び回っていたらしいが、温かく迎えてくれた。所要時間10日9時間23分、平均スピード約5.4kt、平均デイラン128.3マイルだった。

赤道直下の環礁で
座礁事故発生

約1週間、グアム島で骨休めした〈HINANO〉は、久我さん夫妻だけで、かねて計画していたカピンガマランギへのクルージングを開始した。カピンガマランギは北緯1度4分にある、直径約10kmの環礁である。ミクロネシア連邦に属しているが、首都のあるポンペイ島から南西に400マイル離れており、物資補給船

〈HINANO〉の復原力曲線
(スタビリティーカーブ)

復原力消失角は125°で、P/N比(P=復原力曲線の正の面積、N=同じく負の面積)は4.13:1

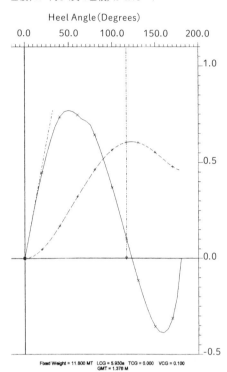

Fixed Weight=11.800MT　LCG=5.930a
TCG=0.000　VCG=0.100　GMT=1.376M

——✕— Righting Arm
— — —✛ R.Area X100.0
·········— ☐ Equilibrium
—·—·— ⊙ GMT
—··—·— ▽ Flood Pt

が寄港するのは2カ月に1度程度らしい。入国管理は厳しく、ビザが必要で、宿泊施設があるわけでもないから観光で訪れる人は少なく、赤道直下の別天地ということになる。これまで世界中を旅してきた二人にとっても、希少価値のある場所だったに違いない。

グアムを出港後、ウインドベーンを使

いながら、オロルク、ポンペイ、コスラエ
を経由して、順調に目的地に近づいた。

2月14日の夜になって、私のところへ
ご機嫌な様子の衛星電話がかかってきた。

「環礁の出入り口は狭く、夕暮れ時に
は見にくいので、ヒーブツーして明け方
を待っている。明日入港します」

とのこと。よかったね。

ところが、明け方の4時ごろ、なぜか
胸騒ぎがして目が覚めて、電話しようか
な、まだ休んでいるかなと思いながら、
結局、電話をせずに寝てしまった。

夜が明けてしばらくしたら、船から再
び電話がかかってきた。やけに暗い声だ。
「どうしたの？」と聞くと、

「環礁の入り口で座礁しました。寝過ご
してしまい、ドカーンという音で目が覚
めてみると、暗礁に乗り揚げていて自力
で脱出できない。けがはなく、水漏れも
ないが、このままでは船が壊れてしまう
かもしれない」

と言う。とにかく命を大事にしてくださ
いと伝えた。

その後、島の人たちがボートを出して
救出を試みるが、うまくいかない。そうこ
うしていると、2カ月に1回しか来ないと
いう貨物船〈マイクロ・グローリー〉（約
800トン）が現れて曳航脱出に成功し、
静かな環礁内にアンカリングできた。
潜って見てみたところ、キール下端が曲
がり、プロペラシャフトも曲がり、スケグ
はなくなり、ラダーは90度曲がって半分
残っている状態で、船体外板に傷はある

ニュージーランドで進水後、日本への回航途中、ニューカレ
ドニア周辺のレグに同乗。透明度の高いすばらしい海で
クルージングを満喫し、楽しい思い出となった

グアムレースに参加。レースはリタイアしたものの、グア
ム到着後は、日本から現地入りしていたレースコミティー
のメンバーらに温かく迎えてもらえた

が破口はないとのこと。

落ち込んでいるご本人たちにとって、
なによりもよかったのは、島の人たちが
屈託のないおおらかさで温かく迎え入れ
てくれたことだった。

久我さん夫妻が約1カ月間、島に滞在
しながら、四方八方に手を尽くして調べ
た結果、島から直接船積みできる船便
はなく、ポンペイまで曳航し、そこで船積
みすることになり、応急舵を作った。しか
し、約8ktで曳航されるとすぐに破損し
てしまうという。それでも、長い曳航
ロープと取り回しがよかったので、無事
にポンペイに到着した。

ニュージーランド、ベイ・オブ・アイランズ沖での、〈HINANO〉のセーリングシーン

ここで久我さんは、船積みに必要な〈HINANO〉の船台を自作した。ウチから送った断面図をもとに、材料と工具を買い、倉庫を借りて製作開始。加工したパーツをふ頭に持ち出して組み立て、地元港湾関係者の方々の協力もあり、無事に完成した。日本船籍の貨物船〈Asian Hibiscus〉（約8,000トン）にドラマチックな船積みを行い、4月21日に横浜へ帰ってきた。

これらの経過は通世さんが書いた手記『ヨットット、おっとっと、ひなの受難航海記』（非売品）と、ウェブサイト「ヨットひなののページ」（http://tsusekuga.com/hinano4568/hinano-top.html）に詳しく記述されている。

その後、耕一さんは心労からか病に

侵され入院し、退院後も自宅療養を続けたが快癒せずに亡くなられた（享年60）。彼は普通の人よりもはるかに濃密な時間を生き抜いたことを思えば、決して若死にではなかった。合掌。

＊

現在、〈HINANO〉は、マグロ運搬船（4,000トンクラス）の船長として世界各地を走り回った岡元俊一さんが所有し、メンテナンスも行き届いた状態で、九州の大村湾に係留されている。岡元さんは古くからのヨットマンでもあり、〈HINANO〉のメンバーとの交流は現在も続き、艇名もそのまま存続されている。その岡元さんには、彼が現役のころ、船長室でマグロをごちそうになり、1泊させていただいた。感謝。

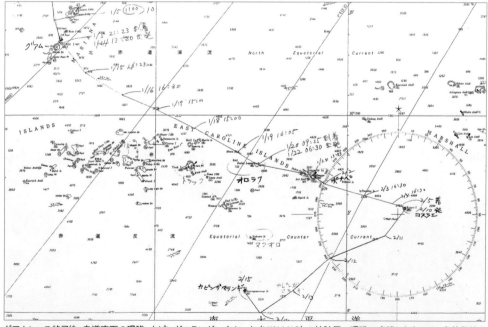

グアムレース終了後、赤道直下の環礁、カピンガマランギへ向かった〈HINANO〉の航跡図。環礁で座礁したものの、曳航救助されたのち、船便で日本へと戻ることができた

日本ノーテックと
ステップマリン造船所

偶然の出会いから受けた
7.5mスループの設計依頼

近藤弘毅さんと出会ったのは偶然だった。私はNORC（日本外洋帆走協会）計測委員会の会合からの帰宅途中、国鉄（現：JR）大船駅のホームのベンチで、シドニー～ホバートレース（1969年）に参加する武市 俊さん設計、武田陽信さん所有の36ftスループ〈Vago（ヴァーゴ）〉の図面を眺めていた。図面計測により、RORC（Royal Ocean Racing Club）レーティングを計算する役を命ぜられていたのだ。

近藤さんは三重県・伊勢からの仕事帰りの途中で、ヨットの図面を見ている自分に興味を引かれて声を掛けてきた。話をしているうちに意気投合し、同じ下車駅だったこともあり、逗子の飲み屋「とにかく」へ直行、一献傾けたのだった。

彼はそのころ、「ニュージャパンマリン」が建造していたツインキールのセーリングクルーザー「アラカリティー18」を販売していた。関東地域には、陸送するよりも回航が多かったそうだ。のちにニュージャパンマリンを退職した近藤さんは、神奈川県横須賀市佐島に「日本ノーテック」を設立して、ヨットビルダーとして邁進していった。

ニュージャパンマリンでの仕事仲間だった瓜生昭一さんは、のちに「ニュージャパンヨット」を設立している。

近藤さんは親分肌のところがあったから、日本ノーテックには若い人たちが集まり、のちに「GHクラフト」を立ち上げた木村 學さんや、半自作艇（N-260）で太平洋クルージングに出かけた佐藤 仁さん、ファーストマリーンの関口徹夫さんも勤務していたことがある。石川さんや能代さんなど、腕のいい木工職人さんもいて、さまざまな仕事に対応していた。

武市さんがリンフォース工業による「BW（ブルーウォーター）-21」と「BW-24」の量産に成功し、プロダクション艇のFRP化の時代が押し寄せてきていた。近藤さんも24ft（7.5m）クラスのFRPボート（スループ）を計画し、まだ経験の浅い私に設計を依頼してくれた。私にとって〈昌代〉に次ぐ2番船だった。

ところがこのモデルは、モールド（型）の木型造りから始まり、建造中からオーナーを募集して量産化を図ったのだが、思うようにはいかず、資金不足もあって量産化はできなかった。

木型が"もったいない"ということになり、そのまま実艇にすることになったのだが、計画重量をはるかにオーバーするし、オーナーはヨットを知らない神奈川県横

7.5mスループの一般配置図と線図

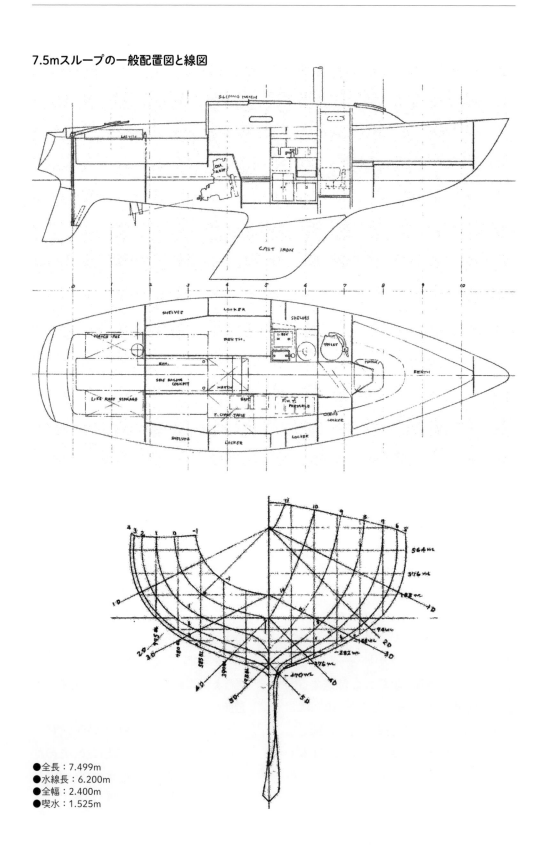

- ●全長：7.499m
- ●水線長：6.200m
- ●全幅：2.400m
- ●喫水：1.525m

浜市のお風呂屋さんで、ボイラーやエンジンに詳しく、どうしても三菱キャンター（小型トラック）のエンジンを載せると言う。一生懸命説明して「軽量化が大事です」と申し上げたのだが、通じなかった。そして帆走性能は推して知るべし。そんなこともあったなあ、残念。

日本ノーテックが手掛けたモデルたち

　近藤さんは、フィリップ・アーレ（Philippe Harlé）デザインの「シャケトラ（sciacchetra）」を輸入したことがある。

　この艇は、ジャン・マリー・フィノ（Jean-Marie Finot）デザインの「エクメ・ド・メール（écume de mer）」の原型となった艇で（フィノさんもアーレ事務所に勤務していたことがある）、フランス国内では相当数建造された艇だった。このシャケトラは船内がやや狭いので、デッキをかさ上げしたレイズドデッキタイプに変更し、「ノーテックN-260」として建造・販売した。

　同社では、戸田邦司さん（現：日本海洋レジャー安全・振興協会会長）設計の「N-220」（1973年）、続いて「N-320」を建造・販売。この艇は優秀な帆走性能を持ち、レースでも活躍した。レース成績が販売向上につながることから、同社はレースに重きを置くようになり、ハル・ワグスタッフ（Hal Wagstaff）

設計のクォータートナー「N-240」を建造、米テキサスのコーパス・クリスティで開催されたクォータートンカップ'76（1976年）にも参加した。翌年にポール・ホワイティング（Paul Whiting）設計の「マジックバス」を輸入し、全日本クォータートンカップに参加している。

　1979年に、私が沢地　繁さんと共同設計した35ftのクルーザー／レーサー、〈マルコV世〉が進水した。オーナーの児島浩一郎さんは九州・博多の名門の出の、古くからヨットを楽しむ紳士で意気盛ん。レースにも積極的に参加されたが、残念ながら華々しい戦績を上げたとまではいかなかった。

1970年代の月刊『KAZI』に掲載されていた日本ノーテックの広告。国産のプロダクション・セーリングクルーザーとして、Nシリーズは好評を博した

35ftクルーザー／レーサー〈マルコV世〉の セールプラン

● 全長：10.96m　　● 水線長：8.80m
● 全幅：3.52m　　　● 喫水：2.00m
● 排水量：4.15トン　● セールエリア：50.4m²
● 搭載エンジン：22馬力ディーゼル

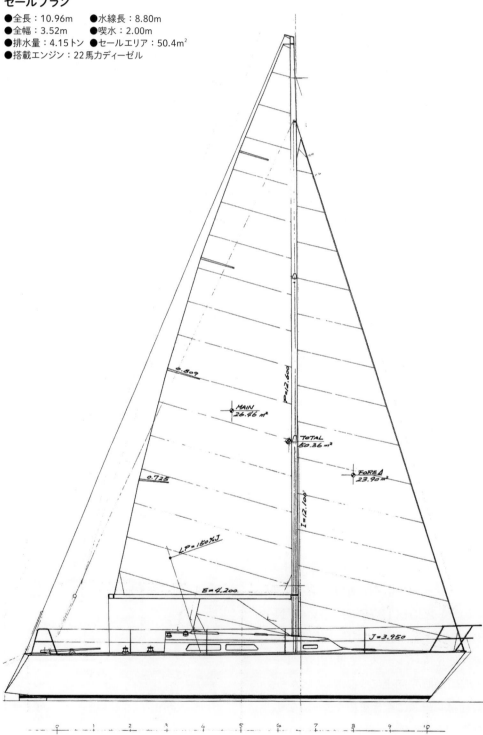

35ftクルーザー／レーサー〈マルコⅤ世〉の
一般配置図／線図

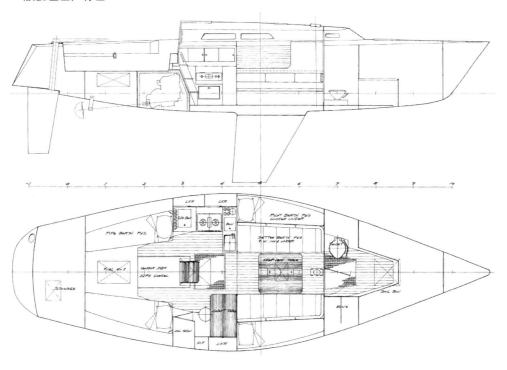

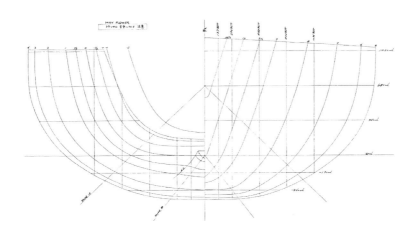

N-200のセールプラン

● 全長：6.20m　● 水線長：5.20m
● 全幅：2.48m　● 喫水：1.05m
● 排水量：0.9トン
● セールエリア：
メイン8.8m^2、ジェノア14.9m^2、
ジブ8.6m^2、スピネーカー32.5m^2

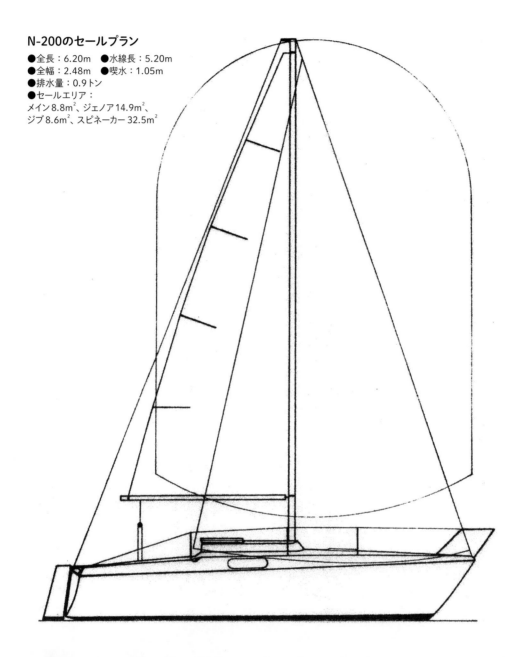

　日本ノーテックでは、フィリップ・アーレ設計の小型艇、「ケルト20（Kelt 20）」を導入し、「N-200」の名称で建造・販売した。アーレさんも来日して、佐島マリーナ主催のレースに参加したことがあり、「伊豆大島を遠望していきたいね」と話し

ていたが、かなわなかった。彼のホームポートのラ・ロシェル沖にもイル・デ・オー（オー島）がある。

　1980年には「N-270」をラインに加えた。この艇は山崎ヨットが建造していた「ST27」のハル（艇体）を使い、配置と

N-200の一般配置図

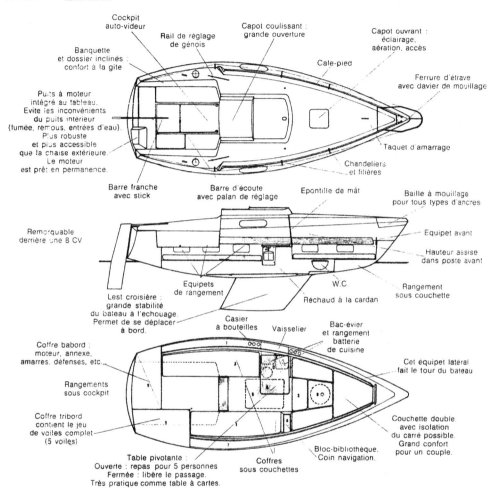

セールプランを変更したものだった。おとなしいファミリークルーザーとして好評を得て、約20隻建造された。

しかし、日本ノーテックは、43ftの初代〈摩利支天〉（高井 理さん設計）を建造していたころ、様子がおかしくなり、倒産してしまった。負債総額は3億円を超えたとのことで、積極的な経営方針が行き過ぎたのだろうか。

自分も約0.5%の債権者として債権

者会議に出席したが、こわもての大口債権者たちがいて、同席していた中村船具工業の金子専務も「こりゃ駄目だね」と言われ、一緒に退席した。

ステップマリン造船所を立ち上げ

騒動が一段落して落ち着いたあと、近藤さんはステップマリン造船所（以下、

N-270の一般配置図

●全長：8.25m　●水線長：6.95m　●全幅：2.71m　●喫水：1.53m　●排水量：2.45トン
●セールエリア：メイン16.3m²、ジブ13.8m²

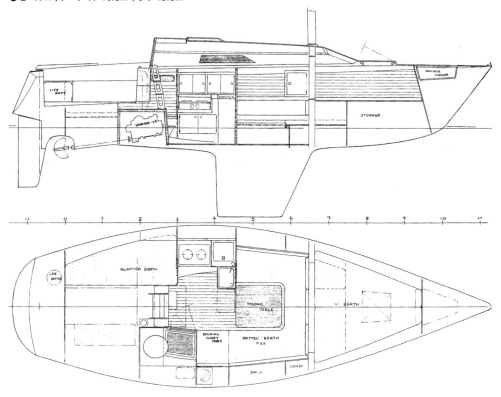

ステップマリン）を設立し、業務を再開。ただし、国内では建造せず、台湾の造船所に発注して、国内で販売する方針をとった。

　台湾では当時、海外（主にアメリカ）に輸出するボートの建造が盛んで、人件費、材料費ともに安価だったから、造船所も乱立状態だった。鵜の目鷹の目で、一獲千金狙いの日本人の販売業者もいた。しかし、新規開業の造船所が造る安いものほど粗製乱造品が多く、「形を造って魂を入れず」だった。

　ステップマリンが開発したモーター

セーラー的な34ftセンターコクピット艇（武市さんの事務所に在籍していた金指昭郎さん設計）も、残念ながらその類いで、約40隻売れたが、水漏れや雨漏りのクレームが多かったそうだ。

　そこで、近藤さんは造船所を選び、台北にあるC. C. Chen Boat Yard（現：Hsing Hang Marine Industries Co.,Ltd.／興航遊艇公司）にたどりついた。

　C. C. Chen（陳 振吉）さんは、台湾が日本統治下にあったころ、技術者養成学校（正しい名称は不明）で学び、日

N-270のセールプラン

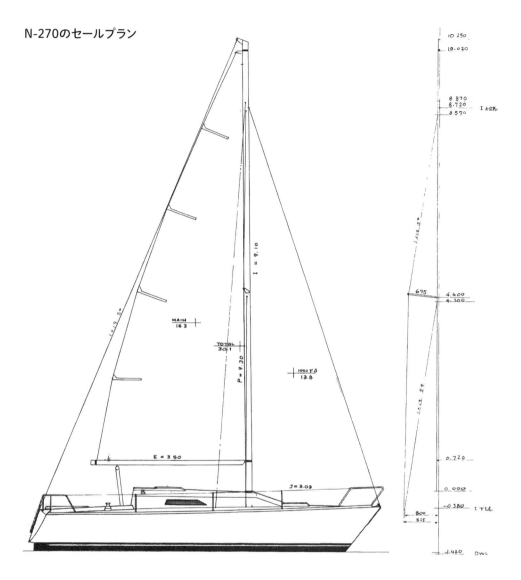

本語も上手だった。戦後、台北を流れる淡水河に接してヤードを造り、木造小型ボートを多数建造して現在の基礎を築いた立志伝中の人である。

　現在は台湾桃園国際空港の近くに敷地約5,000坪の大きな工場があり、エンジン試運転や浮揚状態チェック用のプールも備えていて、大型パワーボートが何隻か並んで製造されていた。中2階に現図場と木工作業場があり、FRP資材は別棟に保管されていたが、工場に空調設備はなかった。従業員は親族が多く、ファミリー企業の温かさを持っていた。日本で言えば岡崎造船のような感じだった。

　ステップマリンはここで、沢地　繁さん設計のCC 30 / 32、トレッカー（Trekker）38 / 41などを建造、輸入販売し、好評を得ることができた。

オーソドックスな船型の
トレッカー34クラシック

1992年の暮れに、近藤さんから、新しく台湾で建造するクルージング艇の設計依頼があり、「トレッカー34クラシック（Trekker 34 Classic）」が生まれた。

建造に着手する前からラフプランを持ってHsing Hang Marineを訪れ、打ち合わせを行い、C.C. Chen（陳 振吉）さんと詳細部も検討した。

その中で、どうしても納得してもらえなかったところは、バラストの取り付け方法だった。通常のように船体外部からボルトで固着する方法はかたくなに拒否されて、船体と一体でFRP積層形成したフィンの中に、いくつかに分割した鉛ブロックを詰めて、上部もFRPを積層してふたをしてしまうことになった。

「クラシック」の名前が付くように、やや細身のオーソドックスな船型を採用し、時間的に十分な余裕もあったから、設計図面などはなるべく詳しく描いた。

当時、台湾では周辺の海で自由に遊ぶことは制限されていて、個人所有のボートはほとんどなく、当然ながら、職人さんたちは海に出たことも、セーリングをしたこともない人が多かった。このことが、現場での判断を迫られると、誤った結果を生むことになる。建造中に何度も訪問してチェックしたが、清水タンクがうまくバース下に収まらず、フレームを削ってしまったこともあった（もちろん、修正し

てもらった）し、ウインドラスの爪の向きやクリートの向き、セルフテーリングウインチのロープガイドの位置などを説明する必要もあった。

仕事そのものは大変丁寧で、船体と甲板は正確で美しく、船内の木工工事もロッカーの裏側まで手を抜くことなくきれいに仕上がった。

1994年、1号艇が神奈川県・浦賀にあったマリンポート・コーチヤ（現サニーサイドマリーナ ウラガ）で進水した。オーナーの野坂英八さんはとても喜んでくれた（月刊『KAZI』1994年7月号に艇紹介記事掲載）。感謝。現在この艇は伊豆半島の下田にあり、2代目オーナーの小林清秀さんが、チークデッキを張り替えたり、沖縄方面へクルージングしたりと元気である。

2号艇は佐島マリーナに係留していた〈Except One〉。オーナーの村松文隆さんにも気に入っていただき、Kennosuke Cupに何度も参加してくれたし、妻と一緒に楽しませていただいたこともある。2014年に転売され、2代目オーナーの宮本恭夫さんが、宮城県塩竈市の小野寺ボート製作所でレストアし、現在、東南アジア周辺をクルージングしている。

3号艇〈こち〉は、元外航船の通信士だった斉藤宗介さんが太平洋を横断してサンフランシスコに到着。その後、ハワイまで戻り、そこがすっかり気に入って長逗留し、今もハワイにいる。近い将来日本へ戻る予定とか（船舶検査証はどう

ステップマリン造船所が実際の建造を依頼した、台湾の C. C. Chen Boat Yardの様子。木工など非常に丁寧な仕事ぶりだっ
たが、施工者にセーリング経験がないことによる認識違いなどがあり、細かな説明が必要だった

なるんでしょうか？）。

　6号艇のオーナーは緒方三郎さん。のちに「トレッカー42クラシック」の1号艇を造ってくれた。感謝。この艇も2代目オーナーが南方へクルージングに出かけたそうだが、詳細は知らない。

　2001年に進水した8号艇の上谷さんは、太平洋を1往復したあと、再び横断して、カナダ西岸に"隠れ家"として係留

しているそうだ。

　10号艇は、係留場所の関係から全長を切り詰めて32ftとした〈Polar Wind〉。オーナーは気象の専門家、馬場正彦さん。「セール面積が小さくなって微風では走りませんよ」と言ったら、「いいです、そのときはエンジンで走ります」というお返事だった。

　11号艇の芳武銑一さんは東京夢の

トレッカー34クラシックの線図／一般配置図
- ●全長：10.45m　●水線長：8.70m
- ●全幅：3.24m　●喫水：1.75m
- ●排水量：7.0トン　●バラスト重量：2.5トン
- ●搭載エンジン：ヤンマー 3YM30（30馬力）

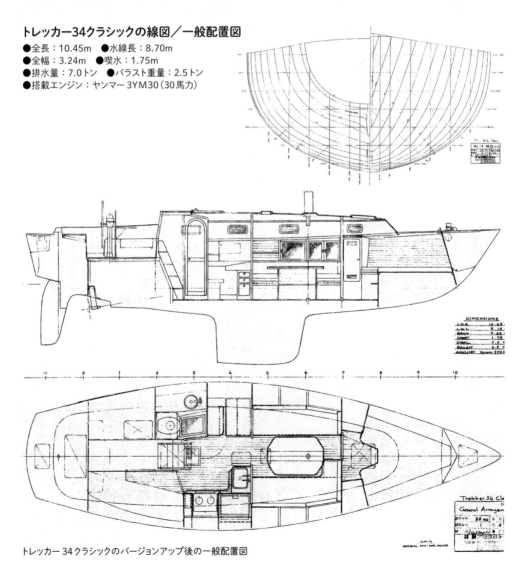

トレッカー34クラシックのバージョンアップ後の一般配置図

富士山を背景にセーリングする、芦辺洋司オーナーの〈CALYPSO〉。
トレッカー34クラシックの13号艇となったこの艇では、それまで
の不具合を修正するバージョンアップが図られた

島マリーナに置いているが、いつ行って
も日本各地を回っていて、まだお目にか
かったことがない。現在はカタマランに
乗り替えられたと聞いている。

バージョンアップした
トレッカー34クラシック

　すでに建造された複数艇のデータか
ら、トレッカー34クラシックは設計重量
をかなり超過していること、アフトトリム
（後ろが沈み込む状態）になっているこ
となどがわかっていた。実艇から切り出
した資料と、積層構成を指示した表を見
比べながら調べると、設計値より厚みが
あって重い。

　FRPはファイバー（F：繊維）でリン

月刊『KAZI』1994年7月号に
掲載された、トレッカー34クラシックの艇紹介記事

フォース（R：補強）したプラスチック（P）
なのだが、成形されたものの強度はファ
イバーの含有率によって異なり、手作業
による積層品では35％以上の含有率
（重量比）を標準的な目標としている。

　しかし、この艇では30％程度になって
いた。Pのレジン（ポリエステル樹脂）
リッチ（過多）で、ローラーでレジンをし
ごく圧力が低いことがわかる。この造船
所では一方向ロービング（ガラス繊維を
細い束にして、それを筵状にしたもの）

も使っていたので、サンプルを調べると、普通は50％程度のファイバー含有率が期待できるのに、40％程度だった。そのようにトレーニングされた人たちが積層しているのでやむを得ない。

　強度上は、予定されたファイバーが使われ、厚みが増しているので問題はないのだが、重量増加が問題になる。フィンキール部分の厚みは実測できなかったが、設計計算値よりずっと厚くできていると想像できる。そのため、中に入れる鉛が予定した位置に収まりきらず、バラストの重心位置が後方へ移動し、上方へもかさ上げされて重心位置も上昇した。

　船内木工工事は美しいのだが、ソリッドチーク（チークの無垢材）をふんだんに使っていることや、内張りの固着にも多量のレジン接着剤が使われ、これらの集積により相当な重量増加になり、アフトトリムと復原てこの減少につながってしまったのである（復原モーメント値は重量増加分で補われて、顕著な減少はなかった）。

　2007年に13号艇〈CALYPSO〉が建造されるとき、オーナーの芦辺洋司さんとも相談して、バージョンアップを行った。いくつかの問題点を改良しつつ、セール面積も増やすことにした。船内の

トレッカー42クラシックの一般配置図
●全長：12.85m　●水線長：11.20m　●全幅：4.02m　●喫水：2.10m　●排水量：12.20トン
●バラスト重量：3.85トン　●セールエリア：83.00m²　●搭載エンジン：ヤンマー 4JH-BE（46馬力）

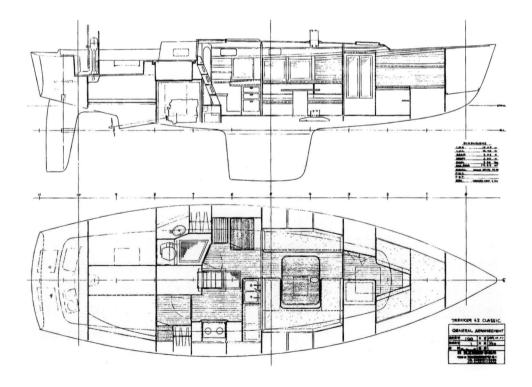

トレッカー42クラシック1号艇、緒方三郎オーナーの〈Great Circle〉で
の、小笠原クルーズ中のひとコマ。後ろに見えるのは、伊豆諸島最南端
に位置する孀婦岩（そうふがん）

チャートテーブルも横向きから縦向きの
オーソドックスな形に変更した。これらの
改良は成功したと思う。

　続いて建造された14号艇〈雪風〉の
阿部保夫さんは、13号艇を詳細に見学
し、芦辺さんから直接さまざまな助言を
もらっている。宮城県・七ヶ浜町が係留
場所だが、東日本大震災時には、偶然、
定係港を離れていてまったく無傷だった。
その後、神奈川県・横浜ベイサイドマ
リーナで開かれるヨコハマフローティン
グヨットショーに出品するため借用し、
宮城との往復に乗せていただいたが、
片道約48時間、快適な旅だった。

　のちに、阿部さんはシングルハンドで
小笠原航海を遂行してから、太平洋往
復航海を成功させた。往路でサンフラン

月刊『KAZI』2002年5月号に
掲載された、トレッカー42クラシックの艇紹介記事

シスコ到着前に大きな漁網を引っ掛けて
しまい、復路ではハワイ手前でワイヤの
塊を引っ掛けたそうだ。いずれも一人で
は手に負えず、到着後、プロの潜水士に
切り離してもらったそうである。

　15号艇〈Kai May〉は、オーナーと
ディーラーの二人で台湾から回航した
際、途中で石垣島に入港したとき、ナビ

ゲーションミスから座礁。潮時が悪く、大傾斜してコクピットハッチやトイレから浸水し、電気関係にダメージを受けてしまった。船積みで横浜へ運んだのち、油壺ボートサービスで修復工事を行い、現在はシティマリーナヴェラシスに係留している。オーナーは将来、一人での外洋航海を夢見る著名な心臓外科の先生である。この艇が最後のトレッカー34クラシックになった。

2隻のみ建造された トレッカー42クラシック

トレッカー42クラシック（Trekker 42 Classic）は、1998年に34クラシック6号艇のオーナーだった緒方三郎さんから設計注文をいただき、近藤さんの協力で造られ、2001年に進水した艇だ。艇名は〈Great Circle〉。緒方さんはジャンボジェットの操縦士だった。

この艇は、自分にとっても設計番号100の記念すべき艇だった。台湾のビルダー、シン・ハン・マリーンの様子もわかったし、重量増加を見越して設計したのだが、それでも予定より重くなった。

重量管理は難しい。ちょっと変更すると、すぐに影響が出てくる。スターン（船尾）からアンカーを打つためのチェーンロッカーを左舷側に設けたのが誤算で、少し左舷へ傾いて浮いてしまったため、インサイドバラストを追加して修正した（月刊『KAZI』2002年5月号に艇紹介記事掲載）。

メインセールのリーフ（縮帆）はブーム内に巻き込むもの（商品名：レジャーファール。ニュージーランド製）を採用した。〈第一花丸〉の建造中に開発者のドン・バヴァーストック（Don Baverstock）さんを紹介され、彼の艇に乗って実際のリーフ作業を見せてもらった。彼は電動ウインチを利用しながら1人で見事にリーフ作業をこなしていた。〈HINANO〉でも採用したシステムである。

〈Great Circle〉では、紀伊半島クルージングや小笠原クルージングに乗せていただき、セーリングを楽しむことができた。セーリングでも機走でも6ktで走っていると安定感があり、まったく無理がなかった（機走トップスピードは約8kt）。

2号艇は小笠原雅臣さんによって造られ、〈Wind Dancer〉と命名された。八丈島に別荘を持っておられ、そこへしばしば出かけられるそうである。

トレッカー42クラシックは、「クラシック」に、ややこだわり過ぎたかもしれない。スプーンバウやカウンタースターンもその一つなのだが、「スピード、スピード」とこだわる現代の感覚とはズレがあったせいか、残念ながら2隻で打ち止めとなった。自分で言うのもなんだが、ケンノスケ流“決して速くはないけれど、決して遅くはない”乗り心地のよいフネである。

なお、長い間、ヨット界に貢献された近藤弘毅さんは、2017年に病気のため逝去された。享年74。合掌。

48ftスループ〈喜久洋〉

オーナーの希望で国内建造

48ftスループ〈喜久洋〉は、1996年に香川県・小豆島の岡崎造船で建造された。工法は、Dura-Core（商品名。バルサ材の両面に薄い板が張られた、20mm×25mmの角材）をストリップ・プランキングのように型に仮止めし、その内外にFRPを積層してサンドイッチ構造の艇体を建造するというもので、ワンオフ艇を建造するのに適したものだ。これはニュージーランドで建造した〈第一花丸〉、〈HINANO〉と同じ工法だったので、それら2艇と同じ造船所（Ridgard Boat Builders）で建造し、ニュージーランド3部作になる予定だった。

しかし、オーナーの清水洋志さんには、「クルー候補者たちと一緒に建造中から造船所通いをして、フネの詳細部まで知りたい」という希望があり、国内で建造することになった。

清水オーナーのヨット歴

清水さんのヨット歴は"ハンパ"じゃない。学生のころには、日本ノーテックでアルバイトをしながらヨット造りを学んだ。ご実家が裕福だったので、クルマ通勤していたそうだ。私が2番目に設計した不幸な25ft艇を同社で建造していたころの話である。

その後、彼は北欧からサギッタ26というS&S設計艇を輸入し、横浜をベースにしてセーリングしていた。

家業は父上が創業された木材輸入業で、横浜市・山下町の一等地にビルを構えていた。輸入木材を消毒・燻蒸する技術もあり、文化財の保護にも携わっていたそうである。家業を継がれたあとは、しばらく仕事に専念し、セーリングから離れていたが、仕事が軌道に乗り、社長業がすっかり身についてから、再びセーリングの世界に戻ってきた。

クルージングを再開したころ、清水さんは、鈴木弥彦さん所有の43ft艇〈JOUR〉（岡崎造船建造、1978年進水）に乗り、私もときどき乗せていただいていたので、そこで再会した。

〈JOUR〉のクルーには、トンガ、サブ、トキ、ヤマちゃん、ジョン、バナナ屋、チーボー、ユーコ、アキちゃん、マユちゃんなど、楽しい男女混合メンバーがそろっていて、清水さんはエドさんと呼ばれていた（昔のテレビ番組「エド・サリヴァン・ショー」のホスト役、エド・サリヴァンから名付けられたらしい）。クルーのほかに、ミヤちゃん、トラさん、チャーリーさんなども遊びに来て多士済々。心優しい歯科医

〈喜久洋〉のセールプラン／正面線図

- ●全長：14.80m ●水線長：12.00m
- ●全幅：4.42m ●喫水：2.80m
- ●排水量：12.2トン ●バラスト重量：5.53トン
- ●セール面積：98.82m²
- ●補機：ヤンマー 4JH2-BE（48馬力）

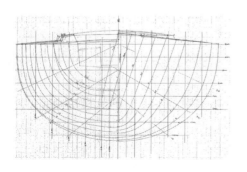

師の鈴木先生のご人徳の賜物でしょうね。

フネも元気だったけれど、すでに40,000マイル以上航海しており、搭載していたパーキンス製のエンジンも相当くたびれていたので、エドさんが資金を提供し、メンテナンスのしやすいヤンマー製のエンジンに換装したりしていた。

〈喜久洋〉の一般配置図

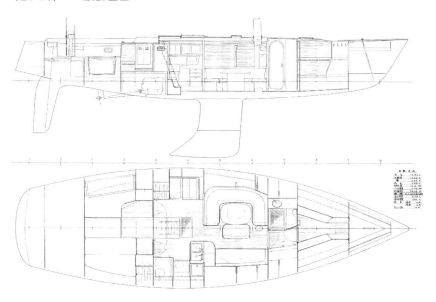

〈喜久洋〉の20度ヒール時の水線

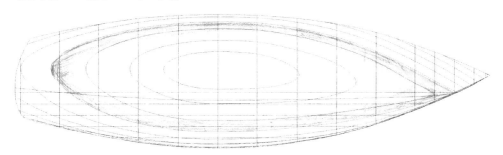

設計への要望と
進水後の活躍

　そのうちに、エドさんはどうしても自分のフネが欲しくなり、新艇建造を決めて、自分に設計を依頼してくれた。

　そのときのリクエストは、「会社所有で厚生施設として使うので、安全第一、丈夫で頑丈。セール面積も小さめにしてください。船内配置は〈JOUR〉と同等で構わないけれど、使い勝手がいいよう

に少しずつ余裕を持たせてほしい。そのぶん、全長が大きくなっても結構です」というものだった。

　1995年9月に起工式が行われ、翌年4月末に進水。会社の行事日程に合わせる必要から、工期が圧縮されたため造船所は大変で、とても4月末の進水は間に合わないと思われたが、なんとかなった。

　しかし、心配していた通り、回航中からいろいろ問題点が出てきて、対応に追われた。配管が一部誤っていたり、細部

〈喜久洋〉の起工式の様子。中央のジャケットの人物がエドさんで、その左が岡崎造船の岡崎社長（先代）、右が吉田さん、ちゅう、チャーリーさん、アキちゃん、トンガ

の仕上げが粗かったり、ホール・スパー製のブームバングの長さが合わなかったりしたのだが、基本的なところは問題なかったから、手直しすることで完成した。

艇名の〈喜久洋〉の文字は、書家を目指していた私の妻の静枝が書いたものである。

艇はセール面積を抑えたため強風向きで、12kt以上の風があれば本領を発揮、スタビリティーも十分にあり、合格点がもらえた。

1998年に鹿児島の火山めぐりヨットレースに参加したとき、微風の湾内レースはまるでダメ、最後の島回りレースのフィニッシュに近くなって、やっと風が吹

〈喜久洋〉の進水式風景。エドさんはこのあと、クルーたちに海に放り込まれた

いてきた。総合成績もよくなかったけれど、楽しいセーリングとパーティーだった。

2004年にはログ（航海距離積算値）が20,000マイルを超え、盛大なお祝いがあった。平均すると、1年間に2,500マイル走っていたことになる。

進水直後の〈喜久洋〉の帆走シーン

左舷スピンシートのウインチについているのは吉田さん（逗子開成高校ヨット部OB）、右舷アフターガイについているのはアキちゃんとトンガ

2004年に行われた、航海距離積算値20,000マイルオーバーの祝賀パーティー。中央のエドさんの後ろ、白い和服姿が奥さま。横浜ベイサイドマリーナの僚友艇〈マゼランメジャー〉の廣瀬純也オーナーの顔も見える

建造されなかった58ft艇

2003年に、次の58ft艇の設計依頼があった。大型艇でもあり、これまでの経験と知識を注ぎ込んだものにしたかった。構造方式と復原性はISOのカテゴリーA（遠洋区域相当）を満足するものとし、横浜国立大学名誉教授・丸尾孟先生の論文「極小造波抵抗の船型」（1962年）によって示される最適な面積曲線を持つ、やや細身の船型を採用。デッキ艤装はできるだけ簡素にまとめ、少人数でのロングクルージングに対応できることを目指し、2005年に設計図

58ft艇のセールプラン

- ●全長：17.70m　●水線長：14.80m
- ●全幅：5.00m　●喫水：2.85m
- ●排水量：23.0トン
- ●バラスト重量：9.6トン
- ●セール面積：154.6m²
- ●補機：ヤンマー 4LH-HT（135馬力）
- ●発電機：ノーザンライト6kW
- ●清水タンク容量：1,000L
- ●燃料タンク容量：1,225L

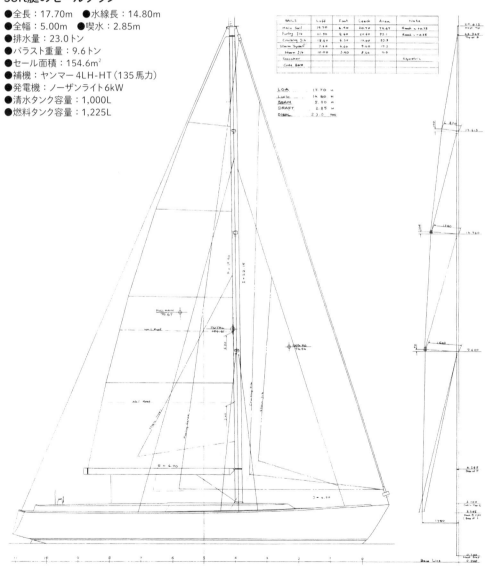

58ft艇の一般配置図／側面線図

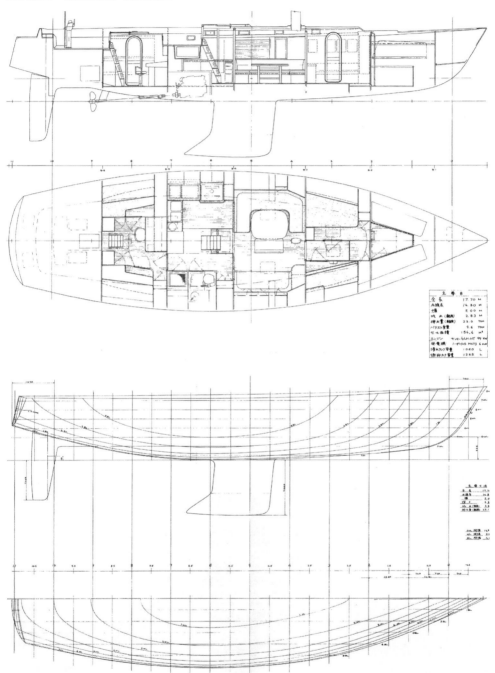

が出来上がった。

　造船所は岡崎造船を念頭においていたが、プロダクション艇の建造予定が入っていて、大型のワンオフ艇建造を組み込むことが難しい。しかも、9.6トンあるバラストを鋳造してくれるところもない

しなあ、ということになり、建造に踏み切れずにいた。

　逡巡している間に、頼りにしていたクルーが病気になり、エドさん自身も体調を崩されて、ついにこの艇が建造されることはなかった。残念。

58ft艇の断面積曲線

フルード数Fn＝0.354（フィート・ノット速長比1.2相当）を本艇に当てはめ、約8.2ノットをターゲットスピードとしたときの、造波抵抗が最小となる断面積曲線（アペンデージを含む。イーブントリムでヒールなしの場合）。この曲線は排水量の分布も表す。なお、横軸が船首尾線、縦軸が面積（m²）

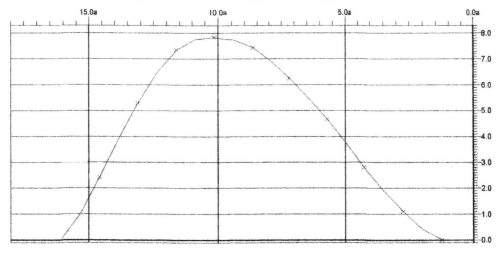

58ft艇の復原性曲線

復原力消失角134度、P/N比9.7は、過酷な条件下でも生存できる数値。なお、Pは復原力曲線の正の面積、Nは同じく負の面積で、P/N比はその面積比を表す

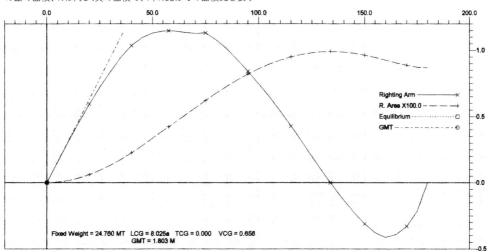

45ftモーターセーラー
〈Le Lagon Ⅲ世〉
ル　　　ラゴン

オーナーにとって3艇目のモーターセーラー

　45ftの〈Le Lagon Ⅲ世〉は、塚本洋一オーナーが岡崎造船で建造した3艇目のモーターセーラーである。初代は岡崎嘉博さん（先代社長）設計による木造艇。2代は1980年に造られた34ft艇で、合板による簡易モールドによってFRPで建造され、好評を得て、同じモールドから同型艇が6艇建造された。景気が上向きのいい時代だった。

　その後、岡崎造船では38ftのモーターセーラー〈Jacky Ⅲ〉が建造された。このフネは長さもあり、スタイリングもよかったので、塚本さんはそれを見ながら、さらにその上を行く自分の次の艇を建造することを決めたのである。

　私はアメリカズカップに携わり、時間が取れなかったので、カップ・プロジェクトが終わるまで待っていただき、バブル景気が弾け飛んでからしばらくたって、1995年に具体的な設計が始まった。

　塚本さんにとっては、「これまでの経験を生かして最高のフネを造りたい。これが最後のフネになるかもしれない」という思いもあり、各部の詳細な検討が行われた。もちろん、どのフネでも同様な検討が行われるのだが、この艇では特に念入りに実行されたということだ。

Recaroのシートに見合う操縦席周り

　船内の操縦席周りのアレンジメントについても特別な要望が出てきて、「Recaro（レカロ）のシートとMomo（モモ）のステアリングホイールを使いたい。それに見合うように周囲をアレンジしてください」ということだった。

　Recaroはクルマのシートのみならず、航空機やオフィスにも使われる世界No.1と言われる製品を生産している。負けるわけにはいかない。岡崎さんとも相談しながら、計器パネル、エンジンパネルなどは原寸図を作って配置を決め、パイロットハウスの前面と側面は連続した曲面ガラスで構成した。

　ガラスは、正確な木型を造り、それにならって金型を造り、UVカットの曲面強化ガラスができた。視界は約220度の範囲で良好、ジブのテルテールもよく見える。

　Recaroのシートはクルマの横Gにも対応しているから、フネのローリングでも体が保持され、よほどの荒天でないかぎり、飛ばされることはなさそうだ。静かな場所でフルリクライニングにすれば、

45ftモーターセーラーのプレリミナリーデザイン

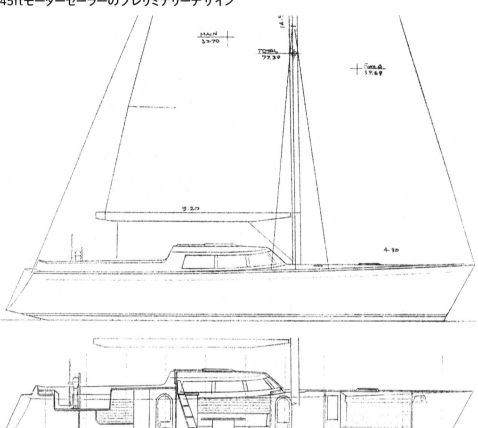

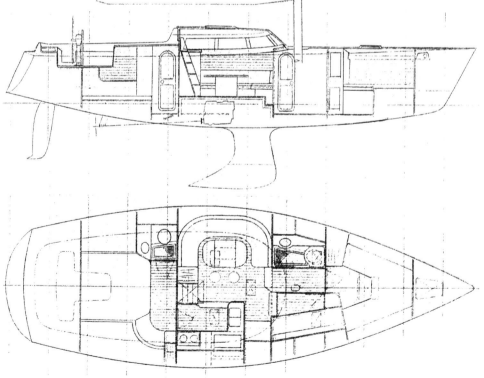

設計依頼を受けた初期段階で描いたプレリミナリーデザイン（最初の外観図、配置図）

321

45ftモーターセーラーのレイアウトプラン3案
外観デザインとともに、いくつかのレイアウトプランを検討した

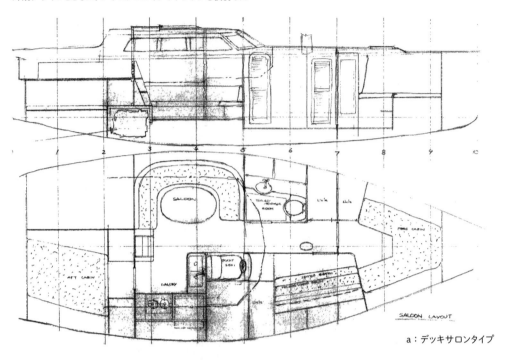

a：デッキサロンタイプ

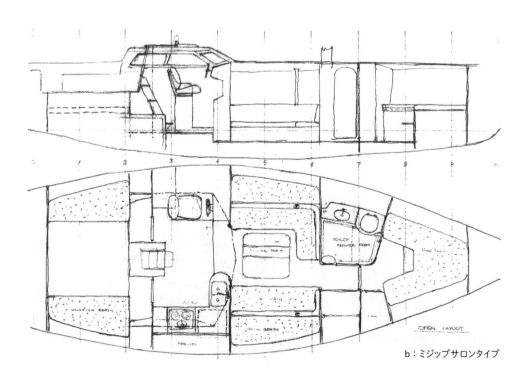

b：ミジップサロンタイプ

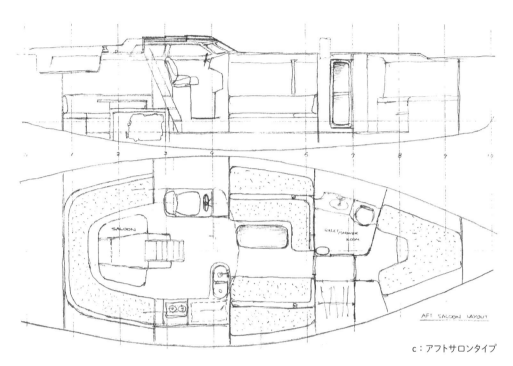

c：アフトサロンタイプ

仮眠をとることもできる。

余裕あるエンジンと
セールプラン

　エンジンは十分な余裕をとり、やや大きめのヤンマー4LH-TE（105馬力）を搭載した。速力見積もり計算では、プロペラ効率を0.5として、max9.3ktに達するのだが、Autoprop（イギリス）の3翼フェザリングプロペラを採用したところ、2,700回転／分で8.2ktとなり、それ以上回転を上げてもスピードは上がらなかった。3翼だが、ブレードは比較的細身で、面積が不足したのではないかと思う。

　固定翼のプロペラを選べば、機走トップスピードは上がるが、セーリング中の

岡崎造船での建造中の様子。写真は、ガーボード（garboard：船体とバラストキールの連結部）の型を製作しているところ

艇体に隔壁を取り付け中。チェックする塚本さん（上左）と岡崎英範さん（上右。現社長）。左下に先代社長の岡崎嘉博さんも見える

岡崎造船に隣接する香川県・小豆島の琴塚港で行われた進水式の様子

初セーリング。舵をとるのは私。キングセイルの庄崎義雄さんがセールを見上げている

進水記念パーティーの様子。中央に塚本さんご夫妻、左に岡崎嘉博さん。そして、クルーのみなさんと塚本さんの友人たち

抵抗は増えてしまう。エンジンは3,200回転／分まで回るから、馬力が余り、もう少し小さなエンジンでもよかったことになる。半面、低速回転でもある程度のスピードが確保されるから、燃料消費率は悪くない。帆走性能重視ということでご勘弁いただいた。

　セールプランは、シンプルなマストヘッドリグ。Ⅱ世に用いたストウアウェイ・マスト（stowaway mast：マスト内にメインセールを巻き込む方式）では、メインセールのパワー不足を痛切に感じたので、通常のスラブリーフ方式〔slab

reefing：最も一般的なリーフリーフィングシステム。ジフィリーフ方式（jiffy reefing）ともいう〕を採用した。ジブはファーリングジブである。

　セール面積を十分に取り、バラスト重量（バラスト比43％）も十分あるので、微風から強風までオールラウンドの帆走性能を持つことができた。

アフトサロンを採用し
オリジナルの階段を設置

　船内配置は、検討の結果、アフトサロンを採用。エンジンを中央部に据え付けたことで、重量配分もよくなった。清水温水圧力配管、冷凍・冷蔵庫、冷暖房、TV、ビデオ、カラオケなどを備え、電源確保のため出力4kWの発電機も搭載している。

　サロンのテーブル中央には、オーナーが購入してきたフィレンツェの石絵がはめ込まれ、クラシックな雰囲気を醸し出した。

キャビン入り口の階段のデザインが最後まで決まらなかった。普通の階段では物足りないので、どうしようかと言っているうちに、岡崎英範さん（現社長）がきれいなクラシック調の階段をデザインしてくれた。

＊

このフネは1997年6月に進水。予定通りきれいに浮いてくれた。オーナーと造船所とデザイナーが共同で造り上げるという経験ができたのは、とても楽しかった。感謝。

フルセールで走る〈Le Lagon III世〉。大きなジェノアにより微風でもよく走った

〈Le Lagon III世〉の試乗記事を掲載した
月刊『KAZI』1997年11月号

シートとステアリングに合わせて、パイロットハウス前面のウインドーには、特注の曲面ガラスを採用

コクピット全景。背当ての上面にはニス塗りのチークが張られており、雰囲気のあるスペースとなっている

オーナーの希望により、パイロットハウス内の操舵席には、レカロシートとモモステアリングが設置された

オーナーが購入したフィレンツェの石絵がはめ込まれたサロンのテーブル

現社長の岡崎英範さんがデザインと製作を手掛けたオリジナルの階段。裏側は、サロンで使用する、カラオケ、オーディオ、テレビなどのラックになっている

〈Le Lagon Ⅲ世〉のセールプラン

●全長：13.60m
●水線長：11.20m
●全幅：4.30m
●喫水：2.00m
●排水量：10.40トン
●バラスト重量：4.50トン
●セール面積：85.2m²
●エンジン：ヤンマー 4LH-TE
　　　　　　（105馬力）
●発電機：ノーザンライツ 4kW
●清水タンク：570L
●燃料タンク合計：580L

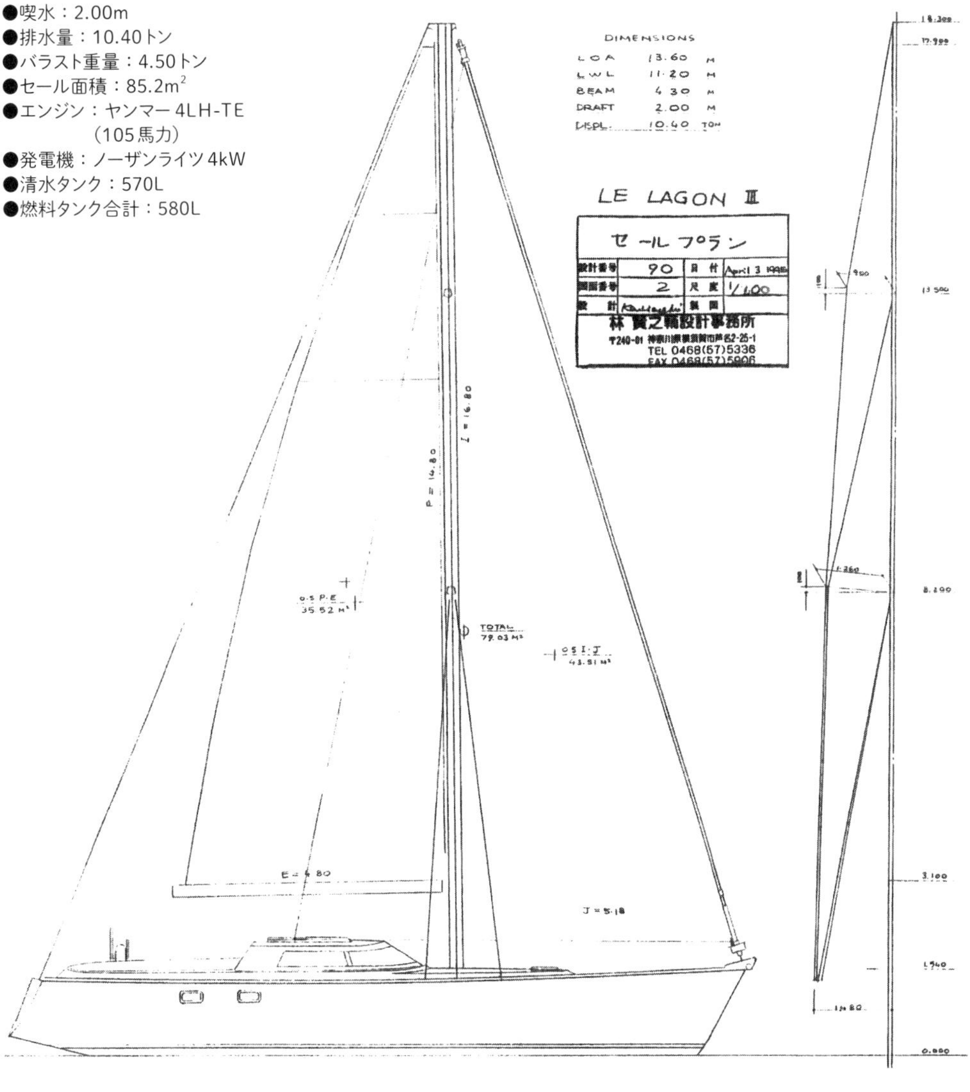

DIMENSIONS

LOA	13.60	M
LWL	11.20	M
BEAM	4.30	M
DRAFT	2.00	M
DISPL	10.40	TON

LE LAGON Ⅲ

セール プラン

設計番号	90	日付	April 3 1998
図面番号	2	尺度	1/100
設計		製図	

林 賢之輔設計事務所
〒240-01 神奈川県横須賀市芦戸82-25-1
TEL 0468(57)5336
FAX 0468(57)5906

〈Le Lagon III世〉の一般配置図／外観図

計測委員会（その②）

計測委員会の存在意義

オリンピック競技などで使われる同一規格艇（ワンデザインクラス艇）の場合は、各艇の同一性を確保するために計測が行われ、それらの計測値がクラス規則で定められた許容範囲内になければならない。テンプレート（型板）や重量計、巻き尺の精度も要求されるし、当然、計測員（メジャラー）の資格も求められる。メジャラーになるためには正規の講習を受けて公認されることが必要である。

一方、外洋艇の場合は大小さまざまな艇があって、それらに公平なハンディキャップを与えるためにレーティングルール（レートを付けるルール）が生まれ、ルールに従って計測が行われる。公認メジャラーが必要なこともワンデザインクラスと同様である。

これらを統括するため、ヨット競技団体には計測委員会が存在している。委員長は各種のルールに精通し、豊富な実測経験があることが望ましい。国際的に同一のルールを使っている場合には、国際間で通用する計測証書を発行することになるから、国を代表する機関（ナ

JORの運用開始を伝える月刊『KAZI』1979年4月号の誌面

ショナルオーソリティー：NA）としての機能を分担することになる。

　ちょっと権威主義的なにおいがして、ときには"斬った張った"も断行しなければならないが、計測委員会の本来の役目は、レース参加者のためにデータベースを提供することであり、レース委員会やルール委員会と協力して、参加者が楽しめるような環境をつくることである。

　実際に、メジャラーを含む計測委員会のメンバーは、体力と忍耐力と知力を併せ持つ心優しい人たちで構成され、計測作業に対して最低賃金的な報酬が支払われるが、これに伴って発生する裏方仕事は無報酬のボランティアとして奉仕している。自分自身もNORC（日本外洋帆走協会）時代に、年間約200時間を費やし、20年以上、無料奉仕してきた。

IORとJOR

　1970年代に導入された「IOR（Inter-national Offshore Rule）」は世界中で採用され、発展し、最盛期には世界中で約13,000隻が登録されていた。そしてレースが次第に先鋭化し、造艇競争も激しくなり、トンクラスなどのレベルレーティング化が進み、グランプリレーサーと呼ばれるレース艇群が目立ち始めた。大多数の普通のセーラーが普通のフネで参加しても勝ち目は薄く、ピラミッドの底辺から組織全体を支えていた人たちからそっぽを向かれ始めた。

　これは、大昔にレーティングルールが使われ始めてから、繰り返し起こってきた歴史の一部にすぎない。時代とともに30年くらいの周期で新しいルールが生まれてきたが、現代になってその周期が短くなったのかもしれない。

　いずれにせよ、IOR離れという事態はNORCの幹部も心配し、1979年、IORの簡易版である国内ルール「JOR」を作り、レース離れを防ごうとした。これは成功して、全国でIOR、JOR合わせて約450艇が計測証書を取得し、各地に計測員も誕生したのだが、問題も包含されていた。

　その問題とは、各地での計測値にバラツキがあったこと、ORC（Offshore Racing Council：IORを統括する組織）にレビ（著作権料）を収めていないこと、などである。ORCに対するNAとしてのNORCが、いわば海賊版を推進するのは後ろめたいものがある。

　私は1982年に前任の武市 俊さんから計測委員長を引き継ぎ、データ管理がおろそかになっていることがわかった。武市さんは竹を割ったような快男子で、管理することも管理されることも苦手な人だったんですね。私は熟考の末、JORをバッサリ斬った。各地からブーイングが起こったが、本来のIORを遵守するためにやむを得ない処置だった。

CRの出現

　このような状況下で、各地ではもっと

CRで使われたタイムアロワンス（TA）のグラフ

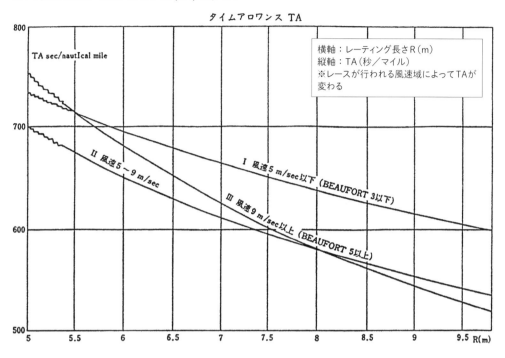

簡易なレーティングを望む声が大きくなっていた。NORCの誕生にも深く関わる神奈川県・三浦の小網代フリートでは、渡辺修治さん（日本のヨットデザイナーの草分け的存在）の発案により、独自のレーティングを使いながら試行錯誤が行われた。「Scandi-Cap」も選択肢の一つだったらしい。スカンジナビア諸国で使われていたルールである。

1986年、NORC関東支部にCR委員会が設置されて「CR（Cruiser Rating：クルーザーレーティング）」の検討を始め、各地で使われている簡易レーティングを調査したが、上手にまとめられなかった。

関西では飯塚功二IORメジャラーに

よる「カンピューター・レーティング」（飯塚さんの勘によるもの）が一世を風靡し、レース参加者も十分満足していた。これは「PHRF（Performance Handicap Racing Fleet）」の一種であるが、要するに参加者が公平感を持って満足できれば何でもいいのである。

そうこうしているうちに、NORCの機関誌『Offshore』に「簡易レーティングができた！」という見出しで、Scandi-Capが簡易なルールとして紹介された。このときすでに、本場のScandi-Capには排水量（重量）が算入されていて、軽排水量艇対策がとられたルールになっていたのだが、これが省略されていた。ただちに渡辺さんに連絡して、「カタログ重

量でもいいから使いましょう」と提案したが、お返事はなく、古いバージョンのScandi-CapがNORCのCRとして独り歩きを始めてしまった。

簡易レーティングは基本的に、各地に存在した海域ごとの支部内で完結されるべきルールであると考えられていた。メジャラーの養成と認定、計測実務、データの管理、計測証書の発行と有効期限、計測料の徴収など、すべての業務管理を各支部内で行うということだ。支部やローカルフリートで使われるなら、細かな修正も可能で問題はなく、むしろ、各地での活動がより柔軟性と適応性を持つと考えられるからである。

しかし、NORCの理事会で〈VIND-7〉の小林義彦さん（当時の東海支部長）から、「鳥羽レースでCRを採用してください」という提案があった。私はレース結果の公平性に問題があり、絶対反対を表明したが、夏の鳥羽レースを主催する支部の長による熱心な説得と、会員増強にもなるという観点から採用が決定された。

さあ大変。時間が切迫する中で、主に関東支部と東海支部、それぞれに所属するCR登録艇のデータ照合を始めた。案の定、同型艇のデータにも相当なバラツキがあり、連絡を取り合いながら修正しなければならない。三浦・諸磯フリートの鈴木利夫さんをはじめ、CR委員会のみなさんには大変な努力をしていただき、1986年の鳥羽レースにギリギリで間に

あった。感謝です。

その後、重量ファクターを取り入れたり、ハイスピードファクターと称する修正項を設けたりしながら、90年代に入ると、CR証書を持つ艇は500隻を超え、鳥羽レース参加艇もIOR艇と合わせて180艇を超えた年もあった。このころにはプロのヨット乗りも参加し、抜け穴の多いCRを利用して栄冠を目指す不逞の輩も現れ始めた。

そんなCRは、2001年の鳥羽レースでORC-Clubレーティングに代わるまで、15年間使われたことになる。

IMSの前身、MHSの誕生

レーティングルールとハンディキャップルールは、切っても切れない仲ではあるが、別物なのだ。

レーティングルールによって算出される値は、伝統的に長さ（R：Rated Length）で表現されてきた。艇の速度はRの関数として表される。

ハンディキャップは、レースの所要時間（ET）、レースコース距離（D）、平均速度（Vs）から、どの艇が最も上手に速く走ったのかを決めるのだが、二つの方式が使われてきた。TOT（Time On Time）と、TOD（Time On Distance）である（333ページ表参照）。

TOT方式では所要時間（ET）に修正係数（TCF）を乗じて修正時間（CT）を求め、CTが小さいほうが勝者になる。

ハンディキャップルールの二つの方式

● TOT（Time On Time）方式
CT＝ET×TCF
TCF＝（R^0.5＋2.6）/10
※式中の定数は経験則で決められた数値

● TOD（Time On Distance）方式
CT＝ET－（D×TA）
TA（Time Allowance）＝2,160/（R^0.5）＋183.64
※TAは1マイルを走るのに必要な秒数

一方のTOD方式では、レースコース距離（D）に応じて持ち時間が与えられ、所要時間との差が小さいほうが勝者になる。

一般的に言うと、TOT方式では微風のレースでは小型艇が有利、強風では大型艇が有利になり、TOD方式では逆の現象が見られる（また、ヨットレースでは潮の影響はまったく勘定に入っていないので、予想外の結果が出ることもある）。

そこでレーティングルールを飛び越えてヨットのスピードを計算し、直接ハンディキャップに使うことができないか、ということになり、1976年にアメリカのUSYRU（US Yacht Racing Union）で、正当性のあるハンディキャップシステム「MHS（Measurement Handicap System）」を作ろうとするプロジェクトが始まった。

H. Irving Pratt Ocean Race Handi-capping Projectと名付けられたこの計画は、さまざまなタイプのヨットの帆走性能を、さまざまな風速や風向に対して論理的な正確さをもって計算し、それによってハンディキャップを決めようとするものである。マサチューセッツ工科大学（MIT）のG. L. Clemmerさ

ん、J. E. Kerwinさん、J. N. Newmanさんらによって研究が開始された。

プロジェクト名にあるハロルド・アーヴィング・プラットさんとは、アメリカの石油会社であるスタンダード・オイルの創設に関わった人物で、その後継者が多額の寄付を行っている。このほかに、テキサス・インスツルメンツ（アメリカの半導体開発・製造企業）の創設者もドナーの一人で、このような個人の寄付金によってヨット遊びのための基礎的な研究が行われるのは夢のような話だ。

このプロジェクトでは、レーサーだけではなく、古い艇やプロダクション艇も視野に入れて、それなりのハンディが与えられること、また、IORの場合のように、デザイナーが抜け穴探しをして有利なハンディを得ることがないようにすることなども目的の一つだった。

なお、MHSでは、VppとLppという、二つのプログラムが鍵となる。

速度予測プログラム（Velocity Predicting Program：Vpp）

セーリングヨットの速度を決めるファクターのうち、重要なものとして、長さ、排

MHSのVpp策定に使用されたモデル船型

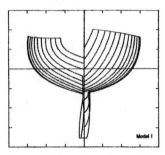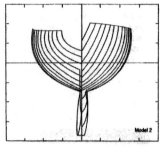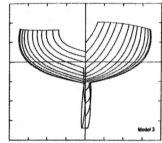

水槽実験に用いられたモデルの一部。左端の「Model 1」が母型の〈Standfast 40〉

水量、摩擦面積（浸水表面積）、復原性、リグ（セール面積、アスペクト比、etc.）などがあり、外的条件として風（風向、風速）と波（進行方向、波高、周期、etc.）がある。

　艇の性能を予測するには、船体に加わる力とモーメントと、リグに加わる力とモーメントがバランスする点を見いださなければならず、それらを正確に知る必要がある。

　船体に加わる力の解析は、オランダのデルフト工科大学で行われた〈Standfast 40〉（フランス・マース設計）を母型とする、9種類の系統的な水槽実験結

ハルスキャナーによる計測

ハルスキャナーマシーンは、水準器のついた三脚、バッテリー電源、レーザービーム、距離を測るワイヤとエンコーダー（カウンター）、PC、および測定ポイントを押さえる棹（マジックワンド）で構成される。基準線の位置、前後位置、エンコーダーからの情報によって、船体上の点の座標が決定される

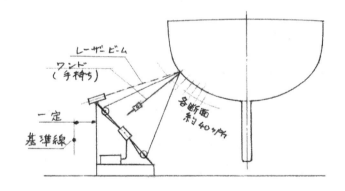

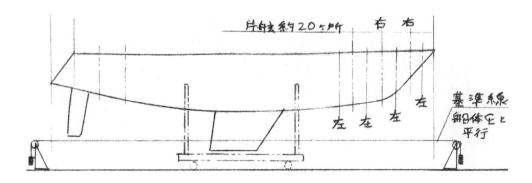

果から得ている。

　セールに加わる力の解析は、同艇とアメリカの〈Bay Bea〉（48ftスループ。S&S設計）による海上実艇テストにより、揚力係数、抗力係数などの必要なデータを求めている。

　そして、バランスする点は繰り返し計算をして、コンピューターの中で探し出す。この演算をいろいろな風向、風速について実行すると、それぞれの条件における艇速、ヒール角度、そのほかのデータが得られ、性能予測のマトリクスが完成する。これを極座標で表現したものはポーラーカーブと呼ばれる。

　このVppは、異なるタイプの複数の実艇にも応用され、実艇の性能と比較することにより改良が加えられた。この比較に用いられた艇の中には、12mクラスの〈イントレピッド〉や、超軽排水量艇〈マリーン〉（Bill Lee設計）などが含まれている。

ハルスキャナーとラインズ処理プログラム
（Lines Processing Program：Lpp）

　Vpp計算を実行するためには、船体データとして、完全な船体線図（ハルラインズ）が必要になるので、ハルスキャナーと呼ばれる計測マシーンが作られた。このハルスキャナーで得られたデータを処理し、Vppに必要なデータを計算するプログラムがLppである。

IMSが世界的ルールに

　1985年に、ORC（Offshore Racing Congress）の年次総会で、MHSはインターナショナルルールとして認められ、「IMS（International Measurement System）」と名称を変え、IORと並行して採用されることになった。

　翌年に11カ国の計測委員会のメンバーが集まり、IMSの計測講習会が、正味5日間の予定で、イギリス・レミントンにて開催された。

　計測マシンはドイツで開発されたものが使われ、ORC技術委員でヨットデザイナーでもあるフリードリッヒ・ユデルさんやアクセル・モウハンプトさんが原理と使用法を解説。RORCの若くて優秀なキース・ルドローさんが全体進行役を務めていた（残念なことに、彼はその3年後に急逝してしまった）。

　アメリカのケネス・ウェラーさんは、ORCチーフメジャラーとして幹事役だった。彼とは以前にハワイで行われたパンナム・クリッパーカップの際に出会い、IOR計測について話し合ったことがあった。同じKenと呼ばれたことから、その後、長い付き合いになった。彼の愚痴話の中に、「金持ちはコントロールできない」というのがあったな。

　資料とノウハウを持って帰り、国内での計測の準備にかかった。NORCの事務局には計測担当のIORメジャラーの矢島 滋さんがいて、黙々と仕事を進め

てくれた。コンピューターに詳しい沢地繁さんや高橋太郎さんの協力があり、なんとか軌道に乗せることができた。

予行練習として、手元に線図がある自分の設計艇〈すいすい〉（H-19）を選び、ハルスキャナーが出力したデータと比較検証した。〈NOVA〉（H-30）も同じ理由から選び、全計測を行ってIMS証書取得1番船になった。

IMS計測証書には、いろいろな項目がアウトプットされている。GPH（General Purpose Handicap）は一般的なレースで使用できる1マイル当たりの所要秒数、タイムアロワンス（TA）

である。

水上計測では傾斜テストも行い、重心位置を求めるから、復原力消失角も算出し、復原性曲線も出力してくれる（ただし、デッキ上の構造物は計測しないので、フラッシュデッキとして舷側までの計算値になる）。

性能曲線（ポーラーカーブ）は、セーリング中のターゲットスピードとして利用できるから、自分の腕を磨く道具になる。

IMSの計測は、IORで指定された約50カ所のポイント計測と異なり、データの標準化が容易になり、プロダクション艇が多い外国の場合には非常に有効だ

IMS計測の流れ

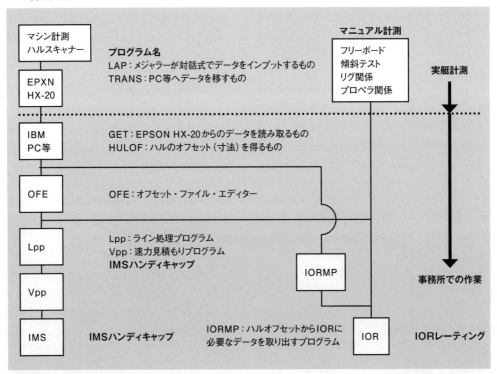

IMSではマシン（ハルスキャナー）による計測を行い、各種プログラムでハンディキャップを算出する。IMSのスタート直後は、計測費用が高額だったこともあり、マシンによる計測値を使用してIORレーティングを取得するためのプログラムも開発された

上：「IRCエンドースト証書取得の作業の中で、一番大変だった」と、（ライア）の日向野オーナーが振り返る。荷物おろし。すべての物をおろした後に、計測員がチェックする。燃料だけは残量を確認することで、計測した重量から差し引く
左：計測に使用する機材は、写真のとおり。スチールメジャー、アルコール気泡水準器、下げ振り、差し金、そして艇体重量測定のためのロードセル（重量計）だ。ロードセルは、JSAFが有償で貸し出している

た。セールに関する値は、セールメーカーに問い合わせたところ、提供可能ということだった。
者の艇の場合でも、自己計測しなせんできないのは、ORC系証書をいたとしても計測が必要な項目
の取扱説明書は、比較的

会内のテクニカルコミティーによって、準備されつつあるそうだ。

IRC計測の実際

ORC系の証書を持っている場合も、前述の通り、いくつかのする必要が

スリングにロードセルを設置し、船を吊り上げて測定するため、前後バランスをとる必要があり、シャックルで前後のスリング長を変れたら、測定。測定は2回行い、数値を確認する

99MOD）だ。
（ライア）は、過去のIMSを基にした、ORCクラ（ライア）に

IRCに関する解説記事を掲載した月刊『KAZI』2008年6月号の誌面。前号の5月号でその概要を説明し、この6月号では計測の実際などを紹介した

と考えられていた。

IMSにはもう一つ、船内設備に関する規定が設けられた。デュエルパーパスヨット（クルージング＆レーシング）を推奨し、がらんどうのレーサーが出てくるのを防ぐのが目的だった。天井の高さや寝台の長さと幅、ギャレーとトイレの要件などだが、かなり面倒な規定で、抜け道もあって、次第に使われなくなった。

初期には、プロのヨット乗りを排除する項目もあり、絶対多数のアマチュアヨット乗りを対象としていた。

IORのメジャーの多くが、IMS計測も習得してメジャーになってくれた。計測作業はIORと同等以上に時間がか

かり、内容はさらにプロ化し、ルールブックを読んでも一般の人には難しくて理解できなくなった。趣味または副業的に計測に携わっていた人たちは、次第に続けることが不可能になり、マリン業界に関連する職業を持つ人たちがメジャーとして残っていった。メジャーには中立性が求められるべきだとして違和感を持つ人もいたが、では誰が計測をするのか？ となると答えはなく、現実に計測を実行できる人たちにお願いする以外、方法はなかった。そして彼ら自身、誇り高きNORCの計測委員会のメンバーであるという自覚をもって作業を続けていたから、問題は起こらなかった。

新人を育てる場合、メジャラーに付き添って計測を学び、メジャラーからお墨付きをもらうことが前提になった。メジャラーたちは特殊技能を持つ職人的存在となり、次第に閉鎖的なグループを形成していった。自分も約5〜6年間、チーフメジャラーとしてその中にいたのだが、一般会員から見れば、このグループは奇異に見えたかもしれない。その後、計測業務は順調に進んでいたので、委員長を後進に代わってもらった。

JSAFの発足と、とある事件

1997年に日本ヨット協会（Japan Yachting Association：JYA）と日本外洋帆走協会（Nippon Ocean Racing Club：NORC）の統合準備委員会が発足。文部省系のJYAと運輸省系のNORCの違い（ディンギー系とオフショア系の違い）もあり、長い議論の末、1998年に基本合意に至り、新組織移行が承認されて日本セーリング連盟（Japan Sailing Federation：JSAF）が生まれ、NORCは1999年3月末に解散した。1954年に設立されてから45年経過したことになる。

各国の計測委員会は、ディンギー系とオフショア系が一体になって、国を代表する機関になっている。日本もそうなるのだろうと思い、改革が必要な時代の流れだと考えて、自分は計測委員会から完全に身を引いた（だが、一体になることは現在でも実現していない。残念なことだ）。

新組織による新任の計測委員長とチーフメジャラーの選考に問題があったと思われるが、外洋艇の計測がスムーズに動かなくなり、紛糾した。それまでは、IMSの計測に熟達したメジャラーグループのまとめ役がチーフメジャラーを務めていたのだが、新任チーフは470級の計測やIOR計測に習熟しているが、IMS計測の経験はなく、メジャラーグループとの意思疎通ができず、ORCとの連携もうまくいかなかったのである。

そして「事件」が起こった。旧NORCの幹部だった複数の人たちが集まり、新しいナショナルオーソリティー（NA）であるJSAFを飛び越してORCと直接交渉を行い、日本ORCクラス協会（ORC Class Association Japan：ORCCAJ。略称ORCAN）を設立して、IMS計測に関する業務一切を受託する契約を結んだのである。このままでは、JSAF計測委員会でIMSの計測はできなくなる。統合に際し、あれだけ議論したのに、なぜ独立した協会が必要だったのだろうか。計測業務を押さえれば組織を牛耳ることができるとでも考えたのだろうか。私には、隙間を突いた反乱、謀反だとしか思えなかった。

JSAFとしては、ORCANとの関係修復を図るため会合が開かれ、合意文書もできたが、実情はギクシャクしたもの

IRCを運用するためのテキストともなっている、IRCのイヤーブック（年鑑）。毎年改定されるルールや関連トピックスがまとめられているほか、ハル形状やリグ、キールなどに関する計測時の定義なども紹介されている

だった。JSAF会長に山崎達光さんが就任されて、私にもお呼びがかかり、もう一度、計測委員長をやってくれと言われた。やっと足抜きができたと思っていたのだが、アメリカズカップ参戦時のニッポンチャレンジでお世話になったし、断り切れずに再び引き受ける羽目になった。しかし、すでにIMSメジャラーのみなさんとは「解散式」を行って空身になっていたから、再構築はやさしくなかった。覆水盆に返らずだ。

2005年に、シンガポールでISAF年次総会が開催された。少し日時をずらしてORC総会も開催されるとのこと。直談判ができるよい機会なので、山崎会長、大谷たかをさん、戸張房子さんらに同行して参加した。ORC会長のBruno

Finziさん（イタリアの法律家だそうだ）、Nichola Sirroniさん（チーフメジャラー）、ケネス・ウェラーさんらと話し合い、合意文書もできたが、「JSAFとORCANが仲よくやってくれ」という程度のものだった。個人的に敬愛していたKenは力がうせたねずみ男みたいになっていた。残念。

このとき、ISAF役員の大谷さんの紹介で、RORCのマーク・アーウィンさんに会い、IRCについて教えを受けた。

IRCのスタート

IRCは、CHS（Channel Handicap System）が前身である。名称の通り、英仏海峡を挟んだ、イギリ

スのRORC (Royal Ocean Racing Club)と、フランスのUNCL (L' Union National pour la Course au Large)との協同によるシステムで、1983年に始まり、10年後には登録艇が数カ国合わせて約4,500隻に達していた。そのころ、IMS艇も合計で同数程度に増えていたが、イギリス国内では圧倒的にCHS艇が多かった。

CHSは、1999年にIRCと改称されて、2005年には、31カ国、合計約7,000隻が登録されていた。アーウィンさんに、「IRCとはなんの略称ですか」と尋ねたら、「IRCはIRCです」という答え。あえて、International Racing……などと大上段に振りかぶった紛らわしい名称を避けたものと思う。ルールはシンプルで、特別な道具やコンピューターに関連するデリケートな道具もなく、重量を実測するためのロードセル(荷重を電気信号に変換する装置)が必要になるだけである。

面白いのは、ハンディを計算する公式が秘密になっていて、わずかな関係者によってコントロールされている点だ。デザイナープルーフ(抜け道探し対策)としながら、同時に、新しいイノベーション(例えば、非対称スピン、カンティングキールなど)に対して、使用禁止ではなく、速やかに対応できることにもなる。論理的にスピードを追求するIMSの場合には、今までにないものが出てきたとき、そのための実験なり検証が必要になる

から、すぐに対応できない。IMSの弱点でもある。

JSAFでは外洋統括委員会によりIRC導入検討会議が開かれ、基本概念について一般会員に向けた説明会も開かれた。IRCをレーティングの一つとして「ショーウインドー」に展示する。採用するか否かは各水域の加盟団体会員が決める。使いたいときに使えるように、JSAFがナショナルオーソリティーとして環境を整えることになった。

これに先立ち、関西ヨットクラブ(KYC)では、会員艇によるIRCテストランが開始された。IMS証書を持つ艇をIRCで計測し、レース結果を比較したところ、実例は多くないが、大同小異であることもわかった。平岡俊一郎さん(元IMSチーフメジャラー)の協力があったと思われる。KYCはJSAFに協力的で、外洋統括委員会が進める方針にまったく異議がなかった。

JSAF外洋計測委員会の中に、IRC委員会を立ち上げなければならない。IOR時代からの盟友である富川則之さん、セールメジャラー部会からドイルセイルの長谷川 淳さん、デザイナーの角 晴彦さん(David Pedrickさんの事務所に勤務した経験があり、バイリンガル)、ヤマハの東島和幸さん、レース経験豊富な吉田 豊さん、PHRF (Performance Handicap Racing Fleet)を主導する八木達郎さん、東海の縁の下の力持ち川合紀行さん、〈からす〉のボースン

竹内　誠さんら、錚々たるメンバーが集まってくれた。そして予算が雀の涙状態だったが、国際委員会の鈴木一行さん、〈エスメラルダ〉の植松　眞さん、〈からす〉の斜森保雄さんからご寄付をいただき、委員会活動を開始、継続することができた。感謝です。

　各地でIRCの講習会を開いて、実計測（実艇とセール）およびメジャラー育成を進め、初年度（2007年）に合計96隻の計測証書を発行することができた。証書にはエンドースト証書（Endorsed Certificate）とノーマル証書があり、前者は公認メジャラーが計測した値によるもの、後者はオーナーから申告された値によるものである。

　証書の有効期間は1年で、ルール変更に対応するため毎年更新が必要になる。計測したデータをRORCへ送ると、結果（計測証書）が返送され、これをオーナーへ送って完結するのだが、IRC委員会内部にTC（テクニカルコミティー）を設け、入力データと出力データをチェックし、明らかな間違いは修正した。また、国内プロダクション艇の標準化を進め、計測誤差範囲内の適正値を求めた。このような表に出ない地道な努力は、将来、必ず報われるのだ。2010年に証書の発行件数は334件（更新を含む）に達し、委員会内でなんとか独立

IRC申請数の推移

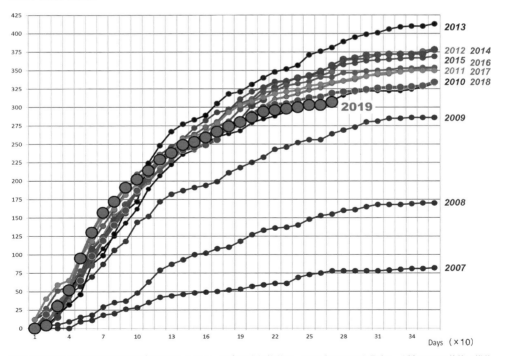

日本国内におけるIRC登録艇数の変化を示したもの。証書の発行枚数は、2013年の409を最高に、近年は350前後で推移している（富川則之さん作成）

した予算を組める目安がついた。

　毎年、各地で計測講習会を開いているうちに、各地のJSAF外洋加盟団体が使っているルールやレース運営に温度差があることがわかってきた。より普遍的な共通のルールでレース運営を行うべきであると感じたIRC委員会事務局を担当する長谷川 淳さんから、レース委員会、ルール委員会、安全委員会と合同の会議を開催しようという提案がなされ、実現した。

　従来、この種の会議は都内で開かれるのが常だったが、各地持ち回りにしたところ、加盟団体としても多くの会員が参加できるので大歓迎で、大成功を収めた。おかげさまで、鹿児島、仙台、沖縄、北海道と、格安チケットで楽しむことができた。各地のお酒もうまかった。感謝。

　IRCも一応軌道に乗ったところで、自分から老害を出さないように委員長を辞任した。委員会のみなさんとJSAF新会長の河野博文さんが寄せ書きをしたTシャツをいただき、JSAFからは功労賞をいただいた。うれしいね。

　アーウィンさんが2015年に再来日、歓迎会が開かれ、その席で誰かさんの企てにより、富川則之さんと私に感謝状と記念品（RORCのスカーフ）が用意されていた。感謝。

＊

　一方、IMSは広く世界中で使われていくうちに、プロセーラーが参加するグランプリレースにも採用されて、ORC Iと

名称が変わり、アマチュアセーラーのためにはORC Clubルールが用意された。これらを国内で統括するORCANは、財政的な問題を抱えながらも、関係者が努力を続けていた。しかし、経験のあるIMSメジャラーたちの協力は得られなかったので、実艇計測は進まなかったようである。船体形状を計測する初期のマシンの発展形として3Dカメラを利用したデータ取得も試行されたようだが、扱う技術者と装置には経費がかかるので実用化されなかったようだ。

　ORCからのアドバイスもあり、ORCANはORC Clubルールを推進することになった。ClubルールのロジックはIMSと同様で、傾斜テストを省き、データはオーナーからの申告値を採用する。船体形状に関するハルデータは、ORCによって標準化されたデータを利用し、スタンダードデータがない艇は船体線図を作成し、Lppプログラムにより必要なデータを取り出すことになる。

　レース結果を算出する方法として、GHP（その艇の1マイルあたりの所要秒数を示す値）を使うのが一番わかりやすく、単純な計算で結果が得られるし、レース参加者にとってもレース中にライバル栄との優劣を判断できて面白い。

　だが、IMSは基本的にマルチハンディキャップ方式で、風向・風速によっても予測スピードが変わるから、これらの要素を含めてレース結果を出すことが可能であり、この方法のほうがより公平だ

という意見もある。しかし、レース結果は参加艇が全艇フィニッシュしたあと、計算して明らかになるので、ホットなレースの面白みが薄くなることがある。

＊

2018年、ついにORCANは解散し、ORCとの契約も解除、JSAFに計測に関する権利を返還するという結果に終わった。

当時、世界中で、ORC I/ORC Club艇が7,000〜8,000隻、IRC艇が6,000〜7,000隻あったと思われる。最近の情報によると、ORC I/ORC Club艇が約10,000隻、IRC艇が約5,000隻となっているそうだ。

＊

現在、JSAF外洋計測委員会は、IRC、ORC I/ORC Club、およびPHRFを「ショーウインドー」に並べ、セールメジャラー部会とともに活動を継続している。

ORCによるタイムアロワンス（GPH）と、IRCによるレーティング（TCC）との相関関係も把握されているし、どちらのルールを使ってもほぼ同じレース結果が得られることも判明している。レース参加者がどのルールを選ぶのか、どれがユーザーフレンドリーなのか、各地域での事情に合わせて選択されてよいものだと思う。

林990オーシャンブルー

高校時代の後輩との出会い

私の出身校、神奈川県立横須賀高校の1年後輩に九里保彦さんがいた。彼はY-15でセーリングを習い、神奈川県・葉山の鐙摺港に係留していた〈韋駄天〉（林26の1号艇）にクルーとして乗り始めていた。〈韋駄天〉のオーナー、三浦三生さんも同校の5年先輩のOBだった。

あるとき、久しぶりに〈韋駄天〉を訪ねた際に九里さんを紹介され、話をしているうちに、なんと同じラグビー部にいたクノリ君だったことがわかった。昔は、体は大きいが丸ぽちゃで色白の少年だった。紹介された当時は、横浜の大きな書店、有隣堂の常務を務め、Yokohama's Best Collectionという、選ばれた異業種約30社による交流会の幹事役も担当しているとのことで、昔話に花が咲いた。

1999-2000年のジャパン・グアム・ヨットレースに〈HINANO〉が参加することになり、オーナーの久我耕一さんにお願いして、九里さんも一緒に乗せていただくことにした。何日間か外洋を走ることを経験するよい機会だった。スタートして約24時間は船酔いに苦しんだ様子だったが回復し、このぶんならクルーとして十分役に立ちそうだった。

レースは全般に風が弱く、風神様に

新艇のデザインについて、九里さんと事務所で打ち合わせしている様子

祈祷をささげ、海にはお神酒をささげたが、空には届かず、風は吹かなかった。クルーの何人かは帰りの航空券の予約時刻が気になり始め、久我艇長が決断してエンジンを始動。レースを棄権し、無事にグアム・アプラ港に入港した。

1年前、妻に先立たれて暇だった私は、表彰式などの行事が終了後、同じワッチで過ごした清水勝彦さんと、隣のロタ島へのんびり遊びに行った。

ツボヰヨットとインフュージョン工法

しばらくたって、九里さんは自分のフネが欲しくなり、相談を受けた。1週間程度のクルージングと、将来は日本一周をしてみたいと言うので、全長32～34ftくらいの艇を勧め、岡崎造船の33ft艇やステップマリンのトレッカー34を検討

林990 OBのセールプラン
●全長：9.860m　●水線長：8.300m　●全幅：3.150m　●喫水：1.750m
●排水量：5.16トン　●バラスト重量：2.050トン　●セール面積：48.84m²
●エンジン：ボルボ・ペンタMD2030（28馬力）　●清水タンク：150L　●燃料タンク：80L

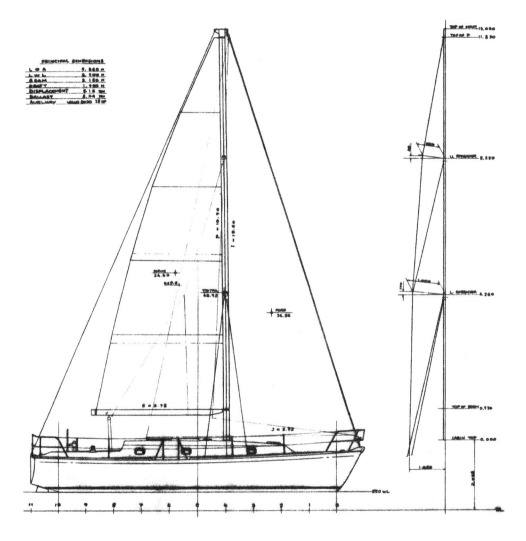

した。だが、話を進めていくうちに、自分自身ももう1隻、新しい艇を設計したいと思い、全長9.90mの林990オーシャンブルー（以下、林990 OB）が生まれた。設計を開始する前に、岡崎造船の岡崎嘉博さん（先代社長）とステップマリンの近藤弘毅さんにこの話を通し、競合することになるので了解を求めたところ、快諾していただいた。

　建造は名古屋の老舗、ツボヰヨットにお願いすることになった。ツボヰヨットは約1世紀の歴史がある造船所で、数々

林990 OBの一般配置図とデッキプラン

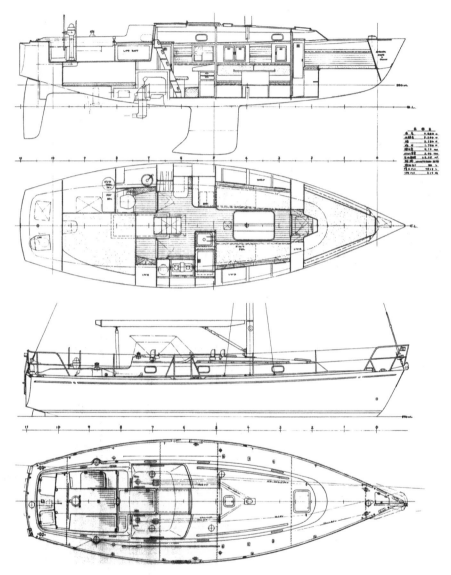

の名艇を生み出してきた。

　私の修業時代に、師匠の横山 晃さんが、ツボヰヨットで建造する40ftくらいのケッチの工事監督を担当したことがあった。オーナーは横須賀米海軍の将校さん、設計はLester Rosenblattさん。あとでわかったことだが、この設計を

手掛けた人物は、SNAME（米国造船家協会）の会長も務めたことのある実力者だった。詳細な図面と分厚い仕様書があり、翻訳しなさいと言われて作業を始めたが、自分が知らない専門用語も出てきて、辞書を引きひき苦労した記憶がある。ちなみに、横山さんは、「先代社

林990 OBの3D CADによる船体線図

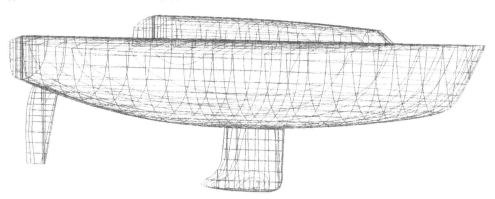

林990 OBの復原性能曲線

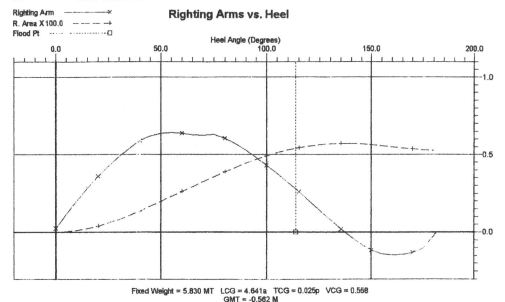

復原力消失角は134°、P/N比（Pは復原曲線の正の面積、Nは負の面積）は10.6：1、スライドハッチが水没する角度（Flooding Angle）は113°になった

長の坪井隆次さんは迫力があって面白い人だよ」と話していた。

　この船は完成後、横須賀へ回航されたのだが、当時まだ現役で稼働していた機帆船の船長さんが乗り込み、坪井社長の息子の恒彦さんもクルーとして乗せてもらったそうだ。

　ツボヰヨットで建造されたヨットには、中部地方を襲って甚大な被害をもたらした伊勢湾台風（1959年）を生き延び、第1回鳥羽レースで優勝した〈チタI世〉（合板艇Y-21）や、トランスパックに出場した〈チタII世〉（横山　晃設計36ftヨール）、そのほか100年分の話があるはず

林990 OBのポーラーカーブ
（帆走性能曲線）

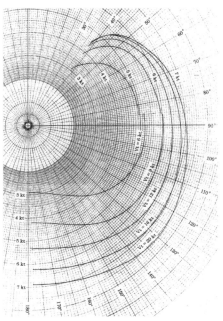

真風向（30 〜 180°）、真風速（Vt）に対する艇速を表している

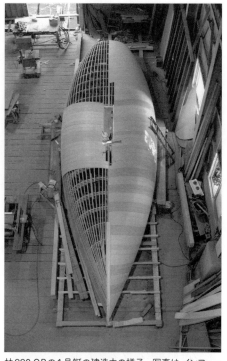

林990 OBの1号艇の建造中の様子。写真は、インフュージョン工法で使用する積層用の型を製作するための木型（オス型）を製作しているところ

だが、そのあたりは東海の大橋郁夫先生をはじめ、先輩諸氏にお任せしたい。

さて、ツボヰヨット2代目社長の坪井恒彦さんとは同年輩で、昔から顔なじみだった。会えば、「（ヨットを）造りたいですね」「造りましょう」と話していたものの、それまでご縁がなかったが、このオーシャンブルーでは、私たちの話を聞いて「やりましょう」と言ってくれた。

彼は真空バッグを用いたインフュージョン工法に取り組んでいた。インフュージョン工法は従来のハンドレイアップ（手積み法）と異なり、必要なグラスファイバーやカーボンファイバーを型にセットしたあと、特殊なフィルムと副資材を使って樹脂を注入含浸させ、ポンプで空気を抜いて積層製品を造る工法である。製品はファイバー含有率が高くなり強度も上がる。テストピースの切断面を見ると、板ガラスの切断面のような緑がかった色合いで、たたくと乾いた高音がした。小さな面から大きな曲面へ、さらに船全体へと応用するには、樹脂の注入口と吸引口の数と位置など、最良の結果が得られる配置を求めることが成否を分けることになる。温度管理も重要になるが、これらがうまくいけば軽量で強靭な製品ができるし、職人さんたちの健康管理にも役立つことになる。

堅牢で乗り心地のいい
フネを目指す

林990 OBの性格はもちろんクルージングボートだが、帆走性能も重視して、クラブレースを楽しむことができる艇を目指した。しかし、数多く輸入されている完成度の高い艇と競合してしまい、品質では負けないにしても、価格競争では負けてしまう。どうすればよいのか。価格差を理解し、納得してもらえる艇を造ることだ。何年か乗ったあとに手放すとき、中古艇としての再販価格が下落するのを防ぐことができれば、初期投資額を少しでも補うことができるはずである。ガタがこない堅牢なフネを造ることだ。そして、競合艇を凌駕する外洋航行の要件を持たせて差別化を計った。

具体的に言うと、ISO基準によるカテゴリーA（Ocean）を取得できる艇とし、太平洋横断など将来の夢を実現させる可能性を持たせた。

また、数値化しにくい要素として、「乗り心地」がある。日常生活で地球の重力加速度Gは実感しないが、例えば電車に乗って急発進や急停車するとオットットとなるし、エレベーターではフワーッとなったりして、G以外に加わる加速度を感じることがある。左右の揺れ（ローリング）にも同じことがいえ、横揺れの固有周期が短いと無意識的に体（足や腕）を突っ張るから疲れやすくなる。

大型のモータークルーザーでは、重心の上下位置を調整して固有周期を7〜8秒に設定するそうだ。セールボートは重心が低いほうがよいので、固有周期は船体形状によって決まってくるが、30ftクラス以下の艇では2〜3秒程度が多い。いずれにしても、加速度が小さいほど乗り心地がよくなるのは明らかで、スピードを考えなければ、重く長く幅の狭い艇が好ましいことになる。クルージングボー

林990 OBの1号艇の進水式風景（左）と、九里さんが作った進水式への案内状（上）。艇名は〈あうん〉となった

トとして考慮されるべき点だ。

建造は順調に進み、2002年9月に進水した。総重量もほぼ計画通りに仕上がり、傾斜テストの結果から、重心位置も設計値より低いことがわかった。なお、横揺れ周期は3.45秒だった。

その年の10月に横浜ベイサイドマリーナで開催された横浜フローティングヨットショーに出品し、その後、月刊『KAZI』（2003年1月号）にも紹介記事が掲載され、おおむね好評だった。艇名は、九里さんが〈あうん〉と名付けた。

〈あうん〉の長距離航海歴とそのほかの林990 OB

2003年7月に、〈あうん〉で葉山ヨットクラブ主催の「2003 葉山・初島ヨットレース」に参加した。21艇中着順6位、全体で2番目に高いハンデ（カンピューター・クラブ・レーティング）をもらったこともあり修正13位。華々しいデビューとはいかなかったが、楽しむことはできた。

その後、〈あうん〉は2004年に小笠原へ出かけた。ホームポートである西伊豆の安良里を6月6日に出港、7日午後にやや海が荒れていたので、八丈島の八重根港に入港した。船酔いした人はタクシーで病院へ行き、点滴を打って帰ってきたらすごく元気で、「あの病院には女医さんしかいないよ」だって。

翌日出港し、11日午後に父島二見港入港。この日は1日、島内観光を楽しんだ。

13日に二見港を出港し、午後に母島に入港して島の人たちとささやかなうたげ。「これからどこまで行くの」と聞かれて、「帰ります」と答えると、もったいないねと言われた。

14日に母島を出港。16日朝に嬬婦岩（がんぷ）の近くを通過。18日午後に安良里に帰着した。

この航海には総勢6人が参加し、2人1組で3交代のワッチを組んだ。前線の影響で雨もあったが、私たちのワッチのときは降らなかった。〈美如佳（みじょか）〉（林26の7号艇）の湯川さんご夫妻も同乗していて、彼らはイギリスのヨットスクールを受講してきたこともあり、この航海ではナビゲーターをきっちり務めてくれた。

九里さんは2007年、基本的にシングルハンドで、ときには友人を乗せて、沖縄航海を実行した。なるべく夜間は走らず、34カ所に寄港し、75日かけて宜野湾港マリーナに入港。復路はほぼ同じコースを46日間で走破し、無事帰着した。4月27日から8月25日まで4カ月の航海で、途中座礁したり、台風が来たりと大変だったらしいが、経験して得たものは大きかったに違いない。

2009年には、友人がいる韓国へ行く計画を立てて出港したが、新型インフルエンザが流行したため、対馬沖まで行って引き返した。帰路には五島列島、甑島（こしきじま）などを巡り、九州西岸を回って帰ってきた。

2013年には本州一周を計画し、同年輩の新人クルーを乗せて、瀬戸内海、

〈あうん〉のセーリングシーン。セーリングスピードはポーラーカーブが示す値を満足し、リーチングでは計算値を超える値も得られた

〈あうん〉の機走スピードグラフ

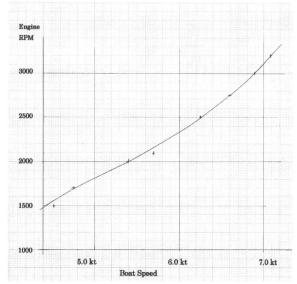

艇の速度計の示度を、GPSによる速度計によって修正した値。1,800 〜 2,300回転（5 〜 6kt）の範囲で走ると造波抵抗の谷になって効率がよく、燃料消費量は1時間あたり約2.5L程度となり、32時間、約160マイル走ることができる。燃料タンクの容量80Lは、長距離クルージングにはやや不足かもしれない

門司海峡を通過し、日本海へ入って隠岐島へ到着。知人から東日本大震災後の東北太平洋岸の情報を得て、遊び船がちょろちょろしては申し訳ないという心情から一周を諦め、壱岐、対馬などを巡りながら帰着した。

＊

林990 OBは、ツボキヨットが2019年6月に会社を閉鎖するまでに合計11隻建造され、2号艇は秋田へ、そのほかは名古屋に2艇、岐阜、沼津、館山、銚子、福岡、東京、鹿児島の各地に散らばって販売された。

3号艇の〈ぼなてん〉は、オーナーの船酔いが治らず転売されて、番 功朗さんの〈あぶさらむⅡ〉となり、2019年の4月末から8月初旬に沖縄航海を成功させた。

那須克巳さんの8号艇は東日本大震災時に銚子マリーナで被災したが、無事に復旧工事が終わった。

11号艇〈AQUA〉の中村政仁ご夫妻は、重度障害を持つ娘さんのために船内を一部改造して、いつも一緒に乗っている。長距離クルージングはできないが、東京夢の島マリーナをベースにクラブレースにも参加して、大いに楽しんでくれている。

なお、林990 OBは、2006年に坪井さんの発案によりカッターリグも誕生した。バウスプリットを増設してセール面積が増大したので微風性能が向上したが、船価も上がるためか、2隻建造されたのみである。

カッター・リグの
林990 OBのセールプラン

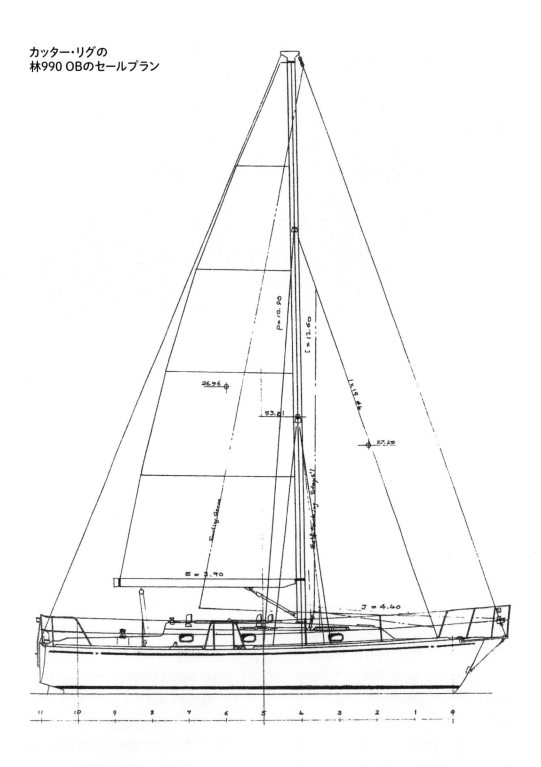

30ftカスタム艇〈おおすけ〉と
岡崎30C

デイセーラー的な
カスタム艇の依頼

　カスタム艇〈おおすけ〉の注文主、平本貴範さんは、葉山マリーナにベネトウ281を置いてセーリングを楽しんでいたが、自分が思い描く艇が欲しくなってしまった。都内在住で海外出張も多い現役ビジネスマンだったので、長距離クルージングする時間は取れず、せいぜいひと夏に1回、相模湾で1泊2日の家族クルージングをする程度だった。葉山カンツリーのメンバーでもあり、ゴルフを楽しんだあと、マリーナで海を見ながらひと休みし、条件がよければちょっとセーリングする、というのが普段のパターンだったそうだ。そこで、シングルハンドで気楽に乗れるデイセーラー的なボートを目指したのである。

　日本では、バラストキールが付いたデイセーラーの需要は少なく、家族で乗れるやや大型のディンギーも、置き場の関係からか見かけなくなってしまった。

　そのころ、私の目に止まったボートに「アレリオン28」があった。東京夢の島マリーナで、お名前を存じ上げないが、おしゃれな初老のご夫婦が乗られていて、とてもよい感じだった。アメリカ生まれの輸入艇で、ネットで調べるとデザイナーも

ビルダーもしっかりしていたので、この艇を平本さんにお勧めしたら、彼はわざわざ九州まで試乗に行かれた。ところが、フネはいいのだが、船内が狭すぎるとのこと。確かに、船内のヘッドクリアランスは約1.4mしかなく、身長180cmを超える平本さんには窮屈すぎたのかもしれない。

経験に基づいた
実用性重視のオーダー

　平本さんが要望される項目の中で、一風変わったものとして、「ギャレーはいらない、清水タンクもいらない」というのがあった。山登りをする人たちも、山小屋で1～2泊する程度なら、飲料水と非常食は持参しても、寝袋や料理道具を持って行く人は少数派だ。フネの使い方を絞り込めば納得できる。

　そのほかにも、トイレは必要だが手洗い用の水はポリタンクで十分、夏季の湿気対策にベンチレーターを、冬季の寒さ対策に暖房機を……と、経験から導き出された、実用性を重視した要望があった。

　船内のヘッドクリアランスは最大1.75mで我慢していただき、フリーボードをやや大きくして、キャビンが大きく突出しないようスタイリングに気を配った。

　建造は、プロダクション艇の工期が詰

〈おおすけ〉の透視図（船体とデッキ）

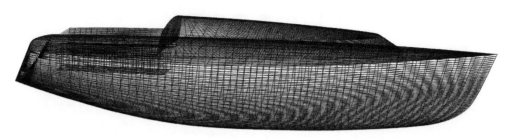

〈おおすけ〉のセールプラン

- 全長：8.99m　　●水線長：7.40m
- 幅：2.85m　　●喫水：1.96m
- 排水量：3.39トン
- バラスト重量：1.39トン
- セール面積：40.9m²
- 補機：ヤンマー 3YM20 SD

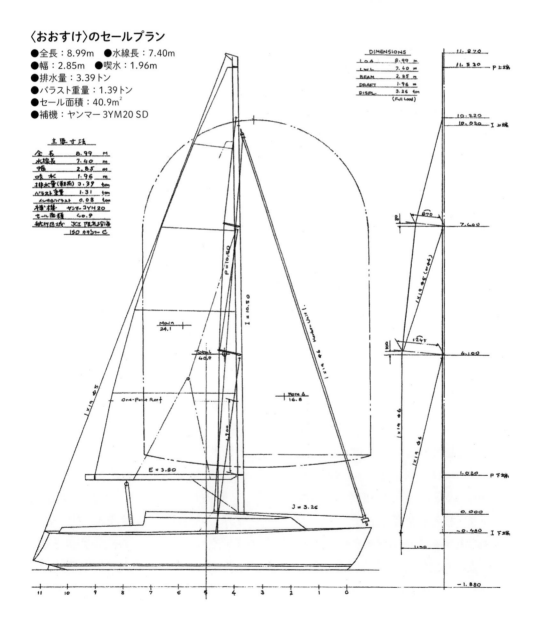

〈おおすけ〉の一般配置図

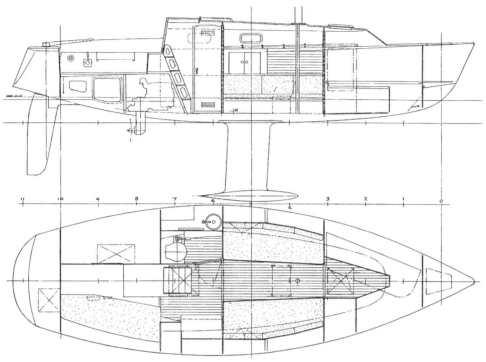

まっていた岡崎造船に、少々無理を言っ
てお願いした。船体、甲板ともに合板に
よる簡易メス型を作り、FRP積層成型を
行い、構造設計はISO-12215に準拠
して、カテゴリーC（日本の限定沿海区
域相当）を満足するものとした。

　進水後、フリーボード計測、傾斜試験
を実施し、完成重量と重心位置を確認し
たのち、復原性計算を行った。横揺れ周
期（ローリング・タイム）は4秒、細身の
船体の特徴が出ていた。

　ちなみに、艇名の〈おおすけ〉は、鎌
倉時代の幕開け前、三浦半島の衣笠山
に城を構え、源 頼朝を支持していた三

浦大介義明に由来しているそうである。

岡崎造船で
プロダクション化

　その後、岡崎造船の営業担当、須加田
裕司さんは、このフネの軽快な走りとゆっ
くりした乗り心地が気に入り、簡易メス型
を利用して一般向けの艇を販売すること
を計画した。そこで、船体およびデッキを
そのまま利用し、構造、船内配置、キール
形状、セールプランなどを設計し直すこと
になった。

　どこか遠いところまで出かけるかもし

れないので、構造はISOのカテゴリーB（沿海相当）に変更、配置は一般的な形に変更して、多少の重量増加に見合うセール面積の増加とリグの簡略化を行った。岡崎30Cとして販売され好評だった

が、簡易メス型の寿命もあり、残念ながら6隻建造されて打ち止めとなった。

この艇は109番目の私のブレインチャイルド（設計したもの）で、結果的に"最後の子供"となった。

岡崎造船に隣接する香川県・小豆島の琴塚港で進水した〈おおすけ〉。スタイリングも損ねないよう、フリーボードを高くしてコーチルーフの高さを抑えた。デッキは総チーク張り

〈おおすけ〉のオーナー、平本貴範さん。キャビンに関しては、平本さんの経験に基づく独特のオーダーを反映させた

〈おおすけ〉の船底形状。この艇ではバルブキールとしたが、のちに岡崎30Cとしてプロダクション化した際には、バルブ付きのフィンキールとして喫水を浅くした

〈おおすけ〉の復原性曲線

Heel Angle (Degrees)

Righting Arm ———×
R. Area X100.0 ——+
Equilibrium ·······□
GMT —·—○

P/N=4.41（Pは復原力
曲線の正の面積、Nは
負の面積）
復原力消失角=126.5°

P

N

Fixed Weight = 3.034 MT　LCG = 3.953a　TCG = 0.000　VCG = 0.440
GMT = 1.049 M

〈おおすけ〉のクローズホールドでの帆走。マスト
レーキ（後傾）を大きめにすると、微風時の上り角と
スピードがよくなった

岡崎30Cのセーリングシーン。内装の追加などで排
水量が増加した分、セール面積を大きくしたことによ
り、軽風でも軽快な走りができた

岡崎30Cの一般配置図

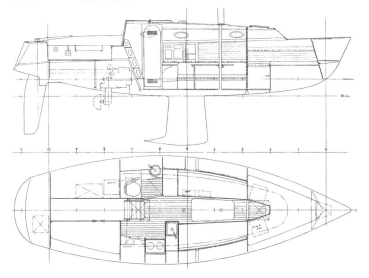

※主要目のうち変更した箇所
●喫水：1.74m
●排水量：3.63トン
●バラスト重量：1.41トン
●セール面積：41.76m²

Kennosuke Cup

林デザインを
愛する人々の集い

かつて、神奈川県・三浦半島の油壺京急マリーナに艇を置いているオーナーたちが中心になって、Salty Life Yacht Club（SLYC）という自主運営のクラブを作っていた。その中で、〈第一花丸〉（林34＋1）の福田祐一郎さんと、〈美如佳〉（林26）の湯川義明さんが中心になり、「ケンノスケ・デザイン艇で集まってレースをやろうよ」という話が持ち上がり、1996年に第1回が実現した。

コンセプトは、「林 賢之輔デザイン艇とそのポリシーを愛する人たちに逢いたい」というもの。事前に私にも相談があり、もちろんその趣旨に賛同した。親睦を深め、情報交換の場にしようという意図もあり、ランデブー・レースと名付けられ

第2回大会で作られた、Kennosuke Cup参加艇が掲げるペナント。毛筆で描かれた波のマークがあしらわれている

た。また、IYRU（International Yacht Racing Union）のレース規則を適用することにしたが、あえて、「海上衝突予防法」と「ヨットマンの常識」も明記することにした。

スタート地点は三浦にするとして、行き先はどこ？ 伊豆大島、下田、八丈島と夢が膨らんだが、1回目として熱海が選ばれた。

レース開催のためのさまざまな準備や渉外交渉は、すべて福田さんとSLYCのみなさんが進めてくれて、私の仕事はカップを選んで寄贈すること（あとで費用を負担してくれました）と、参加艇のハンディキャップを決めることだった。

第1回のレースは、1996年4月13日の10時に、参加8艇（Kennosuke艇6、オープン参加2）が小網代沖をスタート。コース距離27.0マイルで、スタート時の天候は晴れ、北の風3〜5m/s。途中で風が落ちて無風になったが、その後、南西に変わって次第に吹き上がり、7〜10m/sというセーリング日和となった。

月刊『KAZI』1996年7月号に掲載された、第1回大会のレースレポート。Kennosuke Cupの発起人の一人でもある、〈美如佳〉の湯川義明オーナーの投稿によるもの

〈第一花丸〉が所要時間約5時間50分でファーストフィニッシュ。最終艇〈シャングリラ〉（スプレンダー27）も6時間23分でフィニッシュし、無事に終了した。

このレースには、葉山鐙摺港（あぶずり）から、〈アーリーバード〉〈アフロディーテ〉の2艇が、オープンクラスに友情参加してくれた。

表彰式とパーティーは、カレーライスで有名だった老舗旅館「大月ホテル」で格式高く行われた。熱海港の受け入れと入浴の手配など、地元の稲葉文則さんとマリンサービスの郡山辰男さんに大変お世話になった。感謝します。

このレースはその後も継続し、毎年1回、同じ時期に開催することが決まった。

実行委員会を設置し内容も充実

2回目から実行委員会が作られ、委員長は前回優勝した〈美如佳〉の湯川さん、事務局は当時〈韋駄天〉（林26）のクルーだった九里（くのり）保彦さんが担当してくれることになった。

また、参加艇が掲げる旗を、有隣堂（神奈川県を中心に展開する書店チェーン）に勤務していた小黒 襄さんがデザインし、波のシンボルマークは妻の静枝が筆で描いてくれた。

参加は19艇（Kennosuke艇13艇、オープン参加2艇、ランデブー参加4艇）。横浜から鈴木弥彦さんの木造艇〈Jour〉（林43）と、清水洋志さんの〈喜久洋〉（林48）も参加し、〈喜久洋〉がファーストホームだった。

3回目からは、Kennosuke艇ではないオープンクラスにも順位を付けることになり、Kennosuke Class（以下、Kクラス）とFellow Class（フェロークラス。以下、Fクラス）とを設けて、一緒にレースを楽しむことになった。参加は18艇（Kクラス9艇、Fクラス参加4艇、ランデブー参加5艇）。優勝したのは篠原 端さんの〈MIN MIN〉（岡崎30モーターセーラー）で、前回に続く2連勝となり、セーリング技術の高さを示す快挙だった。Fクラス優勝は宮澤 満さん率いる〈Leaticia Ⅱ〉（ヤマハ30CRS）。

レースとは無関係だが、この年の5月の連休中に、銀座コージーコーナーが所有していた〈COCO Ⅱ〉（林45）が伊豆稲取沖で火災を起こし、沈没してしまった。このときの関係者の杉原正一さんは、自艇〈みさご〉（ヤマハ33）でFクラスに参加し、事故について報告してくれた。

4回目には、コミティーボートに掲揚する大きな旗も作った。

コースは同じ小網代-熱海で、参加15艇（Kクラス9艇、Fクラス2艇、ランデブー参加4艇）。風に恵まれ全艇フィニッシュし、〈第一花丸〉が着順1位、修正1位の完全優勝を果たした。

パーティー会場の「熱海ビレッジ」は、稲葉さんの奥さまのご実家とのことで、お世話になりました。

第2回大会のフィニッシュの様子。左写真が優勝した〈MIN MIN〉。右写真は接戦となった〈Hinano〉（奥）と〈Leaticia III〉（手前）

第2回大会に出場した〈エクセプトワン〉（トレッカー 34C）

フィニッシュ地を
伊東に変更

2000年の第5回から、フィニッシュ地が熱海から伊東に変更された。

係留場所とパーティー会場の確保はいつも問題だった。安心して接岸し係留できる場所は多くない上に、あまりきれいとはいえない格好のヨット乗りが大勢押しかけて、風呂だ、酒だ、食い物だ、となるからである。

昔からある伊東漁港は立派な港だが、いわゆる不法係留するプレジャーボートが増えて問題になっていて、地元の伊東ヨット協会は公共マリーナの建設を市に要請し、陳情を続けていたそうだ。そのかいあって、現在の伊東サンライズマリーナが

〈AIOLA〉（稲毛マリーン30ケッチ）のオーナーは玉井一郎さん。紀伊尾鷲の出身で、進水式時の神事は初めて見る勇壮なものだった。仕事の関係から大量のロープを寄付していただいた

できたのだが、当時はまだ建設中で、外防波堤ができたところで、白石マリーナと呼ばれていた。

参加17艇（Kクラス11艇、Fクラス6艇）で、Kクラス優勝は〈第一花丸〉。Fクラス優勝の冨倉 博さん率いる〈Leaticia Ⅲ〉（デュフォー39）は、第2回から連続参加している。

伊東ヨット協会のみなさんから温かいご支援もいただき無事終了。グリル「アーマイヤ」で行われた表彰式パーティーには、伊東市の関係者の方々にもご列席いただき好評だった。

通常は、パーティー終了後に各艇自由解散となるのだが、この翌日に日本海を進む低気圧が発達してメイストームとなり、ホームポートを目指した艇では、落水者が出てそれを救助するなど、さまざまなハプニングがあったそうだが、全艇無事に帰着されて、やれやれ、なによりなにより。

第6回開催時は、伊東マリンタウンと伊東サンライズマリーナがオープンしており、参加は20艇（Kクラス10艇、Fクラス10艇）。元外航船船長の経験がある森 純男さんは温厚な紳士で、自艇（ヤマハ31EX）でセーリングを楽しんでおり、伊東ヨット協会副会長（当時）を務めていた。その森さんにアドバイスをいただき、フィニッシュラインの設定、係留場所などには伊東ヨット協会のみなさんにご協力いただいた。

レースコースは小網代–伊東と、下田–

伊東の変則的な2コースを設定し、Kク
ラスは下田をベースとする能崎知文さん
の〈翔鴎〉（林60）が初優勝した。Fクラ
スは〈Leaticia Ⅲ〉が2連覇。

初回から連続出場しており、東京湾マ
リーナから遠征してきた〈放浪人〉（林
32）は遠来賞を獲得。オーナーの宮芝
壮明さんはいつもご夫婦で乗っていて、
タップダンスもできる面白い人だ。

第7回の参加は14艇（Kクラス8艇、
Fクラス6艇）。コースは小網代-伊東の
みとし、〈翔鴎〉も下田から三崎に回航
後、レースに参加した。

この日は天候に恵まれ、途中から南に
シフトした風が上がり、速いペースのレー
ス展開となった。重量級の〈翔鴎〉や緒
方三郎さんの〈Great Circle〉（トレッ
カー42C）がじりじり追い上げて先行艇

群を抜き、そのままフィニッシュかと思わ
れたが、フィニッシュ手前で無風ポケット
にはまってしまった。〈MIN MIN〉は先
行艇に食らいついて走り、修正1位にな
りそうだったが、操舵系統にトラブルが
発生し無念のリタイア。〈韋駄天〉もあと
少しでフィニッシュできたのに、タイムリ
ミットを意識してリタイアした。

フィニッシュラインは、伊東サンライズ
マリーナの入港灯と、伊東港第1防波堤
灯台との見通し線とし、コミティーは防波
堤の上で、降り注ぐ太陽と風に吹かれて
約5時間待機した。赤ちゃんを抱っこしな
がら頑張った白井さんご夫妻ありがとう。

Kクラスは〈第一花丸〉が優勝。Fクラス
優勝の〈Mahana〉（X-332）は、葉
山鐙摺港で〈韋駄天〉のお隣さん、かつ
昔なじみである。スキッパーの榊原芳樹

第2回大会で静岡県・熱海港に集合した参加艇の様子。熱海港はKennosuke Cupの第1～4回大会のフィニッシュ地となっ
た。このレースは交流の場としての意味合いも大きく、ランデブーのみに参加する艇も少なくない

さんは大学ヨット部出身だ。

　グアムレースの際に自分と一緒に乗った柳井章人さんご夫妻の〈Kokolo〉（ホルベルグラッシー31）は、千葉県・木更津から参加し、健闘して3位になった。

　この回の実行委員長を務めていただいた能崎さんの会社「海洋計画」は渋谷にあって便利だったので、会合などに使わせていただき、その後、事務局を兼ねるようになっていった。

下田「黒船祭」とジョイント

　2003年の第8回から、Kennosuke Cupの会場が下田に移った。下田ボートサービスの伊藤秀利さんをご存じの方は多いだろう。クルージングで下田に寄れば必ずお世話になるからだ。その伊藤さんから依頼がきた。

　「下田では毎年、『黒船祭』を開催していて、今年は第64回になる。さらに来年は下田開港150周年にあたり、盛大な祭りを計画している。ヨットレースをここでやってくれないか」

　ということである。奥さまを交えていろいろ話を聞いていると、「この人（秀利さん）がやると必ず赤字になるのよ」とのこと……。

　私たちのKennosuke Cupは、すべて自前、独立採算でやっている。もちろんスポンサーは大歓迎で、いろいろな賞品を頂戴しているけれど、赤字は出していない。サポートしてくれる人たちも、ほ

とんど無償で手伝ってくれる。このような事情から2年連続して下田開催を引き受けることになり、協賛として黒船祭執行委員会、下田商工会議所が加わった。

　開港150周年に向けて下田市は全市を挙げて取り組み、さまざまな部署からの企画書は60ページを超えるものになっていた。8回目のKennosuke Cupはそのプレイベントとして位置付けられたから、市長をはじめ商工会議所、海上保安部、観光協会などへのあいさつ回りがあった。

　また、届け出、泊地や表彰式＆パーティー会場の手配、料理仕出し店への発注、風呂と宿泊案内など、細かな打ち合わせを繰り返し、商工会議所の渡辺 洋さんに大変お世話になった。前夜祭の花火大会で彼は、手筒花火を抱え、火の粉を浴びながら奮戦していた。

　参加艇はいつものKennosuke Class（以下、Kクラス）のほかに、地元のヨット、熱海や清水、横浜からも集まってきて総勢23艇。150周年のプレイベントでアメリカ海軍艦船も海上に停泊しており、150ヤード以内に近づくとマシンガンで撃たれる！との情報もあった。

　レース当日（5月17日）は曇り、北東の風9〜14m/sec、沖合には波高約2.5mのかなりチョッピーな波がある。レースコースは下田港口−神子元島（反時計回り）−下田港口で距離12マイル。

　本部船を務めてくれたのは〈エル・ドミンゴ〉（フィッシャー39）に乗る静岡

photo by Kazuhiro Takatsuki

神子元島を回航する第8回レースの参加艇。手前が〈第一花丸〉、奥が〈Hinano〉

photo by Kazuhiro Takatsuki

下田市で開催される黒船祭とジョイントした、第8回レースの様子。荒れ模様の中、23艇が参加した

県・清水の渡辺宏春さんご一家。当時、まだティーンエージャーだったお嬢さんの翔ちゃんも、今では2児のママだ。

おなじみ〈喜久洋〉（林48）がファーストホーム、2着〈Flamingo〉（カストロ53）は清水の岡村欽一さん、3着〈エクブライト栄輝〉（林42カスタム）は伊東の高橋重夫さん、4着〈マゼランメジャーⅦ〉（オイスター55）は横浜の広瀬純也さん、下田を母港としていた〈翔鴎〉（林60）は強風の中で本命視されたが、メインセールを破損し無念の棄権となった。

修正順位の優勝は、Kクラスが初となる〈あうん〉（林990）、オープンクラスが〈Aries〉（ニコルソン30）となった。

実行委員会を強化

下田開港150周年記念レースとなった第9回は、前年に開かれた反省会の議事録をもとに、実行委員会の組織図を新たに作り、役割分担も明確にした。

実行委員長は九里保彦さん。下田ボートサービスの伊藤秀利さん、下田商工会議所の渡辺 洋さん、金澤威志さんにも入っていただいた。

これまでも反省会は毎年開催してきた。改善に向けて真摯かつ辛辣な意見が飛び交って白熱することもあり、無事に終わって楽しい飲み会になることもあった。

〈翔鴎〉を所有する能崎知文さんの会社「海洋計画」が、Kennosuke Cup

第8回レースの参加艇。上から、本部艇を務めてくれた〈エル・ドミンゴ〉、〈喜久洋〉、〈Leaticia Ⅲ〉、〈あうん〉、〈エクブライト栄輝〉

photo by Kazuhiro Takatsuki

第8回レースの参加者が集合しての記念撮影。イベントのために使用許可が下りた下田ドック跡地の船だまりにて

のウェブサイトを立ち上げてくれて、情報の拡散に役立ったし、ポスターを作って宣伝したこともあって、オープンクラスは地元艇を中心に18艇の参加があり、一方のKクラスは6艇だった。熱海から参加した長谷川淳一さんの〈Son of Bacchus〉（横山33C）は、その後、Kennosuke Cupの常連になってくれた。黒船ならぬ真っ白な船体の練習帆船〈日本丸〉も表敬訪問してくれた。

レース当日の5月15日は、快晴、北東の風7〜11m/secと、絶好のセーリング日和。10：30に全艇が一斉スタート。

1着〈Lucky Lady Ⅴ〉（セイヤー42）、以下、〈True Blue〉（グランドソレイユ40）、〈Flamingo〉、〈翔鴎〉、〈第一花丸〉（林34＋1）と続いた。修正順位は地元の〈Argoあいわい〉（ヤマハ31EX-Ⅱ）が総合優勝、〈第一花丸〉は2位入賞となった。

表彰式＆パーティーは貸し切り状態の「ホテルはな岬」で開かれ、多くの方々のご列席をいただき、盛大に行われた。石井直樹・下田市長から大吟醸5本、

第9回レースの組織図

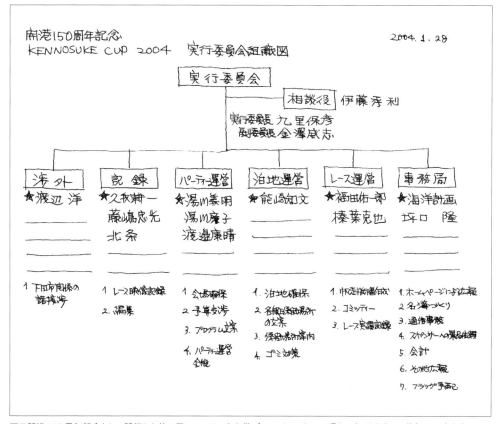

下田開港150周年記念として開催した第9回レースは、市を挙げてのイベントの一環ということもあり、前年の反省も生かしつつ、運営体制を強化した

第9回レースの告知ポスター

〈Hinano〉の久我通世さんが描いた絵を使わせていただいた

萩原聰治・下田商工会議所会頭と山田静彦・下田観光協会会長から下田ペリー記念コイン、海産物セット、黒船マグカップ、黒船絵皿、東急ホテル宿泊券などをいただき、地元漁協からは大きなキンメダイが会場に到着。〈Hinano〉の関係者からは鹿児島焼酎の伊佐美が10本、そのほか多くの方々から賞品提供があり、参加者全員大満足、楽しいお祭りだった。

裏方仕事の一つとしては、下田市から協賛金（20万円）をいただいていたので、正式な決算報告書を作成し提出した。ご苦労さまでした。

10周年は全艇DNF

第10回（2005年）からは、レースコースを小網代-伊東・手石島、24.8マイルに戻して行われた。10周年の記念ランデブーなので盛り上がり、参加艇はKクラスに14艇、Fellow Class（フェロークラス。以下、Fクラス）が11艇となった。

このとき、伊東サンライズマリーナは開業しており、伊東市役所、伊東観光協会、地元ヨットマンのみなさんも応援してくれた。同マリーナを母港とする参加艇もいたが、25艇が一度に入港するとなると係留場所の確保は問題だった。全体の収容能力は限られているし、係留艇の出入港の邪魔になってはならないからである。事前に打ち合わせを行い、臨時の仮桟橋を設置していただいたり、外防波堤の内側への臨時係船を認めていただいたりした。現在では、森 純男さんをはじめとする地元ヨットマンの助言により、ビジター用桟橋が設置されている。

レースは、5月28日の10：00にスタート。晴れ、北東の風3〜5m/secの穏やかな海だ。相模湾を時計回りに流れる潮を期待して北上する艇、一直線に伊東を目指す艇、風が南に変わることを期待して沖出しする艇、てんでんばらばらになった。各艇とも自分が最もいい位置にいると信じて走っていたらしい。

ところが、風速は落ちる一方で、北側に少しだけ長く残っていたらしいが、ついにベタ凪になってしまった。待望の南

風は吹かず、あっちに向いたりこっちを
向いたり。気象の専門家である馬場正
彦さんが乗る〈Polar Wind〉は一番に
リタイアし、機走で伊東へ向かった。
〈Jacky Ⅲ〉はホームポートの葉山マ
リーナへ転進。

そしてついに15：00のタイムリミット
となり、全艇DNF。パーティーは17：00
開始予定なのに、まだ沖合をのんびり
走っている艇もあった。やれやれ、お疲
れさま。
　フィニッシュラインを担当していただい

第9回レースのコース

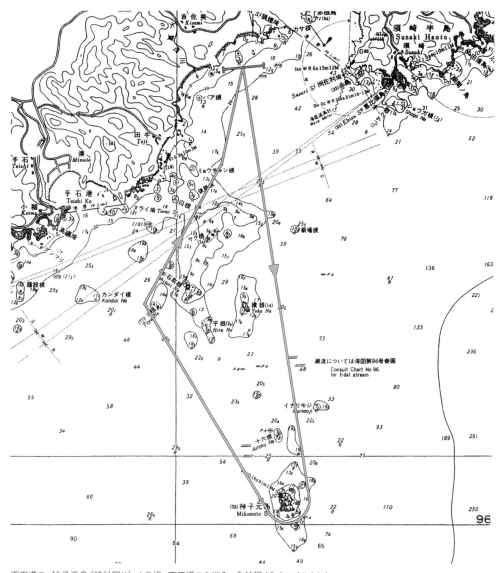

下田港口−神子元島（時計回り）−トヨ根−下田港口を巡る、全航程12.4マイルとした

369

第11回レースの予想天気図

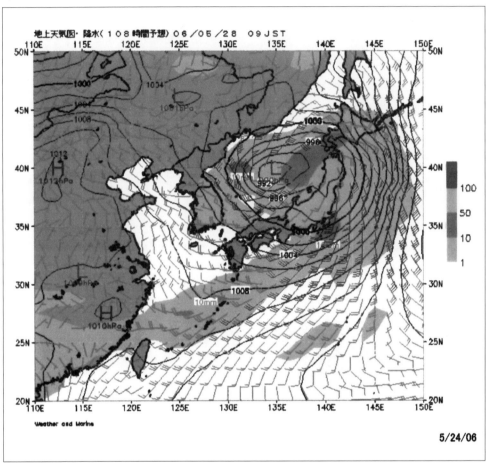

参加者でもある気象海洋コンサルタントの馬場正彦さんに提供してもらった予想天気図。夕方に向かうにつれて風がなくなり、全艇がDNFとなった

た地元〈賀龍〉のみなさん、ありがとうございました。

天候と泊地に悩まされる

第11回（2006年）は、前年の反省でスタート時刻を早め、タイムリミットを17：00にすることが決まった。レースがスタートする5月28日の予想天気図は南南西の風、風力4〜5。

参加は、Kクラス6艇、Fクラス10艇。Kクラス常連の〈美如佳〉は道後温泉へ、〈喜久洋〉も瀬戸内海クルージングで不参加だった。

当日は、雨模様の中、全員しっかり準備を整えてスタートした。しかし、予想が外れて北東の風2〜6m/sec、波高1.5mと拍子抜けだ。そういうこともあるんですね。

ファーストホームは〈Leaticia Ⅲ〉、2着〈Jacky Ⅲ〉、3着は伊東の多田 潔

第12回レースの係留場所

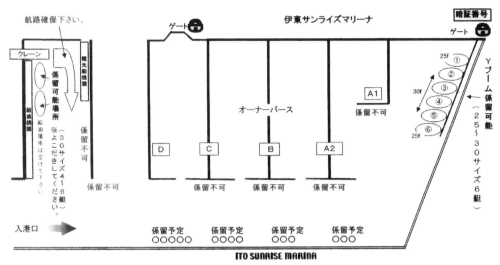

第12回レースの際の、伊東サンライズマリーナにおける臨時係留場所。当時はビジター桟橋が設けられていなかったため、毎回、参加艇の係留場所確保に頭を悩ませた

さんの〈あいおいⅥ〉（ヤマハ・フェスタ31）。Kクラスは〈Jacky Ⅲ〉が優勝、Fクラスは常連の冨倉 博さんが乗る〈Leaticia Ⅲ〉が完全優勝。横浜市民ヨットハーバーから参加した旧知の四柳啓一さんの〈かざとり〉（X-402）は、残念ながらタイムリミットに掛かってしまった。

　第12回（2007年）は、いつものことながら、伊東サンライズマリーナの臨時係留問題がすっきりしなかった。担当者が代わると初めからやり直しになる。依頼書はもとより、確認書やら〇〇書やらの提出が必要で、いささかくたびれた。きっと何か問題があったのでしょう。伊東市ヨット協会会長の坂野拓男さん、熱海マリンサービスの井上（現・光村）智弘さん、顔役の森 純男さんなどのご助力でなんと

かなった。

　5月19日、09：30スタート。曇りのち晴れ、南西の風10〜15m/sec、波高約2〜3mのラフ・コンディション。参加艇は、Kクラス8艇、Fクラス6艇。〈喜久洋〉が所要時間4時間52分でファーストホーム、〈第一花丸〉、〈Great Circle〉、〈Hinano〉と続き、修正順位も同じだった。Fクラスは前回に続き参加した〈あいおいⅥ〉が優勝、〈Leaticia Ⅲ〉が2位となった。KクラスもFクラスも、そのほかの艇は荒天のため途中棄権したが、無事故で終了した。

　表彰式＆パーティーは場所を変えて、市内のレストラン「かぐら」で行われた。途中棄権のため参加人数が少なくなったこともあるが、料理の質も量も好評だった。

城ヶ島スタートの
第13～17回

Kennosuke Cupは、2008年の第13回から開催地を三浦に変更した。城ヶ島東端をスタートし、城ヶ島南西沖浮漁礁灯浮標（通称：南西ブイ）、相模網代埼沖灯浮標（通称：小網代浮標または赤白ブイ）を反時計回りで回航し、城ヶ島東端でフィニッシュする、約14マイルのコースである。

Kennosuke Classに10艇、Fellow Classに5艇が参加し、〈第一花丸〉、〈Lady Liberty〉がそれぞれクラス優勝。三崎港旧魚市場の「三崎フィッシャリーナ・ウォーフ うらり」2階で表彰式＆パーティーが行われた。

この年の晩秋に、第2回レースからほとんど毎回参加していた〈Hinano〉（林42C）の久我耕一さんが亡くなられ、ぽっかり穴があいた感じがした。合掌。

また、この年から、Kennosuke Cup

第20回に撮影した集合写真。第13～21回は三崎フィッシャリーナ・ウォーフ うらり の2階で、以降は三浦商工会議所で、表彰式＆パーティーを開催した

Kennosuke Cup参加艇（Kクラス）のスナップ

※レース中の写真は、複数の大会で撮影したもの

〈第一花丸〉／〈あらいぶ〉（林34+1）は、オーナーが代わったが、同一艇で通算6回、Kクラスで優勝した

常連艇〈美如佳〉（林26）のオーナー、湯川義明さんは、Kennosuke Cup発起人の一人

〈Jacky Ⅲ〉（林38MS。奥）と〈Polar Wind〉（トレッカー32C。手前）の並走シーン

〈Great Circle〉（トレッカー42クラシック）は長距離航海向けのクルーザーだが、このレースに参加してくれた

〈あうん〉（林990オーシャンブルー）のオーナーは、長年、Kennosuke Cup事務局を務めてくれた九里保彦さん

熊本県・八代の山崎ヨットで建造された〈Siesta〉（ST-30改）は、改造して長距離航海に出る予定だった

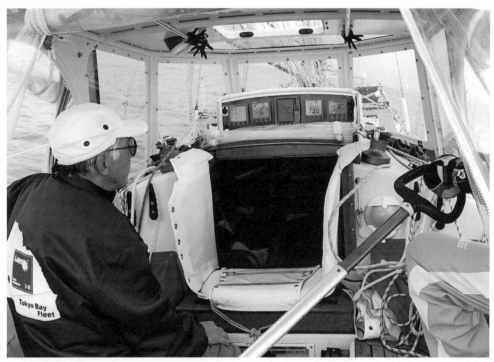

世界一周航海に出たときの艤装がほぼそのままの状態で参戦した、目黒たみをさんの〈DHARMA〉

下田から参戦した〈翔鴎〉（林60）のオーナー、能崎知文さんは、Kennosuke Cupの重要な協力者だった

の忘年会が、横浜駅前の崎陽軒本店で開かれるようになった。

第14回レースは、城ヶ島東端をスタートし、小網代浮標、南西ブイを反時計回りしたのちに、城ヶ島東端フィニッシュとした。Kクラス10艇、Fクラス5艇が参加し、〈第一花丸〉が連勝、Fクラスは〈Leaticia Ⅲ〉が優勝した。

このとき、Kクラスに〈DHARMA〉（林28。建造：三河ヨット研究所）が参加した。オーナーの目黒たみをさんは、ケープホーンを回って世界一周してきた人物だ。世界一周時の艤装がほとんどそのままの状態で参加した。私も乗せていただいたのだが、寒い嵐の海をシングルハンドで乗り回すための防御システム（ドジャーやコクピット周辺の造作）に、ご本人は慣れているものの、私は頭や肩などをぶつける始末だった。

目黒さんにはパーティーで話をしていただき、穏やかで謙虚な人柄が感じられた。確かめていないが、セールボートで北海道、沖縄を含む日本一周をした最初の人ではないかと思う。

第15回のコースは前回と同じ。Kクラス8艇、Fクラス9艇が参加。歴戦の〈第一花丸〉オーナーの福田祐一郎さんは、事情があってフネを手放され、千葉県・館山の橘 温さんが購入し、艇名が〈あらいぶ〉となった。その〈あらいぶ〉がKクラス優勝、Fクラスは〈Leaticia Ⅲ〉が連勝。風が比較的弱く、フィニッシュした艇は少なかったが、15回記念に作製

したTシャツやワッペンは好評だった。

第16回レースは、K、F両クラス合わせて15艇が参加。Kクラスは〈あらいぶ〉が連勝。Fクラスは古田雄士さんの〈Wings Ⅲ〉が優勝し、同乗していた古田さんの父上はとても喜んでいらっしゃった。

葉山マリーナから平本貴範さんの〈おおすけ〉（岡崎30C。353ページ参照）が参加したが、残念ながら3位だった。また、東京夢の島マリーナから、月岡さんご夫妻の〈ドリームA〉がコミティーボートとして参加してくれた。

この年に東日本大震災が発生、表彰式＆パーティーで義援金を募り、約7万円をJSAFを通じて寄付することができた。

2012年の第17回は参加13艇。Kクラスは〈あらいぶ〉が優勝。Fクラス優勝の〈Shower Boy〉は、いつも表彰式＆パーティーの司会を務めてくれる森理子さんが共同オーナーになっているフネだ。おめでとう。

この回のFクラスには遠来の〈Emitan〉が飛び入り参加した。オーナーは九州の浜坂 浩さん。小笠原諸島あたりで〈翔鷗〉の能崎知文さんと出会い、誘われたらしい。昔、ST-27（建造：山崎ヨット）を所有されていたので知己だった。

残念なことに、能崎知文さんはこの年の8月に八丈島で事故で亡くなられた。Kennosuke Cupの大切な協力者を失ってしまった。合掌。

〈Aqua〉のメンバーのみなさん。オーナーの中村政仁さんは、大会の参加賞を手配してくれた

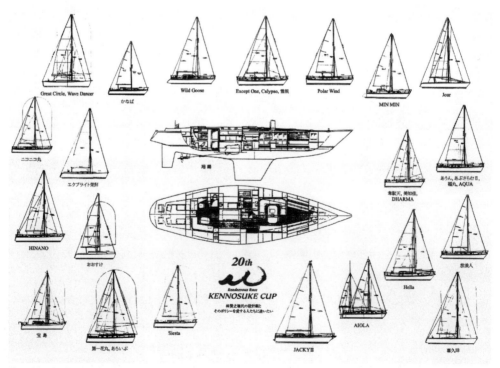

第20回大会を記念し、それまでのKクラス参加艇のプラン図を並べて作成したパネル

常連艇の代替わりが進む

第18回レースから、スタート地点を小網代に変更し、コース距離は10.8マイルになった。参加は13艇。8艇が参加したKクラスは〈あらいぶ〉が4連勝し、〈第一花丸〉時代から通算で6連勝したことになる。

遠征してきた静岡県・清水の〈Calypso〉の芦辺洋司さんと、宮城県仙台市の〈雪風Ⅱ〉の阿部保夫さんは、ともにトレッカー34クラシックに乗る、よき友、よきライバルで、接戦の末、〈雪風Ⅱ〉が2位、〈Calypso〉が3位だった。

5艇が参加したFクラスは、〈LeaticiaⅢ〉が優勝。葉山から参加している〈バレリーナⅡ〉はいつもビリだが、オーナーの田宮秀次郎さんはセーリングを楽しむ派で、結果をちっとも気にしない様子。

〈あらいぶ〉の橘さんはその後、小笠原航海などクルージングを楽しまれたが、病気で急死されてしまった。諸行無常、合掌。

第19回は参加艇11艇（Kクラス6艇、Fクラス5艇）。みんな年を取ってきたね。Kクラスは久々に〈美如佳〉が優勝し、〈Aqua〉（林990オーシャンブルー）が2位となった。

〈Aqua〉の中村政仁さんには、いつもKennosuke Cupの参加賞を手配していただいている。〈Aqua〉は、重い障害を持つお嬢さんと一緒にヨットに乗る中村さんのため、建造前から相談を受けて、船内の一部を改造した艇である。ご夫妻が片時も離れず看護する姿にえらいなあと思う。

Fクラスは、ハンディキャップが一番大きいせいで、いつも2位以下に甘んじていた〈Son of Bacchus〉が優勝。オーナーの長谷川淳一さんは艇名（ローマ神話の酒神バッカスの息子）の通りの酒豪で、何年か前にオーストラリア・メルボルンで出会って以来、気が合う友人の一人だ。あるときには、韓国・釜山から福岡県・博多へ向かうアリランレースに参加後、ぎりぎりのタイミングでKennosuke Cupへ駆けつけてくれたこともあった。

2015年5月16日に開催した第20回は、20周年を祝うべくスタッフも頑張り、参加21艇（Kクラス13艇、Fクラス8艇）まで盛り返すことができた。

ところが、当日は雨で、風向も定まらず、風速は1〜3m/sec程度。なんとかスタートしたが我慢大会の様相で、結局、タイムリミット内にフィニッシュできたのは、Kクラスが〈Jacky Ⅲ〉のみ、Fクラスは〈Son of Bacchus〉、〈Black Bird〉（オークレット26）、〈Leaticia Ⅲ〉の計4艇だった。

はるばる九州・大村湾からやってきた〈Hinano〉の新オーナー、岡元俊一さんは、このときのレースでは残念ながらタイムリミットに間に合わなかった。しかし、かつてこのヨットでさまざまな航海を続けてきた旧〈Hinano〉のメンバーと交流することができ、楽しい時間を過ご

していただいた。

Kennosuke Cupの
終幕に向けて

　第21回の参加は14艇（Kクラス8艇、Fクラス6艇）。Kクラスは〈Jacky Ⅲ〉が、Fクラスは〈Leaticia Ⅲ〉がそれぞれ優勝した。

　このころから、「Kennosuke Cupはいつからメモリアルレースになるんですか?」という声も聞こえてきた。みなさん、飽きてきたんだね。

　第22回は参加15艇（Kクラス10艇、Fクラス5艇）。Kクラスは沼津から来た〈福丸〉（林990オーシャンブルー）が初優勝。オーナーの福田哲嗣さんは、若いころに柔道をやっていた歯科医師さん。ヨットは初心者で、研究熱心だが実技がイマイチ。この初優勝は、〈美如佳〉のベテランクルーが乗り込んで応援したとのことで納得。おめでとう。

　Fクラスは〈Shower Boy〉が優勝。昔、『ヨッティング』誌で一緒に仕事をしたことがあるカメラマン、大場健太郎さんの〈Adriano〉（ヤマハ34ケッチ）は、タイムリミットに間に合わなかったが、参加者の中で一番年少のお孫さんが乗っていたので、「若いで賞」を獲得した。

　ほかにも、最も遠いところから来た艇に贈られる「遠来賞」、女性クルーが一番多いと「綺麗で賞」、乗員が最多なら「重いで賞」、最年長者には「疲れたで

賞」などなど、このレースではいろいろな賞が設定されている。

　第23回は参加13艇（Kクラス6艇、Fクラス7艇）で、優勝は、Kクラスが〈Jacky Ⅲ〉、Fクラスが〈Black Bird〉。

　2019年の第24回は参加11艇（Kクラス5艇、Fクラス6艇）で、微風のため全艇がタイムリミット。お疲れさまでした。

　この回は、無事終了後の反省会で、来年は第25回なので、区切りもいいし、事故が起こらないうちに終了しましょうと決まった。

　ところが、2020年の第25回大会は、コロナウイルスの影響で、無期延期となってしまった。2021年には開催できるといいのだが……。

　なお、長年Fクラスに参加してレースとパーティーを盛り上げてくれた〈LeaticiaⅢ〉代表オーナーの富倉 博さんは、2020年3月、自らヨット活動に終止符を打たれ、同年11月に逝去された。〈LeaticiaⅢ〉の成績は22回出場、優勝8回、2位11回という立派なものだった。合掌。

＊

　Kennosuke Cupはほぼ四半世紀、毎年1回開催を継続することができた。ご参加、ご協力いただいたみなさまに深く感謝いたします。

　このランデブーレースの歩みをまとめることで、私の昔話は終幕です。みなさまの航海の安全とご多幸をお祈り申し上げます。

Kennosuke Cup参加艇（Fクラス）のスナップ

〈Lady Liberty〉（ベネトウ・オセアニス・クリッパー311）

〈WINGS Ⅲ〉（ベネトウ・ファースト32S5。手前）と〈Kokolo Ⅱ〉（ホルベルグラッシー34。奥）

〈Son of Bacchus〉（アーシャンボー40。手前）と〈Shower Boy〉（ヤマハ24フェスタ。奥）

〈バレリーナ〉（コンパック27）

〈Leaticia Ⅲ〉（デュフォー39）

〈Born Free Ⅱ〉（ハンス・クリスチャン32）

あとがき

　舵社の窪田英弥さんから「自分史を書いて見ませんか」という
お話をいただき、月刊『Kazi』の2016年3月号から2020年6月
号まで連載された記事をまとめ、加筆・修正したものが本書です。
連載では、同社の安藤 健さん、今村 信さんにお世話になりました。
連載最終回の6月号は『Kazi』誌の通巻1,000号にあたり、偶然
の一致ですが、なぜかうれしかったです。

　単行本化にあたって『あのころ』という題名にしたのは、今は昔
の昔話だからです。私に孫はいませんが、「じいじが若いころ、こ
んなことやっていたんだよ」と、話して聞かせるつもりで書きました。
ですから自慢話風になっていますが、決してホラ吹き話ではありま
せん。また、舵社の方から「戦後日本のヨット発展史にもつながり
ますね」とおだてられ、その気になったところもあります。

　設計番号1番の船はもちろんのこと、いろいろなフネのラフス
ケッチや計算書を見ながら、そのフネにまつわる記憶を想い出しな
がら書くことは楽しい仕事でした。

　"あのころ"はいつも"そのとき"だったのです。当時は、とにかく
目標に向かって一直線、自分の直感を信じて進みました。悪意は
まったくないのですが傍若無人、若気の至りで周りの人たちには
迷惑をかけたと思います。お叱りを甘受いたしますので、どうぞご
容赦ください。

＊

　デザイナーとしてヨット界に認知されたころ、舵社から試乗レポー
トの仕事を依頼されました。

　海外からの輸入艇も増えて、それらを紹介する記事を毎月書く
ことになり、さまざまなタイプの艇に乗ることができて、よい勉強に
なりました。基本的な構造、配線、配管、船内居住空間やコクピット
各部の寸法など、フネの隅々まで見ることができたからです。

　さらに、建造した造船所の歴史も知ることができ、技術レベルや、

用途と使われる海域による考え方の違いもあることがわかりました。

　用途や海域による違いとは、真の外洋航海ができるフネなのか、避難や救助が期待できる沿岸を航海するためのフネなのか、ということです。これは建造コスト、販売価格に直接影響を与えますから、艇を選ぶときには、自分の楽しみ方、乗る海域などよく考えて選ぶことが大切です。もちろん、予算が決定的な要素になってしまいますが、さらに将来、セーリングの腕前が上がったときの情況変化まで見込むことができれば、長く楽しむことができると思います。

　私が書いた試乗レポートはやや辛口でしたが、おおむね好評でした。この仕事は、当時の編集チーフだった本橋一男さんが舵社を退社し、『Yachting』誌を創刊したあともしばらく続けました。デザイナーと批評家は両立しにくいものです。自分のことを棚に上げてものを言うわけですから……。他人の作品を批判する代わりに、なるべくよいところを探して書いた記憶があります。

＊

　私は神奈川県三浦郡逗子町（当時）で生まれ育ちました。6歳上の姉と3歳上の兄は東京の聖路加病院で生まれたそうです。両親が静養がてら逗子に来て気に入り、転居したそうです。

　戦後に8歳下の妹が生まれるまで末っ子で、おばあちゃん子でわがままに育ちました。

　父方の祖父は長岡藩の下級武士の出身ですが、明治維新後、東京に出て、現在の沖電気が創業したころに技師長となり成功し、破格の報酬を得ていた様子です。残念なことに若くして亡くなり、祖母は4人の子供たちを苦労して育て上げたそうです。

　母方の実家は代々江戸の旗本の家柄で、佐渡金山奉行をしたり、関八州の代官を務めたりした人もいるそうです。時代劇に出てくるお代官様はみんなワイロが好きな悪人ばかりですが、優れた治水工事を行い、どこかに顕彰碑が建っているそうです。祖父は現在の

国会議事堂の主任設計者として、芸術院会員になっていました。

　敗戦の翌年に小学校に入学しましたから、戦争中のことをいくつかはっきり覚えています。空襲警報発令や灯火管制がありましたが、幸いなことに爆弾や焼夷弾が落とされることはなく、米軍の飛行機編隊が上空を悠々と飛んで東京や横浜を空襲したのだと思います。

　逗子の池子地域には海軍の弾薬庫があり、高射砲陣地がありました。また鎌倉との境にある披露山にも高射砲陣地があったのですが、砲撃しても弾が届かず編隊の下でパッパと炸裂していました。帰投中のB-29爆撃機が近付いたとき、その爆音は物凄く、締め切った雨戸やガラス戸がガタガタ振動していました。食料事情が次第に悪くなり、お腹がすいたのを覚えています。母はお手伝いさんがいる家庭で育ち、着物もたくさん持っていましたが、戦後を通じてすべて食料に変化したそうです。

　振り返ってみると、よい時代に生きてきたなと思います。10年早く生まれていれば少年兵になっていたかもしれないし、10年遅ければ団塊の世代で何をやっていたかわかりません。現在の平穏さは、多くの人々が流した血と汗の賜物であり、尊敬と感謝を捧げます。それらの努力を無にする惧れがある憲法改正には反対します。戦争という暴力は、盾と矛という正に矛盾した兵器を生み出すだけで、軍人、民間人、動植物の区別なく殺戮し、莫大なコストをかけて地球を破壊していくまったく実りのない行為、人間の愚かさを具現化した行為だと思います。

　将来を担う若い人たちは、近未来の高齢化社会に対応しなければならないし、なかなか大変な時代を迎えるわけですが、オトナ社会に毒されず、「3人寄れば文殊の知恵」、コンピューターとAIを駆使し、叡智を集めて明るい未来を創造してください。

＊

ヨットのデザインもずいぶん変わりました。

　100mを100分の何秒か人より早く走ることができれば英雄です。スピードへの憧れはあらゆるスポーツに共通していて、のんびり走っていたヨットも高速化が進んでいます。カーボンファイバーなど軽量で高い強度を持つ材料が開発され、それに伴う工法も確立されて、従来の船型から解放され、プレーニング（滑走）が可能な船型も採用されるようになりました。

　また、ハイドロフォイル（水中翼）を使って船体を水面上に持ち上げ、翼走するセーリングボートも普通に見られるようになりました。こうなると船体に働く摩擦抵抗がなく、船体自身が作る波の抵抗もなく、造波抵抗の増加による超えられない壁もなくなり、小型ディンギーのモスクラスで約15ノット、大型艇で30ノット超、アメリカズカップ艇では40ノット超に達しています。スピードの記録としては、アイスヨットを除いて、方向舵の役目を持つ小さなフィンのみを水中に入れて走るカイトセーリングが、50〜60ノット（約100km/h）を競っています。

　デザイン手法も、CAD（Computer Aided Design：コンピュータ支援設計）が主流となり、CFD（Computaional Fluid Dynamics：数値流体力学）、FEM（Finite Element Method：有限要素法）などが使われ、モデリングには3Dプリンターが利用されています。これらを使いこなすことができれば面白いことができると思います。ただし、基本的な事柄に対して指令を出すのは人間ですから、曲面に沿った流れの性質、境界条件などを理解した上で判断し、インプットしていく必要があります。

　私は子供のころからボーっと海をみているのが好きでした。今でも、速く走ることより海の上でのんびりと風に吹かれていることが好きです。そのような機会を与えてくださったみなさまと巡り会えたことを感謝しています。

2021年3月　林 賢之輔

林 賢之輔（はやし・けんのすけ）

1939年、神奈川県逗子市生まれ。1963年に立教大学物理学科卒業後、横山造船設計事務所に入社し、横山 晃氏に師事。1970年に独立し、以後、レース艇、クルージング艇を問わず、さまざまなヨットの設計を手がけたほか、堀江謙一氏の世界一周艇〈マーメイド4世〉の設計やニッポンチャレンジへの参画など、幅広く活躍。1982〜1997年に（社）日本外洋帆走協会 理事・計測委員長、2005〜2015年に（財）日本セーリング連盟 計測委員長・技術委員長を務めた。

著作に関わった主な書籍

『ヨット全書』
1981年（株）角川書店 発行
堀江謙一 総監修　林 賢之輔 監修　鈴木雄彦 翻訳
原書『Pleasure Boating』〔1977年 AB Nordbok社（スウェーデン）発行／Barron's Educational Series, Inc. 英訳版発行〕

『スポーツ大事典』
1987年（株）大修館書店 発行
日本体育協会 監修
「ヨット」および「ロープ」の項を執筆担当

『THE ENCYCLOPEDIA OF YACHT DESIGNERS』
2005年 W.W.Norton & Company（アメリカ）発行
Lucia del Sol Knight, Daniel Bruce MacNaughton 編集
日本人デザイナー（計7名）の項を執筆担当（翻訳：山岡真澄）

あのころ
── ヨットデザイナーの履歴書

2021年4月20日 第1版 第1刷 発行
著　者　林 賢之輔
発行者　植村浩志
発　行　株式会社 舵社
〒105-0013
東京都港区浜松町-1-2-17
ストークベル浜松町 3F
電話：03-3434-5181
FAX：03-3434-2640
印　刷　株式会社 シナノ パブリッシング プレス